실무자가 알려주는

22.9 kV 보호계전기

머리말

전기 공학이라는 넓고 깊은 학문의 길을 걷거나, 전기설비 설계 및 유지관리 등의 실무 업무를 하다 보면, 많은 이들이 '보호계전'이라는 중요한 과제 앞에서 잠시 주춤하게 됩니다. (대부분의 전기설비는 시공 당시의 보호계전기 기본 셋팅치로 사용하는 경우가 다반사입니다.) 전력시스템의 심장(변압기)과 장기(변성기 등 각종 수배전반의 설비)등을 지키는 백혈구 역할을 수행하는 보호계전기는 안정성을 책임지지만, 그 복잡성과 난해함으로 인해 전기기술자들에게 가장 큰 어려움으로 다가오곤 합니다.

각각의 보호계전기 마다 특성을 이해하고 잘 다룰 수 있는 것도 중요하지만, 무엇보다 보호계전 코디네이션(Coordination, 협조)은 전력시스템의 안전을 좌우하는 핵심적인 기술입니다. 이는 마치 잘 훈련된 군대의 지휘 체계와 같아서, 사고가 발생했을 때 가장 가까운 차단기가 신속하고 정확하게 동작하여 피해를 최소화하고 사고의 확산을 막는 역할을 합니다. 만약 이 코디네이션이 제대로 이루어지지 않는다면, 그 결과는 치명적일 수 있습니다. 작은 고장 하나가 연쇄 반응을 일으켜 광역 정전이라는 심각한 사고 파급효과를 낳을 수 있고, 반대로 사고를 신속하게 감지하지 못해 수억원을 호가하는 전력설비가 소손되거나, 전력설비의 소손이 불필요한 정전 발생으로 인한 인명 및 재산 피해를 동반하는 끔찍한 상황을 맞이할 수도 있습니다.

진정한 전기기술자로 성장한다는 것은 단순히 회로를 이해하고 설비를 운영하는 것을 넘어, 우리가 구축한 시스템을 완벽하게 보호하고 제어할 수 있는 능력을 갖추는 것을 의미합니다. 바로 이 보호계전기술의 완벽한 이해와 적용 능력이야말로 기술자의 실력을 판가름하는 중요한 척도가 됩니다.

이 책은 현재 전기설비를 설계하고, 유지보수 하고, 점검 및 안전진단을 하는 전기기술자는 물론이거니와 미래의 전기기술자들이 역량을 갖출 수 있게 해주는 길잡이 역할을 할 것입니다. 기술자로써 꾸준히 성장하여 국민의 안전을 책임지고 국가와 회사, 개인의 중요한 전기 설비를 안정적으로 운영하는 진정한 전문가로 성장하는 데 든든한 디딤돌이 되었으면 하는 바램으로 집필된 책입니다. 보호계전이라는 단단한 벽을 넘어, 전력시스템을 보호하는 진정한 전문가의 길로 나아가시길 바랍니다.

저자 올림

차 례

Chap. 05 변압기 보호계전방식 / 89

Chap. 06 6.6kV 또는 3.3kV 고압반에 설치되는 계전기 / 107

Chap. 07 저압반에 설치되는 계전기 / 133

Chap. 08 보호계전기 실제 설치 사례 / 161

memo

Chap. 01 보호계전기 용어의 정의

1 보호계전기 관련 기본용어

1) 보호(Protection)

보호(Protection)란 전력선 및 전력기기 등 전력설비에서 단락, 지락 등의 이상 상태가 발생할 경우, 그 피해를 최소화하고 정상 계통으로의 파급을 방지하는 것을 목적으로 한다. 이를 위해 이상이 발생한 계통을 즉시 분리하거나 정지시키고, 경우에 따라 자동 복구를 수행함으로써, 건전한 계통의 정상운전을 지속할 수 있도록 하는 일련의 조치를 말한다.

2) 보호계전기(Protection Relay)

보호계전기(Protection Relay)란 전력선, 전기기기 등 보호 대상 설비에 이상 상태(예 : 단락, 지락 등)가 발생했을 때 이를 감지하고, 적절한 제어 신호를 통해 차단기 등을 동작시켜 설비를 보호하는 계전기를 말한다.

그 목적은 피해를 최소화하고, 이상이 건전 계통으로 확산되는 것을 방지하는 데 있다.

3) 보조계전기(Auxiliary Relay)

보조계전기(Auxiliary Relay)란 보호계전기의 동작을 지원하거나 그 기능을 확장하기 위해 사용하는 계전기로, 다음과 같은 목적으로 활용된다

(1) 접점 수 증가 – 하나의 계전 동작으로 다수 회로 제어

(2) 접점 용량 증가 – 대전류 회로 제어 가능

(3) 시간 지연 기능 부여 – 설정된 시간 후 동작(Timer 기능 포함)

일반적으로 제어반 내부의 논리 제어, 시퀀스 구성, 인터록 회로 등에 사용되며, 주계전기의 직접 동작이 어려운 회로나 고부하 회로를 간접적으로 제어하는 데 사용된다.

4) 정격(Rating)

(1) 정격(Rating)

정격(Rating이란 계전기의 성능과 특성을 보장하기 위한 기준값을 의미하며, 일반적

으로 정격전류, 정격전압, 정격주파수 등이 이에 해당한다. 특히 전류회로는 정격전류가 연속적으로 인가되더라도 과열이나 성능 저하 없이 동작할 수 있어야 한다.

(2) 연속정격(Continuous Rating)

계전기에 정격치가 장시간 연속적으로 인가되었을 때도, 계전기의 특성과 성능이 유지되는 최대 한도값을 의미한다.

(3) 단시간 정격(Short time Rating)

정격치보다 높은 값이 일정 시간 동안만 인가되는 경우에도, 계전기가 손상 없이 기능을 유지할 수 있는 허용값을 의미하며, 보통 허용 시간(예: 1초, 10초 등)을 함께 명시한다.

5) 부담(Burden)

부담(Burden)이란 계전기 입력회로가 외부에 대해 가지는 임피던스 특성으로, 일반적으로 소비 VA, 소비전력(W), 또는 부담 임피던스(Ω) 중 하나로 표현된다.
회로 종류에 따라 표현 방식은 다음과 같이 구분된다.
① 전류회로(CT 사용) : 정격 소비 VA로 표시
② 전압회로(VT 사용) : 정격 소비 VA로 표시
③ 직류 회로 : 정격 소비전력(W)으로 표시
④ 기타 회로 : 부담 임피던스(Ω)으로 표시(조건이 없을 경우 최대값 기준)

(1) 소비 VA

계전기의 입력회로에서 소비되는 피상전력(VA)을 의미한다. 이는 단순히 전압과 전류의 곱으로 계산되며, 실제 전력(W)과는 달리 역률(PF)을 고려하지 않는다.

|예| VT 회로에서 입력 전압이 110 V, 계전기 내부에서 흐르는 전류가 0.05 A라면
소비 VA = 110 × 0.05 = 5.5 V

(2) 정격치 소비 VA

계전기에 정격입력(정격전압 또는 정격전류)이 인가되었을 때 소비되는 VA 값이다. 이는 계전기 제조자가 보장하는 조건이며, 정격 조건에서의 전력 부담을 의미한다.

|예| 정격전류 5 A, 정격전압 110 V에서 동작하는 계전기가 있다고 할 때,
제조사에서 소비 VA를 7.5 VA로 제시하면 이 수치가 "정격치 소비 VA"이다.

(3) 동작치 소비 VA

계전기가 실제 동작하는 데 필요한 최소 수준의 VA를 의미한다. 즉, 계전기의 트립이나 릴레이 작동이 일어나는 공칭 동작조건(픽업점) 기준으로 측정한 소비 VA이다.

|예| OCR이 6A 이상에서 동작하도록 설정되어 있고, 6A에서 4.2VA가 소비된다면, 동작치 소비 VA = 4.2 VA 이다.

(4) 소비전력

소비전력은 계전기가 실제로 소모하는 전력(W)을 나타낸다.

|예| 계전기 입력 전압 : 24 V, 동작 전류 : 0.1 A 이면
소비전력 = 24 × 0.1 = 2.4 W

(5) 부담 임피던스

계전기 입력회로가 외부 전원이나 측정기기에 대해 갖는 임피던스(Ω)이다. 이 임피던스는 회로에 흐르는 전류를 제한하고, 회로 특성에 따라 전압강하에 영향을 준다.

|예| 표현 단위 및 계산 예시

– 전류계전기(OCR 등) : $Z = \frac{VA}{I^2}$

소비 VA가 5 VA, 정격전류가 5 A일 때 $Z = \frac{VA}{I^2} = \frac{5}{5^2} = 0.2\Omega$

– 전압계전기(UVR 등) : $Z = \frac{V^2}{VA}$

정격전압 110 V, 소비 VA 2.5 VA일 때 $Z = \frac{V^2}{VA} = \frac{110^2}{2.5} = 4{,}840\Omega$

(6) 부담 비교표

항 목	정 의	대표 단위	주요 적용회로	조건 표시 여부
소비 VA	입력 피상전력	VA	CT/VT	필요
정격치 소비 VA	정격 입력 기준 VA	VA	CT/VT	조건 없을 시 최대 조건 기준
동작치 소비 VA	동작 임계점 기준 VA	VA	CT/VT	조건 없을 시 최대 조건 기준
소비전력	실효 전력 소비	W	DC 회로	필요
부담 임피던스	입력 임피던스	Ω	전체회로	조건 없을 시 최대 조건 기준

6) 공칭치(Nominal Value, Typical Value)

공칭치(Nominal Value, Typical Value)란 계전기나 보호장치의 주요 특성을 대표하는 설계 기준값으로, 제조자가 명시한 전기적 특성의 기준이 되는 값을 말한다.

공칭치는 계전기의 동작 조건이나 성능 보증 범위를 정의하는 데 사용되며, 일반적으로 다음과 같이 동작 특성과 결합된 용어로 표현된다.

(1) 공칭동작전류 : 계전기가 정격 조건에서 동작하도록 설정된 전류
(2) 공칭동작시간 : 공칭전류 인가 시의 예상 동작 시간
(3) 공칭전압, 공칭주파수 등

7) 오차(Accuracy, Error)

계전기의 오차는 아래식으로 표현한다.

(1) 상대 오차(%) : 공칭치(또는 기준값)에 대한 실측치의 오차를 백분율로 표시

$$상대오차 = \frac{실측치 - 공칭치}{공칭치} \times 100$$

(2) 절대 오차 : 실측치와 공칭치의 차를 직접

$$절대오차 = 실측치 - 공칭치$$

|예| 정격전압이 110 V인 계전기의 측정값이 112 V라면

– 상대오차 $= \frac{실측치 - 공칭치}{공칭치} \times 100 = \frac{112 - 110}{110} \times 100 = 1.82\ \%$

– 절대오차 $=$ 실측치 – 공칭치 $= 112 - 110 = 2\,\mathrm{V}$

8) 정정(Setting)

정정(Setting)이란 보호계전기가 보호 대상 구간에서 이상상태 발생 시, 적절한 조건에서 동작하도록 동작 기준값을 설정하는 행위를 말한다. 이때 설정에 사용되는 장치를 조정장치(예: Tap, Lever 등)라 하며, 조정장치를 통해 설정된 동작 기준값을 정정치(Setting Value)라고 한다. 계전기에서 정정할 수 있는 동작기준치의 범위를 정정범위(Setting Range)라고 한다.

2 동작상태 판정에 관한 용어

1) 정동작(Correct Operation)

계전기가 동작해야 할 경우에 동작하는 것을 말한다.

2) 정부동작(Correct Non-Operation)

계전기가 동작하지 않아야 할 경우에 동작하지 않는 것을 말한다.

3) 오동작(Incorrect Operation)

계전기가 동작하지 않아야 할 경우에 동작하는 것을 말한다.

4) 오부동작(Fail to Operation)

계전기가 동작하여야 할 경우에 동작하지 않는 것을 말한다.

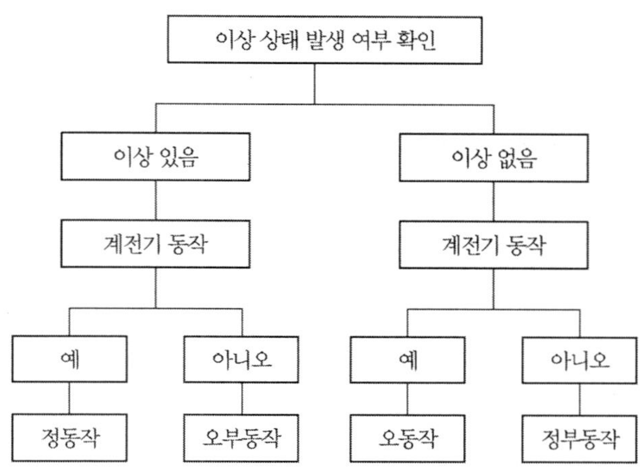

3 구조에 관한 용어

1) 계전기

(1) 계전기 요소

① 주요소(Primary Element)

계전기 본래의 기능적 목적(예 : 이상 감지, 접점 제어 등)을 수행하는 핵심 구성 요소를 말한다. 일반적으로 전류감지부, 전압감지부, 동작기구(트립코일 등), 접점부 등이 포함된다.

② 보조요소(Auxiliary Element)

주요소의 기능을 지원하거나 보완하는 부속 구성 요소로, 계전기가 정확하고 신뢰성 있게 동작하도록 도와주는 역할을 한다.

시간지연 장치, 표시등, 기억회로, 셀프리셋 장치 등이 이에 해당한다.

(2) 외부 단자(External Terminal)

외부 단자란 계전기와 외부회로 간의 전기적 연결을 위한 입출력 인터페이스를 말한다. 주로 전원 공급, 측정값 입력, 제어 신호 출력 및 통신 기능을 수행하며, 다음과 같은 단자들로 구성된다

① 전원 단자 : 계전기 자체 구동을 위한 AC/DC 전원 입력
② CT 단자 : 전류변성기(Current Transformer)의 2차 측 연결
③ VT 단자 : 전압변성기(Voltage Transformer)의 2차 측 연결
④ 입출력 접점 단자 : 트립 신호 출력, 상태 입력 감지 등 제어용
⑤ 통신 단자 : RS-485, Ethernet 등 디지털 통신을 위한 포트

(3) 외함(Enclosure)

외함이란 계전기 본체를 보호하고 기계적 손상, 전기적 접촉, 이물질 및 습기 등의 유입으로부터 방호하기 위해 사용하는 구조물이다.

일반적으로 전면에는 작동 인터페이스 또는 커버(Cover)가 있으며, 후면 또는 측면에는 전원 및 입출력 단자, 접지 단자, 통신 포트 등이 내장되어 있다.

외함은 사용 환경에 따라 방진 · 방수 성능(IP 등급)이 다르게 적용되며, IEC 60529 규격에 따라 분류된다.

참고

IP 등급 이란

IP 코드(Ingress Protection Code)는 전기·전자 장비의 외함(Enclosure)이 고체 이물질 및 액체의 침입에 대해 어느 정도 보호할 수 있는지를 등급화한 것이다.

IP 코드의 형식

IP XY

– X : 고체 이물질(먼지, 손 등) 보호수준(0~6)
– Y : 액체(물, 습기 등) 침입에 대한 보호 수준(0~9K)

IP 첫 번째 숫자 : 고체 이물질 보호

숫자	보호수준	설명
0	보호 없음	외부 물체 보호 기능 없음
1	50 mm 이상	손 등 큰 신체 부위 보호
2	12.5 mm 이상	손가락 보호
3	2.5 mm 이상	도구, 두꺼운 전선 보호
4	1 mm 이상	대부분의 와이어, 나사 보호
5	먼지 일부 차단	일정 수준의 먼지 침투 허용 (장비 정상 동작 보장)
6	완전 방진	먼지 완전 차단, 진공상태 수준

IP 두 번째 숫자 : 액체 침입 보호

숫자	보호수준	설명
0	보호 없음	액체에 대한 보호 기능 없음
1	수직 낙수 보호	수직 낙하수(예 : 이슬비) 보호
2	15도 내 경사수 보호	기기 경사 시 낙수 보호
3	분사수 보호	최대 60° 각도의 물 분사 보호
4	사방 분사수 보호	모든 방향에서의 물 튐 보호
5	저압 제트수 보호	모든 방향에서 분사되는 물줄기 보호
6	고압 제트수 보호	강한 물줄기 보호(산업용 세척 등)
7	침수 보호(1m)	1m 깊이의 수중에 30분 침수 가능
8	지속 침수 보호	제조사가 정한 조건에서의 장기 침수 보호
9K	고온 고압 분사 보호	고온/고압의 물 분사 보호 (세차기기, 차량용 등)

IP 등급 해서 예시

IP 등급	해석	적용 예
IP 20	손가락 보호 + 방수 없음	실내용 장비, 제어반
IP 54	제한적 방진 + 분사수 보호	옥내 공장 자동화 설비
IP 65	완전 방진 + 저압 분사 방수	옥외 계전기, 분전반
IP 66	완전 방진 + 고압 분사 방수	방수함, 야외제어함
IP 67	완전 방진 + 침수 보호(수심 1m)	수처리장비, 잠수형 제어기기
IP 68	완전 방진 + 장기 침수 보호	수중펌프, 지하 설치 장비

(4) 외부 요소(External Component)

외부 요소란 계전기의 기능을 확장하거나 특정 기능을 수행하기 위해 외함 외부에 물리적으로 설치되며, 계전기 본체와 유선 또는 무선으로 연결되는 구성 요소를 의미한다. 일반적으로 입출력 확장 모듈, 원격 디스플레이, 통신 중계장치, 외부 센서 등이 포함되며, 본체의 기능을 외부 환경과 연계하거나 분산시켜 운영 효율성을 높이는 역할을 한다.

(5) 고정형 및 비고정형

① 고정형(Fixed Type)

계전기 본체와 외부 단자 간의 배선이 직접 연결되어 있어, 계전기를 분리하려면 모든 배선을 단자에서 분리해야 하는 구조이다. 구조가 단순하고 비용이 저렴하나, 유지보수 시 작업 시간이 오래 걸리는 단점이 있다.

② 비고정형(Withdrawable Type)

계전기 본체와 외부 단자 사이에 기계적/전기적 접속장치(Plug, Slide Contact 등)가 있어, 배선을 분리하지 않고도 계전기를 쉽게 탈착할 수 있는 구조이다.
이 구조는 유지보수가 용이하고 교체가 빠르며, 인출형과 플러그인형이 있다.

(6) 인출형(Draw-out Type)

인출형(Draw-out Type)이란 보호계전기의 본체(요소부)를 슬라이드 방식 등으로 외함에서 쉽게 분리하거나 삽입할 수 있도록 설계된 구조를 말한다.
본체를 분리할 때 고정된 외부회로(전원, CT, VT, 접점 등)가 단락되거나 개방되지 않도록 자동 절연 · 차단 장치를 갖추고 있으며, 또한 시험회로 구성을 위한 전용 시험단자 또는 중간 접속기를 내장하여, 운전 중에도 계전기 기능 시험이 용이하도록 설계된다.

(7) 플러그인형(Plug-in Type)

플러그인형 계전기란 계전기 요소(본체)를 외함 또는 소켓에서 손쉽게 분리하거나 삽입할 수 있도록 설계된 구조로, 분리 시 외부회로(CT, VT, 접점 등)가 자동 또는 수동으로 개방되도록 접속장치가 내장되어 있다.
특히 CT 회로는 개방된 상태에서 전류가 흐르면 고전압이 유기되어 위험하므로, 계전기를 분리하기 전에 CT 단자대에서 반드시 회로를 단락(Short)시켜야 한다.

2) 배전반 설치방식

(1) 매입형(Flush Mounting Type)

매입형은 계전기를 패널 표면과 거의 동일한 위치에 배치하도록 설계된 설치방식으로, 계전기의 외함이 전면으로 50 mm 이하만 돌출되고, 외함 깊이의 1/3 이내만 노출되도록 제한한다. 이는 미관 및 안전성을 중시하는 제어계통에 자주 사용되며, 단자부 및 고정 나사류는 돌출 길이에 포함하지 않는다.

(2) 표면형(Surface Mounting Type)

표면형 설치는 계전기의 외함 대부분이 배전반 또는 제어반의 외부에 노출되도록 부착하는 방식으로, 패널 내부 공간이 협소한 경우나 빠른 설치 및 유지관리가 필요한 현장에서 널리 사용된다.
이 방식은 계전기 외함의 구조적 보호가 비교적 낮기 때문에, 실외 또는 분진이 많은 환경에서는 보호등급(IP등급)을 고려한 선택이 필요하다.

3) 코일에 관한 용어

(1) 전류코일(Current Coil)

전류코일이란 보호계전기 또는 계측기에서 전류입력을 수용하는 코일로, 일반적으로 전선의 단면적이 크고 권선 수는 적어, 결과적으로 내부 저항 및 임피던스가 낮게 설계된 구조를 말한다.

이는 과전류 흐름에 따른 전압강하와 발열을 최소화하기 위함이다.

보통 변류기(CT)의 2차측과 연결되며, 계전기의 동작자극(전자력, 자속 등)을 발생시키는 주요 입력원이 된다.

(2) 전압코일(Voltage Coil)

전압코일이란 계전기나 계측기에서 전압 신호를 수용하여 자속 또는 전자력을 발생시키는 코일로, 가늘고 긴 도선을 다수 권선하여 높은 내부 임피던스를 가지도록 설계된다.

이는 입력 전압의 전류 소모를 줄이고, 전압 검출 정확도를 높이기 위한 목적이다.

보통 계기용 변압기(VT)의 2차측에 연결되어, 과전압, 저전압, 역전압 등의 보호계전기 동작을 유도한다.

(3) 동작코일(Operating Coil)

동작코일이란 계전기 내부에서 전자기력을 발생시켜 접점을 작동시키거나 기계적 운동을 유도하는 코일로, 보통 전류코일(Current Coil) 형태로 구성되어 입력 전류에 비례하는 자계를 발생시켜 계전기의 동작 조건을 만족할 경우 기계적인 출력(트립, 전환 등)을 유도한다.

일부 계전기에서는 전압코일이 동작코일 역할을 수행하기도 하며, 디지털/전자계전기의 경우 논리 연산 결과에 따라 출력코일만 별도로 존재하는 구조도 있다.

(4) 억제코일(Suppressing Coil)

억제코일이란 계전기 내부에서 전자기적 억제력(전자기력 또는 자속)을 발생시켜, 동작 조건을 제한하거나 특정 자극을 상쇄하는 용도로 사용하는 코일이다.

이 코일은 전류코일 또는 전압코일로 구성될 수 있으며, 일반적으로 동작코일에 의해 발생하는 자속을 상쇄하거나 보정하는 방식으로 작용한다.

주로 역전류계전기, 방향성계전기, 전력계전기 등에서 동작 감도나 방향 판단을 정밀하게 조절하기 위한 보조 요소로 사용된다.

(5) 지지코일(Holding Coil)

지지코일은 계전기 또는 릴레이가 일단 동작한 후, 그 상태를 유지하도록 전류가 지속적으로 인가되는 코일이다.

주로 자기유지 회로(Self-hold Circuit)에 사용되며, 트립 릴레이, 자기 유지식 인터록 회로 등에서 동작신호가 사라진 후에도 접점 상태를 유지시키는 기능을 수행한다. 동작코일과는 구분되며, 동작코일은 동작 개시, 지지코일은 동작 유지를 담당한다.

(6) 복귀코일(Reset Coil)

복귀코일(Reset Coil)은 폐쇄형 계전기(Keeper Relay, Lockout Relay 등)가 동작상태에 고정(Latched)된 후, 해당 상태를 해제(복귀)시키기 위해 전기 입력을 인가하는 코일이다.

이 코일에 전압 또는 전류가 인가되면, 계전기의 고정된 접점 상태가 초기 상태로 되돌아가며, 장비나 보호계통의 재기동, 초기화, 재설정 등을 가능하게 한다.

※ 폐쇄형 계전기(Latching or Lockout Relay)는 한 번 동작하면 전원 신호가 없어져도 그 상태를 유지하는 릴레이로, 복귀 명령(Reset Coil) 없이는 자동으로 되돌아가지 않는다.

(7) 쉐이딩 코일(Shading Coil)

쉐이딩 코일은 교류 자극의 일부에 장착되어 와전류를 유도하고, 자속의 위상을 지연시켜 위상차를 생성하는 보조 코일이다.

이를 통해 합성 자속이 0이 되는 시점을 제거하여 접점의 흡입력을 유지하고, 교류 계전기나 접촉기에서 동작의 안정성을 확보하는 데 사용된다.

(8) 제어코일(Control Coil)

제어코일(Control Coil)은 계전기의 동작 감도, 위상판단, 방향성 또는 동작 영역 등을 조절하기 위해 별도로 신호가 인가되는 보조 코일로, 일반적으로 기준 전압 또는 기준 전류를 인가하여 자속을 보정하거나 자계의 기준점을 제공하는 역할을 수행한다.

주로 방향성 계전기, 전력계전기, 차동계전기 등 복합 판단 계전기에서 사용된다.

(9) 저지코일(Blocking Coil)

저지코일은 보호계전기 또는 릴레이의 동작을 특정 조건에서 제한하거나 차단하기 위해 사용되는 보조 코일로, 불필요한 트립 방지, 인터록 기능, 반대 방향 동작 억제 등의 목적으로 입력 신호가 인가되어 출력 회로나 접점의 동작을 저지하는 역할을 수행한다.

(10) 차동코일(Differential Coil)

차동코일은 두 개 이상의 전류입력을 받아, 이들의 차이(차동전류 또는 불평형 전류)에 비례하는 자속을 발생시키는 코일이다.
차동계전기 내부에 구성되며, 정상 상태에서는 자속이 상쇄되어 동작하지 않지만, 고장 시에는 불균형 전류로 자속이 발생하여 계전기를 동작시킨다.
이를 통해 변압기, 발전기, 모선 등의 내부 고장을 정밀하게 보호할 수 있다.

(11) 극성코일(Polarizing Coil)

극성코일(Polarizing Coil)은 계전기의 동작 방향성 또는 극성 판단을 위해 기준이 되는 전류 또는 전압을 인가받는 보조 코일이다.
주로 방향성 계전기(Directional Relay) 또는 전력 계전기(Power Relay) 등에서 사용되며, 보호구간에서 흐르는 고장전류의 방향을 기준전압 또는 기준 전류와 비교하여 정방향/역방향 여부를 판별하는 데 사용된다.

(12) 극 코일(Pole Coil)

극 코일(Pole Coil)은 주자속에 의한 유기전압으로 여자되어, 주자속과 위상차를 갖는 보조 자속을 형성하기 위해 다른 자기회로(보조극 등)에 설치되는 코일이다.
주로 방향성 계전기 및 위상 감지 계전기 등에서 사용되며, 정확한 방향성 판단, 위상차 검출, 보조 전자기력 형성 등에 기여한다.

4 접점에 관한 용어

1) 접점 형태에 관한 용어

(1) a접점(Form A contact, Make contact, Normal Open contact)

a접점은 계전기에 전원이 인가되지 않은 상태(무전원 상태)에서 접점이 열려 있는(open) 상태이며, 입력이 인가(코일에 여자)되면 접점이 닫혀(closed) 회로가 연결되는(Make) 접점을 말한다.
주로 회로를 '켜는 동작' 또는 신호 인가를 트리거로 사용하는 제어 회로에 활용된다.

(2) b접점(Form B contact, Break contact, Normal Closed contact)

b접점은 계전기에 전원이 인가되지 않은 상태(무전원 상태)에서 접점이 닫혀(closed) 있으며, 전원이 인가되면 접점이 열려(open) 회로가 끊어지는(Break) 동작을 하는 접점이다. 주로 이상 감지 시 회로 차단, 정지 신호 출력, 유지 동작 해제 등의 제어용 회로에 사용된다.

(3) c접점(Form C contact, Change-over contact, Single Pole Double Throw)

c접점은 하나의 공통 단자(Common terminal)가 상시개로(Normally Open, NO) 단자와 상시폐로(Normally Closed, NC) 단자 사이에서 전환 동작을 하는 접점 구성을 말한다.

계전기 무전원 상태에서는 공통 단자와 NC 단자가 연결되어 있으며, 입력(코일 여자 등)이 인가되면 공통 단자가 NO 단자와 연결되어 회로가 전환된다.

(4) L접점(Overlap contact)

L접점은 계전기의 동작 또는 복귀 과정 중에, a접점(Normally Open)과 b접점(Normally Closed)이 일정 시간 동안 동시에 폐로상태(접점이 둘 다 닫힘)를 이루는 접점 동작 특성을 말한다.

즉, 공통 접점(COM)이 동시에 NO와 NC 양쪽과 연결되는 상태가 순간적으로 발생하며, 이로 인해 두 회로가 동시에 통전되는 중첩 상태(overlap)가 일어난다.

2) 접점 용량에 관한 용어

(1) 폐로용량(Making Capacity)

폐로용량은 계전기의 접점이 회로를 투입(폐로, closing)할 때, 접점이 기계적·전기적으로 손상 없이 견딜 수 있는 최대 전류 또는 전력 용량을 말한다.

이 값은 정해진 조건(정격전압, 파형, 역률 또는 시간 상한 등) 하에서 보장되며, 일반적으로 최대 전류(A) 또는 최대 전력(VA)으로 표시된다.

(2) 개로용량(Breaking Capacity)

개로용량은 계전기 또는 차단기의 접점이 회로를 차단(opening)할 때, 전기적·기계적 손상 없이 안전하게 개로할 수 있는 최대 전류(A), 또는 최대 전력(VA)의 한도를 말한다. 이 값은 정격전압, 역률, 정격주파수 등 특정 조건 하에서 보장되며, 일반적으로 폐로용량보다 작다.

(3) 통전용량(Current Carrying Capacity)

통전용량은 계전기의 통전부(접점, 코일, 단자 등)가 지정된 환경 조건 하에서 전류를 통과시킬 때, 허용된 온도 상승 한도를 초과하지 않고 연속 또는 단시간 동안 견딜 수 있는 전류의 최대값을 의미한다. 이 값은 연속 통전용량(Continuous Carrying Capacity)과 단시간 통전용량(Short-time Carrying Capacity)으로 구분된다.

- 연속 통전용량 : 접점이 장시간(수 시간 이상) 통전 시 견딜 수 있는 최대 전류
- 단시간 통전용량 : 짧은 시간(예 : 1초, 3초) 동안 과도전류를 허용하는 최대 전류

5 응동 및 특성에 관한 용어

1) 응동에 관한 용어

(1) 시동(Start)

시동(Start)은 계전기의 입력(전류, 전압, 주파수 등)이 동작 방향으로 변화함에 따라, 계전기의 가동부(예 : 접점, 전자기부 등)가 정지 위치(원위치)에서 최초로 물리적 운동을 시작하는 시점을 의미한다.

이 시점은 계전기의 동작이 실제로 개시되었음을 나타내며, 정지 상태에서 접점이 이동을 시작하거나 출력 상태에 변화가 생기는 시작점이다.

(2) 동작(Operate)

동작은 계전기에 인가된 입력(전류, 전압, 주파수 등)이 설정된 동작 조건(정정치, 동작치 등)을 만족하였을 때, 계전기가 본래의 기능(예 : 접점 전환, 출력 신호 발생 등)을 수행하는 상태를 말한다.

계전기 내부 가동부가 최종 위치에 도달하거나, 외부회로에 영향을 주는 출력이 발생하는 지점을 기준으로 한다.

(3) 지지(Holding, Engage)

지지는 계전기가 동작한 이후, 외부 입력이 계속 유지되거나 내부 구조(예 : 자석, 래치 구조 등)에 의해 가동부 또는 접점 상태가 변하지 않고 지속적으로 유지되는 상태를 말한다.

이는 계전기가 설정된 기능을 유지하거나, 후속 동작이 이루어지기 전까지 동작상태를 고정시키는 역할을 한다.

(4) 석방(Release, Disengage)

석방은 계전기의 입력(전류, 전압 등)이 복귀 조건을 만족하여, 동작상태에 있던 가동부가 원위치로 복귀하기 위해 최초로 운동을 시작하는 상태를 의미한다.

이 시점부터 계전기의 출력 기능에 변화(예 : 접점 개방, 출력 신호 종료 등)가 발생하며, 이는 동작 기능의 해제가 시작되었음을 나타낸다.

(5) 픽업(Pick-up)

픽업은 계전기에 입력(전류, 전압, 주파수 등)을 인가함에 따라, 계전기 가동부가 정지 상태에서 동작을 개시하고, 설정된 임계값 이상일 때 정상 동작상태(예 : 접점 전환, 출력 발생 등)에 도달하는 과정을 의미한다.

이때의 최소 입력값을 픽업치(Pick-up Value) 또는 공칭동작값(Nominal Operate Value)라 한다.

(6) 복귀(Drop out, Reset)

복귀은 계전기가 동작(Pick-up)한 후, 입력값이 설정된 복귀 임계값(Drop-out Value) 이하로 떨어짐에 따라, 가동부 또는 접점이 다시 원위치로 이동하는 과정을 말한다.

일반적으로 복귀 동작이 발생하는 입력 임계값은 픽업값보다 작다.

(7) 부동(Floating)

부동은 계전기의 가동부가 동작 또는 복귀 과정 중, 전기적/기계적 원인에 의해 중간 위치에 정지하여, 정상적인 접점 전환이 이루어지지 않거나, 출력 상태가 불명확해지는 현상을 의미한다.

이로 인해 출력 신호의 불안정, 릴레이 명확한 동작 실패, 회로 오작동 등이 발생할 수 있다.

(8) 잠동(Creeping)

잠동이란 전력 계전기 또는 전력량계 등에서, 정상적으로는 전류와 전압의 곱에 비례한 구동력이 작용해야 하나, 그 중 하나의 입력(주로 전압)만으로도 가동부가 비정상적으로 움직이는 현상을 의미한다.

이는 계전기의 오동작, 오접점 동작, 오측정을 유발할 수 있으며, 주로 전압계 입력의 잔류 자속, 전기적 불균형, 자계 누설 등에 의해 발생한다.

(9) 오버리치(Over-reach)

오버리치란 거리 계전기(Distance Relay)가 설정된 정정치(보호 거리)보다 더 먼 거리(계전기의 보호 범위를 초과한 지점)에서 발생한 고장에도 불구하고 동작하는 현상을 의미한다.

이는 전압 및 전류의 과도현상, CT/PT 오차, 시스템 임피던스 변화 등에 의해 발생할 수 있으며, 보호 협조의 실패 및 과보호로 이어질 수 있다.

(10) 언더리치(Under-reach)

언더리치란 거리계전기가 설정한 보호 거리(정정값) 이내의 고장에도 불구하고, 계전기가 동작하지 않는 현상을 말한다.

이는 계전기의 오동작보다 더 위험할 수 있는 상태로, 실제 고장이 발생했음에도 차단기가 동작하지 않아 설비 손상 및 사고 확산으로 이어질 수 있다.

(11) 관성동작(Over travel, Overshoot)

관성동작은 계전기의 입력값이 정동작치 이상으로 상승하였다가 다시 정동작치 이하로 급감하였음에도 불구하고, 계전기 가동부가 관성 또는 전기적 지연에 의해 계속 동작하여 접점이 설정값 이상으로 이동하거나 동작을 완료하는 현상을 말한다.

이는 계전기 동작의 시간 응답 특성에 따른 자연스러운 현상이지만, 고속 차단이나 정밀 제어가 필요한 상황에서는 오동작 또는 과동작으로 작용할 수 있으므로 적절한 감쇠 설계나 응답 제어가 필요하다.

(12) 반동(Rebound)

반동은 계전기 접점이 폐로 또는 개로 시 정상 동작 후에도, 가동부의 기계적 진동 또는 접촉면의 반발력에 의해 접점이 불필요하게 반복 개폐되는 현상을 말한다.

이 중 채터링(Chattering)은 국부적이고 빠른 진동에 의한 현상이며, 바운싱(Bouncing)은 전체 가동부의 진동에 의해 비교적 느린 주기로 발생한다.

반동 현상은 제어 시스템의 오동작, 접점 수명 저하 등을 유발할 수 있으므로, 감쇠 구조 개선, 하드웨어/소프트웨어 필터링 등을 통해 방지해야 한다.

2) 응동시간에 관한 용어

(1) 동작시간(Operating Time)

동작시간이란 계전기의 입력이 정동작치(Pick-up Value)를 초과한 순간부터, 계전기 출력(예 : 접점)이 완전히 동작(폐로 또는 개로)한 시점까지의 시간 간격을 말한다.

일반적으로 t_1=입력 초과 시점, t_2=출력 완료 시점이라 하면 동작시간은 다음과 같다.

$$t_{operate} = t_2 - t_1$$

(2) 복귀시간(Reset Time)

복귀시간이란 계전기의 입력이 정복귀치(Dropout Value) 이하로 감소한 순간부터, 계전기의 출력(예 : 접점 상태)이 완전히 복귀(원래 상태로 전환)될 때까지의 시간 간격을 의미한다.

$$t_{reset} = t_4 - t_3$$

t_3 : 입력이 정복귀치 이하로 떨어지는 시점

t_3 : 출력(접점)이 완전 복귀된 시점

3) 응동속도에 관한 용어

(1) 한시(Time Delay)

한시는 계전기 입력이 동작 조건을 만족한 이후, 출력 동작까지 인위적으로 지연되는 시간으로, 시스템의 오동작 방지, 후비보호 설정, 안정성 확보 등을 목적으로 적용된다. 이 시간은 고정, 조정형, 반비례 등 다양한 방식으로 설정될 수 있으며, 계전기 전체 동작시간에 포함되어 보호 협조에 큰 영향을 미친다.

(2) 정한시(Definite Time)

정한시는 보호계전기에서 입력이 설정값을 초과한 후, 항상 동일한 시간 지연을 가진 후에 출력 동작이 발생하는 방식을 말한다.

입력 크기와 관계없이 일정한 지연시간을 유지함으로써, 보호 협조 및 후비보호 설계에 효과적으로 사용된다.

(3) 반한시(Inverse)

반한시는 계전기 입력 전류가 정동작치를 초과하면, 그 초과 정도가 클수록 더 짧은 시간에 동작하는 특성을 의미한다.

이는 시간-전류 곡선을 기반으로 다양한 종류(표준 반한시, 강반한시, 초반한시 등)가 있으며, 전력 보호계통에서 고장 확산 억제 및 시간협조를 위해 널리 사용된다.

(4) 강반한시(Very Inverse)

강반한시는 입력 전류가 커질수록 동작시간이 매우 빠르게 단축되는 반한시 특성으로, IEC 60255에서 정의한 시간-전류 곡선에 따라 주로 고장 보호 및 후비보호에 활용된다.

일반적으로, 설정 정동작전류의 2배에서 약 3초 이내로 동작하는 등 고장 확산 억제에 효과적이다.

IEC 표준에 따른 강반한시(VI) 특성은 아래와 같이 정의된다.

$$t = TMS \times \frac{13.5}{\left(\frac{I}{I_s}\right)^1 - 1}$$

여기서, t : 동작시간(sec)

I : 실제 제류

I_s : 설정 정동작전류(Setting, Pick-up Current)

TMS : Time Multiplier Setting(시간계수)(예 : lever 0.1 ~ 1.0)

(5) 초반한시(Extremely Inverse)

초반한시는 과전류의 크기가 커질수록 매우 급격히 동작시간이 짧아지는 시간-전류 특성이며, IEC 60255 기준으로 곡선이 설정된 계전기에서 고장 검출 및 보호기 간 시간 협조 확보를 위해 사용된다.

특히, 20배 전류에서는 0.02초 이내, 2배 전류에서는 2~10초 내외로 동작하며, 빠른 차단이 필요한 고장 상황에 적합한 설정 방식이다.

IEC 표준에 따른 초반한시(EI) 특성은 아래와 같이 정의된다.

$$t = TMS \times \frac{80}{\left(\frac{I}{I_s}\right)^2 - 1}$$

여기서, t : 동작시간(sec)

I : 실제 제류

I_s : 설정 정동작전류(Setting, Pick-up Current)

TMS : Time Multiplier Setting(시간계수)(예 : lever 0.1 ~ 1.0)

(6) 정한시성 반한시(IDMT : Inverse Definite Minimum Time)

정한시성 반한시는 입력 전류가 작을 때는 반한시 특성을 따르되, 일정 전류 이상에서는 동작시간이 정해진 최소값 이하로 줄어들지 않는 특성을 의미한다.

이는 고장전류에 민감하게 반응하면서도, 불필요하게 짧은 동작으로 인한 오동작을 방지할 수 있는 유용한 보호 계전기 설정 방식이다.

IEC 표준에 따른 정한시성 반한시(IDMT) 특성은 아래와 같이 정의된다.

$$t = TMS \times \frac{K}{\left(\frac{I}{I_s}\right)^n - 1} \qquad \text{단, } t \geq t_{\min}$$

여기서, t : 동작시간(sec)

I : 실제 제류

I_s : 설정 정동작전류(Setting, Pick-up Current)

TMS : Time Multiplier Setting(시간계수)(예 : lever 0.1 ~ 1.0)

K, n : 계전기 곡선 계수(특성에 따라 다름)

$t_{\min}$: Definite Minimum Time(보통 0.1 ~ 0.3초 수준)

(7) 단계한시형(Time Stepped)

단계한시형 계전기 특성은 전류 크기에 따라 미리 설정된 구간별 고정된 동작시간을 갖는 것으로, 각 스텝은 서로 독립된 시간 설정이 가능하며, 보호 계전기의 시간 협조 및 설정의 명확성을 확보하는 데 매우 효과적이다.

단계 설정 예시는 다음과 같다.

설정단	전류 범위 I	동작시간
1단	$1.2 \times I_s \leq I \leq 2.0 \times I_s$	10
2단	$2.0 \times I_s \leq I \leq 5.0 \times I_s$	2초
3단	$I \geq 5.0 \times I_s$	0.3초

※ I_s : 정동작전류(Setting, Pick-up Current)

(8) 순시(Instantaneous)

순시란 계전기에 시간지연(한시) 요소가 부가되지 않은 상태에서, 입력이 정동작치를 초과하면 즉시(0.1 ~ 0.2초 이내) 동작하는 응동 특성을 의미한다.

일반적으로 전류가 정정치의 200 % 이상인 경우 0.2초 이내에 계전기가 동작하면, 이를 순시 특성으로 간주한다.

이는 계전기의 보호 신속성 확보, 특히 고장 전류 제거에 매우 유용하며, 반한시·정한시와는 달리 동작 지연 없이 즉각 반응하는 것이 특징이다.

(9) 고속도(High Speed)

고속도란 계전기의 동작 응답 속도가 매우 빠르도록 설계된 특성을 말하며, 일반적으로 입력이 정동작치의 200 % 이상일 때 0.04초 ~ 0.05초 이내에 동작하는 경우를 고속도 계전기로 분류한다.

이는 초고속 보호가 필요한 송전계통, 발전기 보호, 차동계전기 등에서 적용되며, 일반 순시계전기보다도 빠른 응동시간을 갖는다.

6 보호계전기 기구번호 : IEEE Std C37.2 Device Number

번호	명칭	주요기능
1	Master Element	주 제어요소
2	Time Delay Starting or Closing Relay	시동 또는 폐로 시간지연 릴레이
3	Checking or Interlocking Relay	체크 또는 인터록 릴레이
4	Master Contactor	마스터 접촉기
5	Stopping Device	정지장치
6	Starting Circuit Breaker	기동 회로 차단기
7	Rate of Change Relay	변화율 검출 릴레이
8	Control Power Disconnecting Device	제어전원 차단장치
9	Reversing Device	역회전장치
10	Unit Sequence Switch	단위 순서 스위치
11	Multifunction Device	다기능 장치
12	Overspeed Device	과속 감지 장치
13	Synchronous-speed Device	동기속도 검출 장치
14	Underspeed Device	저속 감지 장치
15	Speed or Frequency Matching Device	속도 또는 주파수 정합 장치
16	Data Communications Device	데이터 통신 장치
17	Shunting or Discharge Switch	방전 또는 션트 스위치
18	Accelerating or Decelerating Device	가감속 장치
19	Starting-to-Running Transition Contactor	기동-운전 전환 접촉기
20	Electrically-Operated Valve	전기식 밸브
21	Distance Relay	거리계전기
21G	Ground Distance Relay	지락거리계전기
22	Equalizer Circuit Breaker	균등화 회로 차단기
23	Temperature Control Device	온도 제어 장치
24	Volts per Hertz Relay	과여자계전기
25	Synchronizing or Synchro-check Device	동기장치, 동기검출장치
26	Apparatus Thermal Device	설비 열 보호 장치
27	Undervoltage Relay	저전압 계전기
27TN	Third Harmonic Undervoltage Relay	제3고조파 저전압 계전기
28	Flame Detector	화염 감지기
29	Isolating Contactor	절연 접촉기
30	Annunciator Relay	경보 릴레이
31	Separate Excitation Device	별도 여자 장치
32	Directional Power Relay	방향성 전력 계전기

번호	명칭	주요기능
32L	Low Forward Power	저전력 계전기
33	Position Switch	위치 스위치
34	Master Sequence Device	마스터 시퀀스 장치
35	Brush-Operating or Slip-Ring Short-Circuiting Device	브러시 조작 또는 슬립링 단락 장치
36	Polarity or Polarizing Voltage Device	극성 전압 장치
37	Undercurrent or Underpower Relay	저전류 또는 저전력 릴레이
38	Bearing Protective Device	베어링 보호 장치
39	Mechanical Condition Monitor	기계 상태 감시기
40	Field Relay / Loss of Excitation	계자 릴레이/계자상실계전기
41	Field Circuit Breaker	계자 회로 차단기
42	Running Circuit Breaker	운전 회로 차단기
43	Manual Transfer or Selector Device	수동 전환 또는 선택 장치
44	Unit Sequence Starting Relay	단위 순서 기동 릴레이
45	Atmospheric Condition Monitor	대기조건 모니터
46	Reverse-Phase or Phase-Balance Current Relay	역상 또는 상불평형 전류 계전기
47	Phase-Sequence Voltage Relay	상순서 전압 계전기
48	Incomplete Sequence Relay	불완전 시퀀스 계전기
49	Machine or Transformer Thermal Relay	기계/변압기 열 보호 계전기
49RTD	RTD Biased Thermal Overload	RTD보상 과부하계전기
50	Instantaneous Overcurrent Relay	순시 과전류 계전기
50BF	Breaker Failure	차단 실패 계전기
50DD	Current Disturbance Detector	고장검출 과전류 계전기
50G	Ground Instantaneous Overcurrent Relay	순시 지락과전류계전기
50LR	Acceleration Timer	기동지연검출계전기
50N	Neutral Instantaneous Overcurrent Relay	중성점 순시 지락과전류계전기
50/27	Accidental Energization	정지중 가압계전기
50/51	Instantaneous / Time-delay Overcurrent Relay	순시요소부 한시 과전류계전기
50/74	CT Trouble	CT 개방 검출계전기
50/87	Instantaneous Differential	순시차동계전기
51	AC Time Overcurrent Relay	한시 과전류 계전기
51G	Ground Time Overcurrent	한시 지락과전류계전기
51LR	AC Inverse time overcurrent(locked rotor) protection Relay	반한시 과전류(기동실패) 보호계전기
51N	Neutral Time Overcurrent Relay	중성점 한시 지락과전류계전기
51V	Voltage Restrained Time Overcurrent	전압억제부 한시과전류계전기
52	AC Circuit Breaker	교류 차단기
52a	AC Circuit Breaker Close position	차단기 투입 검출접점

번호	명칭	주요기능
52b	AC Circuit Breaker Open position	차단기 개방 검출접점
53	Exciter or DC Generator Relay	여자기 또는 직류발전기 릴레이
54	Turning Gear Engaging Device	턴닝기어 인게이지 장치
55	Power Factor Relay	역률 계전기
56	Field Application Relay	계자 전원 적용 릴레이
57	Short–Circuiting or Grounding Device	단락 또는 접지 장치
58	Rectification Failure Relay	정류기 고장 계전기
59	Overvoltage Relay	과전압 계전기
59N	Neutral Overvoltage	지락 과전압계전기
60	Voltage or Current Balance Relay	전압 또는 전류 평형 계전기
61	Density Switch or Sensor	밀도 스위치 또는 센서
62	Time–Delay Stopping or Opening Relay	정지/개방 시간지연 릴레이
63	Pressure Switch	압력 스위치
64	Ground Detector Relay	지락 검출계전기
64F	Field Ground Detector	계자지락계전기
65	Governor	조속기
66	Notching or Jogging Device	노칭 또는 조깅 장치 계전기
67	AC Directional Overcurrent Relay	방향성 과전류계전기
67G	Directional Ground Overcurrent	방향성 지락과전류계전기
67N	Directional Neutral Overcurrent	방향성 중성섬 과전류계전기
67SG	Sensitive Ground Directional Overcurrent	고감도 방향성 지락과전류계전기
68	Blocking Relay	차단계전기
69	Permissive Control Device	허용 제어 장치
70	Rheostat	레오스타트(저항제어)
71	Level Switch	레벨 스위치
72	DC Circuit Breaker	직류 차단기
73	Load–Resistor Contactor	부하저항 접촉기
74	Alarm Relay	경보 릴레이
75	Position–Changing Mechanism	위치 변경 기구
76	DC Overcurrent Relay	DC 과전류계전기
77	Telemetering Device	원격측정 장치
78	Phase–Angle Measuring Relay / Out–of–Step Relay	위상각 측정 계전기 / 탈조 검출 계전기
79	AC Reclosing Relay / Auto Reclose	자동재폐로계전기
80	Flow Switch	유량 스위치
81	Frequency Relay	주파수 계전기
82	DC Load–Measure and Disconnecting Device	DC 부하측정 및 차단장치

번호	명칭	주요기능
83	Automatic Selective Control cr Transfer Relay	자동 선택 또는 전환 릴레이
84	Operating Mechanism	조작 메커니즘
85	Carrier or Pilot-Wire Receiver Relay	전송 신호 또는 파일럿선 수신 계전기
86	Lockout Relay	록아웃 계전기
87	Differential Protective Relay	비율차동계전기
87B	Bus Differential	모선 비율차동계전기
87G	Generator Differential	발전기 비율차동계전기
87M	Motor Differential	전동기 비율차동계전기
87T	Transformer Differential	변압기 비율차동계전기
87V	Voltage Differential	전압차동계전기
88	Motor or Generator Thermal Relay	모터/발전기 열 보호 계전기
89	Line Switch	단로기
90	Regulating Device	자동조정계전기
91	Voltage Directional Relay	방향성 전압계전기
92	Voltage and Power Directional Relay	방향성 전압/전력계전기
93	Field-Changing Contactor	계자 변경 접촉기
94	Tripping or Trip-Free Relay	트립 또는 트립프리 릴레이
95~99	예비번호(사용자 정의, User-cefined)	

※ **47(상순서 전압계전기)**는 전압 위상 순서의 변화(예 : 결상 또는 역상)를 감지하여 이상 상태를 식별하여 차단기를 개방하는 방식

※ **50/27(정지중 가압계전기)**는 무전압(27)상태에서 과전류(50)가 흐를 경우 우발적 전원인가(Accidental Energization) 발생으로 판단하여 차단실시

※ **90(자동조정계전기)**는 자동적으로 전력 시스템이나 기계의 특정 변수를 일정 값으로 유지하기 위해 조정 신호를 출력하는 장치로 전압 조정기(Automatic Voltage Regulator, 90AVR), 속도 조정기(Governor Regulator, 90G), 주파수 조정기(FrequencyRegulator, 90F)등에 계전기 번호가 부여된다.

Chap. 02

보호계전시스템의 개념

1 보호계전시스템의 기능

전력계통은 발전설비, 변전설비, 송전설비, 배전설비, 부하설비 등이 실시간으로 유기적으로 연계되어 있으며, 전력은 저장이 어려워 생산과 소비가 동시에 이루어지는 특성을 가진다. 이러한 특성으로 인해 고장이나 이상 발생 시 피해가 급속히 확산될 수 있으므로, 보호계전시스템은 정확성(Accuracy), 신속성(Speed), 선택성(Selectivity), 신뢰성(Reliability)을 갖추어야 한다. 이는 전력설비의 안정적이고 연속적인 운전을 보장하고, 이상 상태 발생 시 건전한 계통을 보호하는 데 핵심적인 역할을 한다.

1) 정확성(Accuracy)

정확성이란 보호계전시스템이 보호 대상 설비의 이상을 정확하게 검출하고, 적절한 시기에 신속히 동작하여 고장을 제거하는 기능을 의미한다.

계전기가 정확하게 동작하지 않으면 고장 구간을 제거하지 못할 뿐만 아니라, 고장이 계통 전체로 확산되어 대규모 정전이나 기기 손상 등 파급사고로 이어질 수 있다. 따라서 보호계전기의 정확성 확보는 시스템 전체의 신뢰성과 직결되며, 설계 단계에서의 올바른 기기 선정과 운용 단계에서의 효율적인 유지관리가 필수적이다.

특히, 보호계전기의 내부 고장은 이상 상황이 발생하기 전까지 드러나지 않는 경우가 많아, 부동작(Maloperation) 또는 오동작(False Operation)을 유발할 수 있다.

이를 방지하기 위해서는 정기적인 점검과 시험을 통해 계전기의 상태를 사전 진단하고, 이상 유무를 조기에 파악하는 것이 중요하다.

정확성 확보는 보호계전시스템의 본질적 역할을 수행하기 위한 전제조건이며, 전력설비 전체의 안정성을 유지하는 기반이다.

2) 신속성(Speed)

신속성이란 보호계전시스템이 고장을 가능한 한 빠르게 검출하고 차단하여, 고장으로 인한 설비 손상과 정전 범위 확대를 최소화하는 기능을 의미한다.

전력계통에서 고장이 발생하면 단락전류(Fault Current)나 아크 등으로 인해 단시간 내에 대규모 에너지가 집중될 수 있으며, 이로 인해 고장점 주변의 설비는 급속히 손상될 수 있다.

고장 지속 시간에 비례해 피해 범위와 복구 비용이 기하급수적으로 증가하므로, 보호계전기는 고장 인지 후 수ms ~ 수십ms 내에 동작할 수 있어야 한다.

특히, 계통의 안정성 유지와 연계된 설비 보호를 위해서는 고속 차단이 필수적이며, 이때 계전기와 차단기의 응동속도 조합이 종합적으로 고려되어야 한다.

3) 선택성(Selectivity)

선택성이란 보호계전시스템이 전력계통에서 고장이 발생했을 때, 고장 구간만을 정확히 검출하고 차단하여 비고장 구간의 전력공급을 유지하도록 하는 기능을 의미한다. 즉, 보호계전기는 고장에 대해 응동해야 할 보호구간과 응동해서는 안 될 인접 보호구간을 명확히 구분해야 하며, 이를 통해 정전 범위를 최소화할 수 있다.

또한 선택성은 협조성(Coordination)과 밀접한 관련이 있으며, 동일 계통 내 여러 보호장치 간에 시간적 또는 전류적 단계조정을 통해 어떤 계전기가 먼저 응동할 것인지 판단하는 능력도 포함된다.

4) 신뢰성(Reliability)

신뢰성(Reliability)이란 보호계전시스템이 필요한 상황에서는 정확히 동작하고, 불필요한 상황에서는 오동작하지 않는 능력을 의미한다. 이는 보호계전기의 기본 기능인 정확성, 신속성, 선택성이 모두 충족되었을 때 유지될 수 있는 상위 개념으로, 계통의 안정성과 직결된다.

보호계전시스템이 정상 상태에서 불필요하게 동작하거나, 반대로 실제 고장 시 응동하지 않으면, 전력설비의 손상뿐 아니라 대규모 정전이나 2차 사고로 이어질 수 있다. 따라서 신뢰성을 확보하기 위해서는 보호계전기의 설계, 설치, 운용, 유지보수 전 과정에 걸쳐 다음 요소들이 철저히 관리되어야 한다.

(1) 정기점검 및 시험(Test & Inspection)

계전기의 동작 특성, 접점 상태, 시간 정정값 등을 주기적으로 시험하고 검증함으로써 장비 자체의 성능을 유지

(2) 이중화(Redundancy) 설계

중요 보호구간에는 주보호(Main Protection)와 함께 예비 보호계전기(Backup Protection)를 구성하여 주계전기 고장 시 자동으로 보호 기능을 수행하도록 함.

(3) 자기진단 기능(Self-diagnosis)

디지털 보호계전기는 내부 오류나 통신 장애, 메모리 오류 등을 스스로 검출하고 경보를 발생시켜 조기 대응이 가능함.

또한, 신뢰성은 계전기의 제조사 품질뿐 아니라, 시스템 구성의 논리적 일관성과 운용자의 정정 설정 능력에도 큰 영향을 받는다. 따라서 전체 보호계통의 신뢰성을 확보하기 위해서는 표준화된 정정 절차와 이력 관리, 기술자의 전문성 확보, 계통 해석 기반의 보호 협조 검토가 병행되어야 한다.

2 보호계전시스템의 구성

보호계전시스템은 전력설비에 이상이 발생했을 때 이를 신속·정확하게 검출하고, 이상 여부를 판단하여, 적절한 제어 신호를 통해 고장 구간을 제거하는 일련의 과정을 수행한다. 이러한 기능을 수행하기 위해 보호계전시스템은 일반적으로 검출부(Detection Unit), 판정부(Decision Unit), 처리부(Execution Unit)의 3가지 주요 구성요소로 나뉜다.

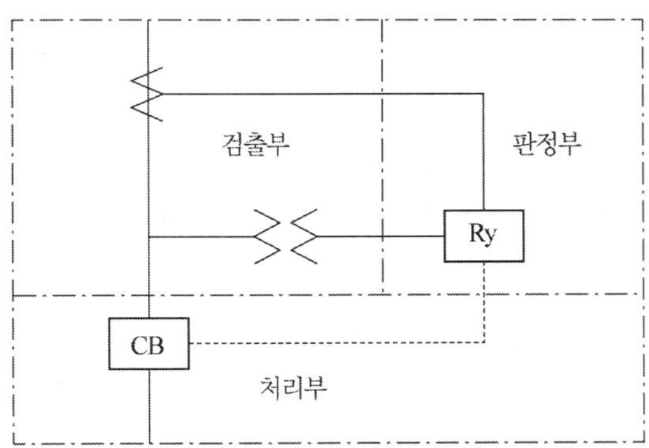

1) 검출부(Detection Unit)

검출부는 계기용 변류기(CT, Current Transformer)와 계기용 변압기(VT, Voltage Transformer)를 통해 전력계통의 전류와 전압을 측정하고, 이를 보호계전기에 입력 가능한 수준으로 변성하여 판정부에 전달하는 역할을 한다.

일반적으로 CT는 1차 전류를 5A, VT는 1차 전압을 100V로 변성하여 계전기에 공급한다. 이처럼 검출부의 출력은 보호계전기의 입력 전원 역할을 하므로, 입력 공급원(Input Source)이라고도 불린다.

검출부는 정상 상태보다는 이상(고장) 시 동작의 신뢰성 확보가 더욱 중요하다. 특히 CT는 고장 발생 시 정격 1차 전류보다 수십 배 이상 큰 전류가 흐를 수 있으므로, 포화(Saturation)되지 않도록 정격 과전류정수, 부하 임피던스(Burden) 등을 적절히 고려하여 선택해야 한다.

이를 위해 CT의 포화특성, 정격부담의 관리, 케이블 길이와 전선 굵기 등 설비 유지관리에 지속적인 관심이 필요하다. VT의 경우에도 과전압 내성, 부하측 누설 전류 등을 고려한 선정 및 정기 점검이 요구된다.

2) 판정부(Decision Unit)

판정부는 보호계전기 본체에 해당하며, 검출부에서 공급된 전압 및 전류의 크기, 위상, 주파수, 변화율 등 전기적 파라미터를 분석하여 고장 유무를 판단한다.

이 과정에서 판정부는 설정된 정정치(Setting Value), 특성 곡선, 시간지연(TD, Time Delay) 등의 정정값과 비교하여 이상 여부 및 동작 필요 여부를 결정하게 된다.

또한, 고장의 종류(단락, 지락 등)나 크기에 따라 즉시 차단할 것인지 또는 지연 후 차단할 것인지에 대한 동작 특성을 설정하고 조정할 수 있다.

판정부는 이러한 판단에 따라 처리부에 동작 명령(Trip Command)을 송신하며, 이로 인해 차단기 또는 경보장치 등이 작동하게 된다.

3) 처리부(Execution Unit)

처리부는 판정부로부터 동작 명령을 수신하여 실제 차단 동작을 수행하는 기구적 장치 또는 시스템으로, 주로 차단기(Circuit Breaker), 차단용 인터페이스 릴레이, 트립코일(Trip Coil) 등이 포함된다.

이 부위는 판정부에서 고장으로 판단된 회로를 물리적으로 개방(차단)하여, 고장 전류의 흐름을 중단하고 이상 구간을 계통에서 신속하게 분리하는 역할을 한다.

처리부의 신속하고 확실한 동작은 계통의 안전성과 연속운전 확보에 결정적인 요소이며, 트립 실패 또는 동작 지연 시 고장 파급 범위가 확대될 수 있다.

따라서, 처리부는 주기적인 시험(Test)과 점검을 통해 트립 신뢰도 확보와 차단 성능 유지가 매우 중요하다.

3 주보호와 후비보호

보호계전기 시스템은 정상적인 정동작을 전제로 설계되지만, 실제 운용에서는 오부동작(Misoperation) 또는 무동작(Failure to operate)이 발생할 수 있다.

이러한 오부동작의 주요 원인으로는 다음과 같은 요소가 있다.

- 변류기(CT)의 포화
- 계전기의 정정(Setting) 오류
- 보호회로의 오배선
- 제어전원의 이상
- 계전기 내부 소자의 노후 및 기능 변화 등

이러한 오동작이나 부동작이 발생할 경우, 고장의 제거가 지연되거나 실패하여 계통 전체로의 고장 파급이 발생하고, 설비 손상 및 광범위한 정전 사고로 이어질 수 있다.

따라서 보호계전시스템은 다단계 보호 체계를 갖추어야 하며, 이를 위해 주보호(Main Protection)와 후비보호(Backup Protection)를 병행 운용한다.

주보호(Main Protection)는 고장 설비에 가장 인접한 보호계전기로, 정확하고 신속하게 고장구간을 제거하는 1차 보호 수단이다.

후비보호(Backup Protection)는 주보호가 고장, 오동작, 전원 상실 등으로 인해 동작하지 않았을 때를 대비하여 시간지연을 두고 동작하도록 설정한 보조 보호계전기이다. 후비보호는 다른 회선 또는 인접 보호구간의 계전기가 작동하는 경우도 포함된다.

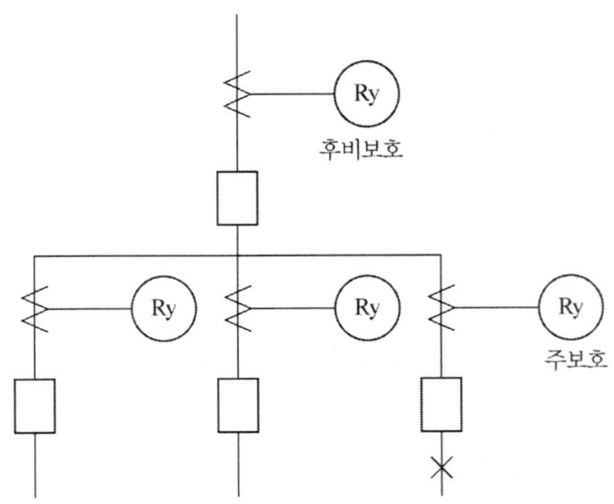

| 그림 2.1 | 주보호와 후비보호

그림에서처럼, 고장 발생 시 주보호 계전기가 정상 동작하여 고장을 신속하게 제거해야 하며, 주보호가 실패할 경우 후비보호 계전기가 동작하여 고장을 제거함으로써 사고 범위를 제한한다.

하지만 후비보호까지 실패하면, 고장시간이 길어지고 고장범위가 광범위해져 계통 전체의 대정전 사태로 이어질 수 있으므로, 정기 점검 및 시험을 통한 신뢰성 확보가 반드시 필요하다.

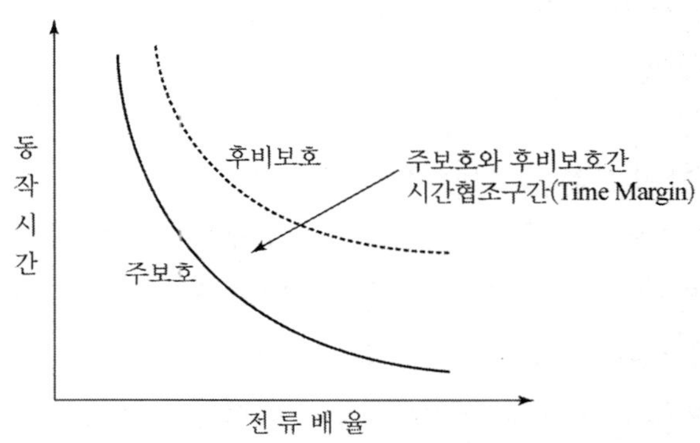

|그림 2.2| 주보호와 후비보호간 시간 협조 구간

4 보호계전기의 종류

1) 동작원리에 따른 구분

(1) 유도형계전기

유도형 계전기는 교류 전류에만 동작하며, 이동 자기장에 의해 비자성 도체 내부에 유도되는 와류(Eddy Current)와 그로 인한 토크를 이용하여 동작한다. 대표적으로는 유도원판형 계전기가 가장 널리 사용된다.

유도원판형 계전기 중 과전류계전기를 예로 들면, 일반적으로 알루미늄과 같은 비자성 도체로 구성된 원판 위에 주코일과 보조코일이 위치한다. 이 두 코일은 위상차가 있는 자속(Φ_1, Φ_2)을 발생시키며, 이로 인해 원판 내부에 와류가 형성되고, 그 와류와 자속 간의 상호작용으로 회전 토크가 발생하게 된다.

단상 전류만으로는 3상 시스템과 같은 회전자계를 형성할 수 없기 때문에, 주코일과 보조코일의 위치 및 권선 수를 조정하여 위상차가 있는 자속을 인위적으로 만들어 회전력을 유도한다.

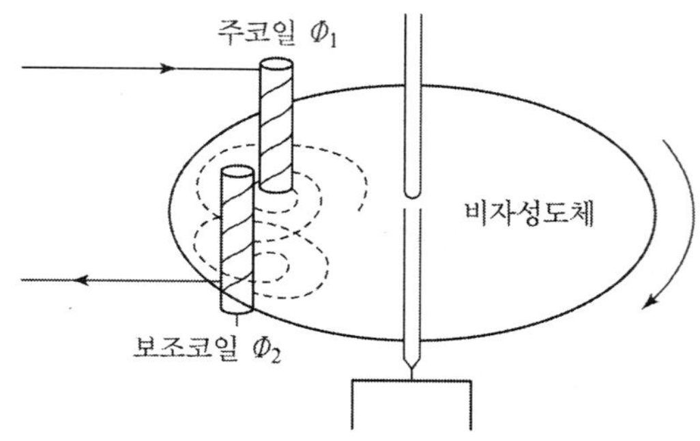

| 그림 2.3 | 유도원판형 계전기의 토오크 발생원리

유도원판형 계전기의 동작원리를 설명하면

① 유도 자속 생성

주코일과 보조코일에 흐르는 전류 i에 의해 자속 Φ_1, Φ_2가 발생하며 이 두 자속 사이에는 위상차 θ가 존재

② 전자기 유도에 의한 기전력 발생

자속 Φ_1과 Φ_2는 유도원판을 관통하면서 시간적으로 변화 → 원판에 유도전류 발생

③ 회전자력(토크) 발생

유도전류와 원래의 자속 간 상호작용으로 회전 토크 발생

$$T = k \cdot \Phi_1 \cdot \Phi_2 \cdot \sin\Theta$$

이 토크에 의해 유도원판이 회전함.

④ 접점 동작

유도원판이 설정된 각도 또는 시간만큼 회전하면 접점이 닫히거나 열리며 계전기 동작 완료

⑤ 복귀

고장 신호가 사라지면 자속이 사라지고, 제동자석의 작용으로 원판이 원위치로 복귀

(2) 정지형계전기(Static Relay)

정지형 계전기는 반도체 소자(다이오드, 트랜지스터, 연산증폭기 등)와 수동 소자(저항, 콘덴서 등)로 구성된 회로를 통해 계전기의 기능을 수행한다. 유도형 계전기의 동작 원리를 전자회로로 구현한 것으로, 기계적 가동부가 없으며 빠른 동작 속도, 높은 신뢰성, 낮은 전력 소비 등의 장점을 갖는다.

정지형 계전기는 유도형 계전기와 비교하여 다음과 같은 특징을 가진다.

① 고속 응답 특성

기계적 운동부가 없으므로 매우 빠른 시간 내에 동작 가능

② 정확한 특성 구현 가능

특성곡선이 보다 정밀하게 구현되며, 온도나 진동에 대한 영향이 작음

③ 저 부담 특성

2차 회로에 대한 부담이 적어 CT나 VT에 미치는 영향이 작음

이 계전기는 유도형 계전기의 대체 기술로 발전하였으나, 현재는 연산처리 능력이 더욱 우수한 디지털 계전기(Microprocessor Relay)로 빠르게 대체되고 있다. 즉, 정지형 계전기라는 표현은 유도형 계전기의 '기계적 동작'과 비교하여 "정지된 부품으로 구성되었다"는 의미이며, 현재 기준에서는 아날로그 계전기로 분류된다.

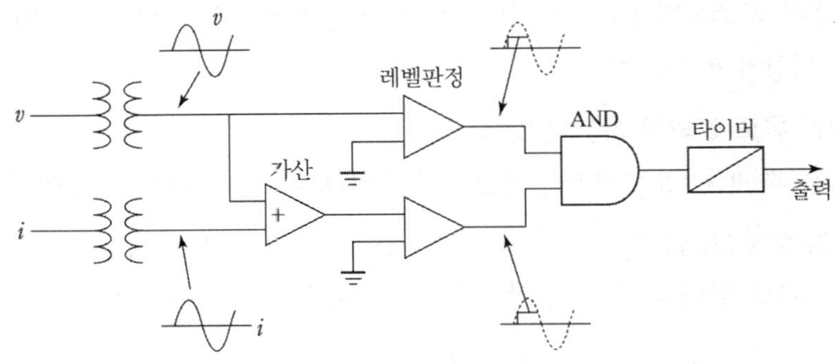

| 그림 2.4 | 정지형계전기 개념도

유도원판형 계전기의 동작원리를 설명하면

(1) 입력부

전압(V)은 VT를 통해, 전류(I)는 CT를 통해 각각 정지형 회로에 인가됨.

신호는 정류 및 증폭 과정을 거쳐 가산 회로에 입력됨.

(2) 연산 및 판정부

가산된 입력은 기준값(레벨설정)에 따라 비교 증폭기에서 임계값 이상인지 판단함.

전류와 전압 조건이 모두 충족되면 AND 게이트를 통해 동시 조건 만족 여부를 판정함.

(3) 출력부

타이머 회로를 통해 일정 시간 유지 시 출력 신호를 생성 → 차단기 동작 명령 전달.

(3) 디지털 계전기(Digital Relay)

디지털형 계전기는 아날로그 방식의 정지형 계전기에 디지털 회로와 마이크로프로세서 연산 기능을 추가한 계전기로, 연속된 아날로그 신호를 일정한 시간 간격으로 샘플링하여 2진 디지털 데이터로 변환한 후, 이를 처리하여 보호 동작을 수행한다.

아래 그림은 디지털형 계전기의 기본적인 신호처리 흐름을 나타낸 것으로 구성 및 동작 원리는 다음과 같다.

① 입력 측 센서(CT, VT 등)

전류 또는 전압 신호를 검출한다.

② 필터(Filter)

전력 계통에는 고조파(Harmonics)가 포함될 수 있으므로, 밴드패스 필터(Band Pass Filter)를 통해 기본파(주파수 성분만)를 통과시키고 나머지는 제거한다.

③ 샘플 & 홀드 회로(Sample and Hold: S/H)

아날로그 신호의 특정 시점을 고정시켜(hold) 디지털 변환기에서 처리할 수 있도록 준비한다.

④ 아날로그-디지털 변환기(A/D Converter)

아날로그 파형을 0 또는 1로 이루어진 이진수(디지털 신호)로 변환한다. 이때 사용되는 샘플링 주파수는 일반적으로 계통주파수의 12배 이상이 권장된다.
(예: 60 Hz 기준 → 720 Hz)

⑤ 마이크로프로세서(Microprocessor Unit)

A/D로 변환된 디지털 데이터를 수학적으로 처리(예: FFT, 전류/전압 계산, 위상 비교 등)하고, ROM(Read Only Memory)에 저장된 기준값과 비교하여 계전기 동작 여부를 결정한다. 결과는 트립 신호로 출력된다.

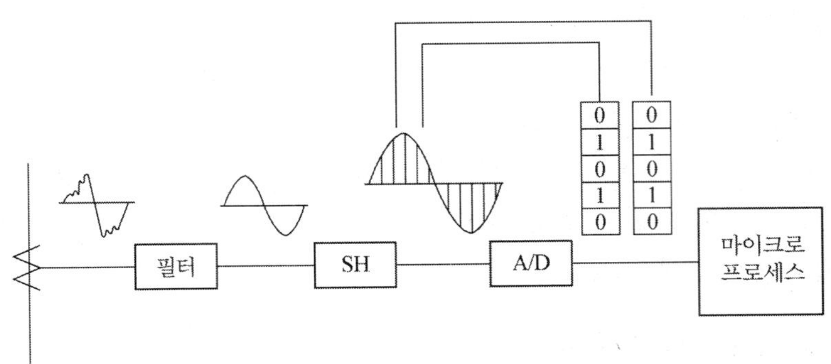

| 그림 2.5 | 디지털 계전기의 동작 원리도

2) 입력 공급원에 따른 구분

(1) 전류형(Current Type Relay)

전류형 계전기는 계기용 변류기(CT : Current Transformer)로부터 공급되는 전류의 크기만을 입력량으로 하여 동작하는 계전기이다. 다음과 같은 종류가 있다.

① **과전류계전기(OCR, Over Current Relay)**

전력계통에서 단락(Short Circuit) 또는 과부하(Overload) 등으로 발생하는 정격 이상의 전류를 검출하여 동작하며, 주로 모선, 배전선, 부하 보호용으로 사용한다.

② **지락과전류계전기(OCGR, Over Current Ground Relay)**

3개의 CT를 Y결선하여 만든 잔류 회로(Residual Circuit)에서 발생하는 지락전류를 검출한다. OCR과 동작 원리는 유사하나, 정격전류가 작다(통상 0.5 A). 따라서 소세력과전류계전기라 부르기도 한다.

③ **지락계전기(GR, Ground Relay)**

ZCT(Zero Phase Current Transformer)와 결합되어 사용되며, 비접지 또는 저항접지 전로의 지락보호에 활용된다.

지락전류 발생 시 ZCT의 1차 전류의 벡터합 $\neq 0$이 되어 유도전류를 통해 계전기가 동작한다. 다만 보호 협조(Selectivity) 측면에서 한계가 있어, 중소규모 설비에서 제한적으로 사용된다.

④ **전류차동계전기(DCR, Differential Current Relay)**

보호구간의 입출구 전류의 차이를 검출하여 내부고장을 보호하는 계전기이다.

통상적으로 비율차동계전기(RDR, Ratio Differential Relay)와 동일하게 사용되며, 주요 적용 대상은 다음과 같다.

변압기 보호(87T), 전동기 보호(87M), 발전기 보호(87G), 모선 보호(87B)

⑤ **표시선계전기(PWR, Pilot Wire Relay)**

전선로 보호 구간이 긴 경우, 지락고장을 검출하기 위해 표시선(Pilot Wire)을 이용하여 양단 CT의 전류를 비교한다.

통신선 또는 광섬유를 활용한 원격 비교 방식이며, 최근에는 반송파(PLC) 방식으로 대체되는 경우가 많다. 주로 송전선 지락보호의 후비 보호용 또는 기계적 거리계전기 대체용으로 활용된다.

(2) 전압형(Voltage Type Relay)

전압형 계전기는 VT(Voltage Transformer), 즉 계기용 변압기에서 공급되는 전압의 크기에만 의존하여 동작하는 계전기를 말한다.

과거에는 PT(Potential Transformer)라는 용어가 널리 사용되었으나, 최근에는 VT라는 명칭이 국제적으로 통용된다.

① **과전압계전기(OVR, Over Voltage Relay)**

전로에서 발생하는 정격 이상 전압(Overvoltage)을 검출하여 설비 보호를 위한 신호를 출력하는 계전기이다.

번개, 이상 운전, 모선 절연 파괴 등으로 인한 과전압을 감지하며, 주로 발전기, 변압기, 모선 보호용으로 사용된다.

② **저전압계전기(UVR, Under Voltage Relay)**

전로의 전압이 정격 이하로 저하되었을 때 동작하며, 설비의 안정 운전 중단 방지 또는 비상 전원 전환 목적으로 사용된다.

비상 발전기 제어, 전압강하 모니터링 등에 활용된다.

③ **지락과전압계전기(OVGR, Over Voltage Ground Relay)**

VT 3대를 Y결선(1차)−Open Delta(2차)로 구성한 회로에서, 지락 발생 시 영상전압(V_o)을 검출하여 동작한다.

이 계전기는 비접지 또는 저항접지 계통에서의 지락 검출에 주로 사용되며, 지락 시 발생하는 영상전압을 기준으로 동작한다.

④ **결상계전기(POR, Phase Open Relay)**

수배전설비의 3상 중 1상 이상이 단선(결상)될 경우 VT에서 검출된 전압 불균형 또는 상전압 소실로 인해 동작한다.

모터 보호, 배전반 보호용으로 널리 사용된다.

(3) 전력형(Power Type Relay)

전력형 계전기는 CT(Current Transformer)와 VT(Voltage Transformer)로부터 공급되는 전류와 전압의 크기, 그리고 양자 간의 위상차를 기준으로 동작하는 계전기로, 일반적으로 방향계전기(Direction Relay) 또는 방향성계전기(Directional Relay)라고 불린다. 이는 전력계통에서 고장이 발생했을 때 고장전류가 흐르는 방향을 기준으로 계전기의 동작 여부를 판단하기 위한 계전기이다.

① **지락방향계전기(DGR, Directional Ground Relay)**

지락방향계전기는 VT에서 검출된 영상전압(V_o)과 CT에서 검출된 영상전류(I_o)간의 위상차를 판단하여 계전기의 동작 여부를 결정한다. 고장 발생 시 영상전압과 영상전류의 위상이 계전기의 설정된 동작특성 곡선(Operating Characteristic)의 동작영역 안에 들어올 경우에만 동작하게 되며, 이는 불필요한 오동작을 방지하고 실제 지락이 발생한 구간만을 선택적으로 제거할 수 있게 한다. 이러한 특성은 지락 전류가 매우 작거나 검출이 어려운 비접지계통 또는 고저항 접지계통에서, 지락전류의 방향성을 파악하여 고장구간을 선택적으로 차단하는 데 유용하다.

② **단락전류방향계전기(DSCR, Directional Short Current Relay)**

단락전류방향계전기는 동일하게 전압과 전류의 위상차를 이용하지만, 주로 단락고장 시 고장전류의 흐름 방향을 기반으로 동작 여부를 결정하는 계전기이다. 예를 들어, 송전선로에서 고장 지점에 따라 단락전류가 어느 방향으로 흐르는지를 판단하여, 해당 구간의 차단기를 동작시키고 나머지 계통은 계속 운전 가능하도록 한다. 이러한 기능은 특히 양단전원이 연결된 송전계통에서 필수적이며, 주보호와 후비보호 간의 시간협조에도 크게 기여한다.

③ **역전력계전기(Reverse Power Relay)**

역전력계전기는 병렬 운전 중인 발전기나 자가발전설비에서 전력이 정방향이 아닌 반대 방향으로 흐르는 경우를 검출하여 발전기의 손상을 방지하는 데 사용되는 보호계전기이다. 일반적으로 발전기는 부하에 전력을 공급하는 것이 원칙이지만, 연료공급 중단이나 엔진의 정지 등으로 인해 발전기가 회전을 멈추면, 동일 계통에 연결된 다른 발전기나 계통 전원이 이를 모터처럼 역회전시키며 전력을 공급하는 현상이 발생할 수 있다. 이러한 상황에서 발전기는 발전기 고유의 특성과 구조상 큰 기계적 손상을 입게 되므로, 이러한 역전력 흐름을 즉시 검출하고 차단하는 것이 매우 중요하다.

역전력계전기는 발전기 출력 전압(V)과 전류(I) 사이의 위상각을 측정하여 전력($P = V \times I \times \cos\theta$)의 부호를 판단하고, 전력이 일정 역방향 한도(설정치) 이하로 흐를 경우 계전기가 동작하게 된다. 이 계전기는 역방향 유효전력을 판단하는 데 초점을 맞추며, 일반적으로 수 초 이내의 시간지연을 주어 일시적인 부하 변동에 의한 오동작을 방지하고 있다. 전력의 방향을 기준으로 동작하는 특성상, 위상보상 회로나 코사인 동작요소 등을 사용하여 안정적인 방향 판정을 수행한다.

Chap. 03

계기용 변성기

1 개요

교류계통의 보호계전기는 계기용 변류기(CT, Current Transformer) 및 계기용 변압기(VT, Voltage Transformer)에서 공급되는 전류 및 전압을 기반으로 동작한다. 이러한 계기용 변성기는 고전압 전력회로로부터 계전기 및 측정기기를 절연하고, 전력계통의 전기량(전류, 전압)을 정격 2차 출력(보통 5 A, 110 V)으로 변환하여 공급함으로써, 계전기가 정확하고 안정적으로 동작할 수 있도록 한다.

계기용 변성기를 올바르게 사용하기 위해서는 기계적 구조, 절연 종류, 정격(연속 및 단시간 정격 포함), 변류비/변압비, 절연계급, 오차계급, 과포화 특성, 접속 방식 등을 종합적으로 고려해야 한다. 특히 보호계전기와 조합되는 CT, VT의 성능은 계전기의 오동작 또는 부동작을 유발할 수 있기 때문에, 오차 계급 및 접속 방식은 보호계전기 설계에 있어 핵심적인 고려 요소이다.

계기용 변성기의 오차는 기본적으로 자속 포화, 부하 임피던스, 권선 비대칭, 히스테리시스 등의 원인에 의해 발생하며, 그로 인해 계전기의 동작 시점이나 정밀도에 영향을 줄 수 있다. 기술적으로 매우 정밀한 CT나 VT를 사용하는 것이 바람직하나, 경제성과 설치 조건을 감안하여 적절한 등급의 변성기를 선택해야 하며, 이 과정에서 계전기의 동작 특성과 보호계통의 설계 목적을 함께 고려해야 한다.

또한, 변성기의 2차측 접속 방법에 따라 영상 전류, 선간 전압 등 다양한 전기량을 유도하여 얻을 수 있기 때문에, 보호계전기 회로를 설계할 때 목적에 맞는 전기량을 확보할 수 있도록 변성기의 접속 방식 또한 사전에 검토되어야 한다.

2 계기용 변류기 (CT, Current Transformer)

계기용 변류기(CT, Current Transformer)는 1차측 전력계통의 대전류를 2차측에서 소전류(일반적으로 정격 1A 또는 5A)로 변환하여 보호계전기, 계측기, 제어기기 등에서 안전하고 정확하게 사용할 수 있도록 해주는 변성기기의 일종이다. 이 장치는 계통 절연유지, 측정 범위 확장, 보호 기능 구현 등을 위해 필수적으로 사용된다.

1차측 전류는 수십 A에서 수십 kA(kA)에 이르기까지 매우 크고 다양하지만, 변류기는 이를 전기적으로 절연된 상태로 소전류로 변환하여 2차측 회로에 공급함으로써 계전기와 계측기의 과부하를 방지하고, 회로의 안전성을 확보하게 한다.

CT의 구조는 일반적으로 1차 권선은 단일 도체가 철심(코어)을 관통하는 형태로 되어 있으며, 이는 1회전 또는 소수회전만을 가지는 경우가 많다.

2차 권선은 규소강판(Silicon Steel)을 적층한 철심에 연선 또는 에나멜선을 수십 회 감아 구성된다. 이때 자속의 변화에 따라 유기된 2차 전류는 1차 전류에 비례하므로, 2차측에서 1차측 전류를 정확히 추정할 수 있게 된다.

1) CT의 종류

(1) 권선형(Wound Type CT)

권선형 변류기는 철심(core)에 1차 권선과 2차 권선을 모두 감아 제작된 구조의 변류기로, 1차 권선이 2회 이상 감기도록 구성되어 있으며, 일반적으로 저전류(수십 A 이하) 영역에서의 정확도 향상 및 안정적인 측정을 위한 용도로 사용된다. 이러한 구조는 전류비(Ratio)의 세밀한 조정이 가능하다.

(2) 관통형(Through-type CT 또는 Bar-type CT)

관통형 변류기는 1차 도체 자체를 1차 권선으로 사용하는 구조의 변류기로, 일반적으로 1차 권선 수는 1회전입니다. 대부분의 고전류 회로 측정 및 보호용 CT는 이 방식이며, 1차 도체는 케이블, 버스바(동봉), 동관 등 다양한 형태로 구성된다. 이러한 구조는 설치가 간편하고 견고하며 유지보수가 용이하다는 장점이 있으며, 특히 변전소, 배전반, 고압 모선 보호회로 등에서 널리 사용된다.

관통형 CT에서는 1차 도체가 철심 중앙을 정확히 관통하도록 설치해야 자기적 불균형을 방지할 수 있습니다. 또한, 이러한 자기 불균형이 발생할 경우 CT의 오차 증가 및 포화 특성 악화로 인해 계전기의 오동작을 유발할 수 있으므로 주의가 필요합니다.

(3) 붓싱형(Bushing-type CT)

붓싱형 변류기는 관통형 변류기의 일종으로, 변압기나 차단기의 붓싱에 설치되어 붓싱 내부를 통과하는 도체를 1차 권선으로 사용하는 구조의 변류기이다. 철심의 자기저항을 줄이고 포화특성을 향상시키기 위해 철심의 단면적을 충분히 확보해야 한다.

이와 같이 포화특성이 우수하기 때문에, 1차 전류가 큰 경우에도 출력 오차가 작아 정확한 보호 동작이 가능하다. 다만, 철심의 양이 많아짐에 따라 여자전류(Magnetizing Current)가 커지므로, 저전류 영역에서는 상대적으로 오차가 증가할 수 있다. 또한, 기기의 양측(1차 및 2차 측)에 붓싱형 CT를 설치함으로써 보호 범위의 중첩(Coordinated Overlap)을 확보할 수 있어 차동 보호(Differential Protection)나 방향성 보호 구성에 유리하다.

(4) 영상변류기(ZCT, Zero sequence Current Transformer)

영상변류기는 관통형 CT의 일종으로, 3상 전력선(L1, L2, L3)을 모두 철심 중심을 통과시켜 3상 전류의 벡터합인 영상전류($I_A + I_B + I_C = 3I_0$)를 검출하는 방식이다. 평상시에는 이상전류가 발생하지 않지만, 지락고장 발생 시에는 비접지 상을 통해 지락전류가 유입되어 이 합이 0이 아니게 되어 2차측에 영상전류가 발생하게 된다. 이러한 원리를 이용하여 지락전류 검출 및 보호계전기의 동작을 유도할 수 있다.

영상변류기를 사용하면 3대의 CT를 이용한 잔류회로 방식에 비해 상간 특성차나 오차의 영향을 받지 않으므로, 소전류 감지가 가능하고, 고감도 지락보호가 필요한 계통에 적합하다. 주로 ZCT, Donut CT, Window CT, Core Balanced CT 등의 명칭으로도 불린다.

계통 형태별 ZCT 적용 방식은 다음과 같다.

① 비접지 계통

지락전류가 매우 작기 때문에, 고감도 보호계전기(SGR: Selective Ground Relay)와 조합하여 사용된다. 이 경우, 영상변류기의 정격은 보통 200 mA/1.5 mA 정도로 하여, 1 mA 수준의 미세한 지락전류도 검출할 수 있게 설계한다.

② 저항접지계통

접지저항(R_g)을 통해 지락전류를 100~1,000 A 정도로 제한하므로, 영상변류기의 정격 1차전류는 최대 지락전류의 약 20 %로 설정하며, 예를 들어 정격이 50/5 또는 25/5A인 CT를 사용하여, 불완전 지락고장에 대해서도 충분한 2차 전류가 보호계전기에 흐르도록 선정해야 한다.

③ 직접접지계통

지락전류가 단락전류에 근접하므로 영상전류 검출이 용이하다. 이 경우에는 ZCT를 별도로 사용하지 않고, 일반적으로 CT 3대를 Y결선한 잔류회로 방식을 통해 지락전류를 검출하는 방법이 더 널리 사용된다.

(5) 공심변류기(Air Core CT, Rogowski Coil)

공심변류기 또는 로고스키 코일은 철심이 없는 구조로, 절연체나 비자성 재질의 코어에 2차 코일을 균일하게 감아 구성한 전류 센서이다. 철심이 없기 때문에 자속 포화(Magnetic Saturation) 문제가 없으며, 넓은 범위의 대전류 측정이 가능하다.

공심 CT는 자기장의 시간적 변화율(dI/dt)에 비례하는 유도 전압을 출력하므로, 출력 신호는 전류의 변화율에 비례하고, 실제 전류 파형을 얻기 위해서는 적분기(Integrator) 회로가 필요하다.

또한, 철심이 없기 때문에 일반 CT처럼 2차측이 개방되었을 때 발생하는 과전압 위험이 없으며, 회로의 안전성이 높고 유지보수가 용이하다. 일반적인 공심 CT의 2차 출력은 약 5V 수준이고, 로고스키 코일은 측정 범위 및 감도에 따라 수 V에서 수십 V까지 다양한 출력을 가질 수 있다.

이러한 특성으로 인해 고주파 전류나 서지, 펄스 전류 측정, 개방형 구조에서의 임시 전류 측정, 휴대형 전력 분석기, 배전반 내 대전류 모니터링 등에 널리 사용된다.

(6) 다중비 변류기(Multi-Ratio CT)

다중비 변류기는 하나의 철심에 여러 개의 2차 권선 또는 다수의 탭을 가진 하나의 2차 권선을 구성하여, 다양한 변류비(Current Ratio)를 제공할 수 있는 변류기이다. 일반적으로 탭 사이의 권선 수에 따라 2차 전류가 달라지며, 전류비 선택의 유연성을 제공하므로 시험 설비, 모선 보호계전기, 변전소 등 다양한 전력 시스템에 사용된다.

예를 들어, 2000/5 CT에서는 400/5, 600/5, 800/5, 1000/5 등의 비율을 하나의 CT로 구현할 수 있다.

이러한 CT는 설계 및 설치 시 사용하지 않는 탭은 반드시 단락(Short-circuited) 또는 절연 후 종단 처리해야 하며, 개방(Open) 상태로 둘 경우 고전압 유기 및 절연 파괴 위험이 발생할 수 있다. 이는 일반 CT와 동일하게 2차측이 개방되었을 때 발생하는 과전압 문제 때문이다.

또한 다중비 CT는 권수에 따라 오차 특성이나 포화특성이 달라지므로 선정 시 오차등급(Class), 과전류 한계요소(ALF, Accuracy Limit Factor, 과전류정수), 부하임피던스(Burden) 등을 종합적으로 고려해야 한다.

(7) 3권선 변류기(Three-Winding CT 또는 Multi-Winding CT)

3권선 변류기는 하나의 철심에 1차 권선, 2차 권선, 3차 권선을 각각 감은 변류기로, 상이한 목적에 따라 2차와 3차 권선을 분리 사용하거나 조합하여 사용할 수 있다. 동일한 권수비를 갖는 2차 권선과 3차 권선을 직렬로 연결하면 전체 권수는 2배가 되어 권수비가 2배 증가하고, 2차 정격 전류는 변하지 않는다. 반대로 병렬로 연결하면 권수는 줄어들어 권수비가 절반이 되고, 2차 전류는 정격의 2배가 된다.

일반적으로 2차 권선은 상전류 측정 및 보호계전기의 입력 전원으로 사용되고, 3차 권선은 3상을 직렬로 연결하여 영상전류(Zero-Sequence Current) 검출에 사용된다. 이 경우, 3차 권선에는 지락전류의 1/3에 해당하는 영상전류 $I_0 = I_a + I_b + I_c$가 흐르게 되며, 2차 권선에는 정상전류와 역상전류분이 포함된 전류가 흐른다.

3차 권선을 사용하지 않을 경우에는 반드시 개방해야 하며, 부하 연결 없이 단락 상태로 유지하면 과열 또는 손상 위험이 있다.

2) CT의 정격(Rated Values of CT)

변류기의 정격은 국제전기기술위원회(IEC) 표준 IEC 61869에 따라 규정되며, 보호 및 계측 목적에 따라 1차 전류, 2차 전류, 정격 부담(Burden), 정확도 등 다양한 항목이 정의된다.

기존 IEC 60044시리즈는 IEC 61869 시리즈로 전면 대체 되었다

구분	기존 표준	새로운 표준	비고
총괄규정	IEC 60044-1 ~ 60044-8	IEC 61869-1 (공통사항)	구조적 체계화
변류기(CT)	IEC 60044-1	IEC 61869-2	일반 측정용 CT
보호용 CT	IEC 60044-1 + 일부 해설서	IEC 61869-2	5P, 10P, PX 등으로 정밀도 상세화
변압기(VT/PT)	IEC 60044-2	IEC 61869-3	측정용 VT
보호용 VT	IEC 60044-2 + 기타	IEC 61869-3	보호 정밀도 포함
특수 CT	IEC 60044-7/8	IEC 61869-6, -9, -10 등	디지털 출력 포함

(1) 정격 1차전류

계기용 변류기의 정격 1차전류는 IEC 61869 표준에 따라 다음과 같이 표준 정격값으로 규정되어 있다.

정격 1차전류는 10, 12.5, 15, 20, 25, 30, 40, 50, 60, 75 A 등으로 규정되며, 이 값

들의 10배수(예: 100, 125, 150, ··· 3000A 등) 또한 표준값으로 사용된다.
이는 계통의 운전 전류 및 차단기 정격에 따라 합리적으로 선택되며, 과대 또는 과소 선택 시 계전기 정확도에 영향을 줄 수 있으므로 적절한 선정이 필요하다.
또한, 특고압 또는 대전류 계통에서는 수천 암페어에 달하는 정격 1차전류를 갖는 CT가 사용되기도 하며, 이때 변류비는 보통 정격 1차전류 / 1차 2차 기준값(예: 5A, 1A) 형식으로 표기된다.

|예| - CT 500/5A → 정격 1차전류는 500A, 정격 2차전류는 5A, 변류비는 100:1
- CT 2000/1A → 정격 1차전류는 2000A, 정격 2차전류는 1A, 변류비는 2000:1

(2) 정격 2차전류

계기용 변류기의 정격 2차전류는 IEC 61869에서 1A, 2A, 5A 중 하나로 규정하고 있다. 이 중 2A 정격은 북유럽 일부 국가(예 : 스웨덴, 핀란드 등)에서 제한적으로 사용되며, 국내를 포함한 대부분의 국가에서는 1A 또는 5A 정격을 사용한다.
기존에는 기계식(아날로그) 보호계전기가 충분한 동작력을 필요로 했기 때문에 5A CT가 주류였으나, 최근에는 소전력으로도 동작 가능한 디지털 보호계전기 및 계측기가 보급되면서 1A CT의 수요가 증가하는 추세이다.
1A CT를 사용하면 다음과 같은 이점이 있다.
- CT 회로 전선의 단면적을 줄일 수 있어 배선 비용 절감
- CT의 정격부담(burden)이 줄어들어 포화 방지에 유리
- 에너지 손실 및 열 발생 감소
- 장거리 전송 시에도 정확도 유지에 유리

반면, 5A CT는 높은 전력 출력이 필요한 계기(예: 아날로그 기록계, 접점 부하가 큰 계전기 등)와의 호환성, 기존 설비와의 통일성 측면에서 여전히 사용하고 있다.

(3) 정격부담(Rated Burden)

계기용 변류기의 정격부담(Rated Burden)은 VA로 표시되며, IEC 61869 기준에 따라 일반적으로 2.5VA, 5VA, 10VA, 15VA, 30VA 또는 그 이상의 등급으로 규정되어 있다.
CT의 실제 부담은 다음 식으로 계산된다.

$$VA = I_n^2 \times Z$$

I_n : 2차 정격전류(보통 1A 또는 5A)
Z : 2차 회로 전체의 임피던스(Ω)
(CT 2차 권선 저항 + 배선 저항 + 연결된 계전기 · 계측기 입력 임피던스)

정격부담은 CT가 오차 없이 정확하게 작동할 수 있는 최대 허용 부하 임피던스의 크기를 의미하며, 이를 초과하면 철심 포화(saturation)나 출력 오차가 발생하게 된다.
자속(Φ)의 크기는 권선에 흐르는 전류에 비례하므로, 전류가 클수록 철심 내 자속이 증가하게 된다. 그러나 철심의 단면적과 자기 포화 밀도(B_s)에는 한계가 있어, 일정 수준 이상의 자속이 유입되면 자속이 철심을 따라 흐르지 못하고 외부로 누설된다. 이때 발생하는 누설 자속(leakage flux)은 2차 권선을 완전히 통과하지 못하므로, 정확한 전류 변환이 이뤄지지 않아 오차가 발생한다.
따라서 정격부담이 높은 CT를 설계하려면 다음 조건을 만족해야 한다.
- 철심 단면적을 키워 포화에 강하도록 함
- 자속포화에 강한 고성능 자성재료(예 : 퍼말로이, 규소강판 등)를 사용
- 2차 회로 부하를 줄이기 위한 적절한 전선 굵기 및 배선 길이 확보

(4) 정밀도(Standard Accuracy Limit Factor)

계기용 변류기의 정밀도는 2차 출력 전류가 1차 입력 전류의 정해진 비율로 얼마나 정확히 변환되는지를 나타내는 등급으로, 오차 범위에 따라 정해진다.
국제 규격에 따른 대표적인 정밀도 등급은 다음과 같다.

① IEC 61869-2

표준 정밀도 등급은 Class 0.1, 0.2, 0.5, 1.0, 3.0, 5.0 등으로 정의되며, 이는 정격 부담 하에서 정격 전류의 5~120 % 범위 내에서의 비율 오차(%)를 의미한다.

|예| Class 1.0은 전체 동작범위에서 최대 ±1.0 % 이내의 오차를 허용한다.

② IEEE/ANSI C57.13 규격

ANSI에서는 정밀도 등급을 B-Class와 C-Class로 구분하며, C-Class는 자기 차폐 구조(자속비의존형) CT에 대해 정격부담 내에서 ±10 % 이하의 전압 오차 허용 기준을 갖는다.

|예| C100 등급은 정격 전류의 20배까지 100 V까지 정확하게 출력 가능하며, 이때 오차는 10% 이내여야 함.

③ 비율오차(Ratio Error)

$$\text{Ratio Error}(\%) = \left(\frac{I_1 N - I_2}{I_1}\right) \times 100$$

여기서, I_1 : 실제 1차 전류, I_2 : 2차 전류, N : 변류비

(5) 과전류정수(ALF, Accuracy Limit Factor, 과전류 한계 계수)

과전류정수는 CT가 정격 정확도(합성오차)를 유지할 수 있는 최대 1차 전류와 정격 1차 전류의 비율을 의미(정밀도 한계 내에서 측정 가능한 최대 1차 전류(A)와 정격 1차 전류(A)의 비율)하며, 일반적으로 5, 10, 15, 20 등으로 규정되어 있다. 예를 들어, ALF가 10인 CT는 정격 1차전류의 10배까지 전류가 흐르더라도 지정된 오차 범위(예: 5P의 경우 ±5%) 이내의 출력 특성을 유지해야 한다.

ALF 이상으로 전류가 흐르면 철심이 포화되기 시작하고, 이로 인해 CT의 2차 전류는 실제 1차 전류에 비례하지 않게 되어 보호계전기의 정확한 동작을 보장할 수 없게 된다.

참고 **보호용 CT의 정확도 등급 표기**

IEC 61869-2에서 보호용 변류기의 정확도 등급은 아래와 같이 정의된다.

정밀도 등급	명칭	의미
5P10	5P 클래스, 한계배율(과전류정수) 10	정격부담에서 한계배율(ALF) 10배까지 비율오차 ±5% 이내 보장
10P10	10P 클래스 한계배율(과전류정수) 10	정격부담에서 한계배율(ALF) 10배까지 비율오차 ±10% 이내 보장

▸ **5P10의 포화 특성 그래프**

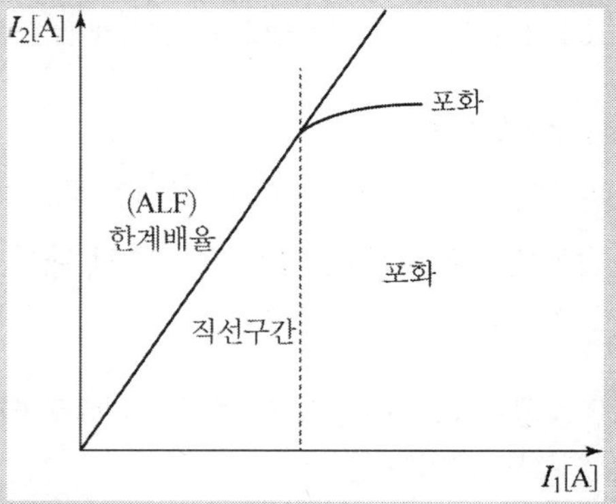

예를 들어, CT비가 100/5인 경우 정격 1차전류는 100A이고 정격 2차전류는 5A이다. 이 CT가 IEC 61869-2 기준에 따른 정밀도 등급 5P10일 경우, 1차측에 정격의 10배인 1,000A가 흐르면 2차측에는 정격의 10배인 50A가 흘러야 하며, 이때 오차가 ±5% 이내(즉, 47.5A ~ 52.5A 범위)에 있어야 한다. 다시 말해, 2차측 50A 기준으로 5% 이내의 오차 범위를 만족한다는 의미이다.

(6) 내부전압(Secondary Limiting e.m.f : V_s)

내부전압은 정격 2차 전류 I_2가 흐를 때, CT 2차 회로에서 발생 가능한 최대 전압으로, CT의 과전류정수(ALF) 만큼 과전류가 흐를 경우에도 CT가 오차 한도 내에서 동작하기 위한 최소한의 전압 요구치를 의미한다.

이 내부전압 V_s(V)는 다음의 식으로 정의된다.

$$V_s = ALF \times I_2 (R_{CT} + R_B)$$

여기서, ALF : 과전류정수(Accuracy Limit Factor)

I_2 : 2차 정격전류(A)

R_{CT} : CT의 2차 권선 저항(Ω)

R_B : CT 2차 회로의 외부 부담 저항(Ω)

(7) 포화전압(Knee Point Voltage : V_k)

포화전압은 보호용 CT의 여자특성을 나타내는 지표로, IEC 61869-2 기준에 따라 정의된다. 이는 CT 1차측을 개방한 상태에서, 2차측 단자에 정현파 전압을 점차 인가해 갈 때 전압을 10% 상승시켰을 때 여자전류의 실효값이 50% 이상 증가하지 않는 최대 전압값을 의미한다.

공식적으로는 아래의 수식으로 표현할 수 있다.

$$V_k = K_X \times I_2 (R_{CT} + R_B)$$

여기서, V_k : 포화전압(knee point voltage)(V)

K_X : 과도정수(Dimensioning Factor), 일반적으로 20 ~ 30 사용

I_2 : 2차 정격전류(A)

R_{CT} : CT의 2차 권선 저항(Ω)

R_B : CT 2차 회로의 외부 부담 저항(Ω)

단자전압(V_k)과 내부전압(V_s)의 관계는 다음과 같이 구분된다.

① 정상상태 : $V_k \fallingdotseq V_s$

(내부전압과 거의 동일)

② 고장전류 인가 시, CT가 포화되지 않았다면 $V_s > V_k$

(CT가 아직 포화되지 않은 경우)

③ 완전 포화 상태에서는 $V_s \fallingdotseq V_k$

(여자전류가 대부분, 2차 측에 실질적인 전류 흐름 없음)

(8) 허용전류

변류기는 고장 시 열적 · 기계적 손상을 방지하기 위해 허용 가능한 전류 범위를 IEC 61869-2 기준에 따라 다음과 같이 규정하고 있다.

① 연속허용전류(Rated Continuous Thermal Current, Icth)

정격 1차 전류의 일정 배수로 지정되며, CT가 온도 상승 기준을 초과하지 않고 연속적으로 견딜 수 있는 전류를 의미한다.

IEC 기준에서는 일반적으로 1.2, 1.5, 2.0배 등으로 지정한다.

② 단시간 허용전류(Rated Short-time Thermal Current, Ith)

고장 시 CT 2차측이 단락되었을 경우, CT가 열적 손상 없이 견딜 수 있는 1차 실효치(RMS) 전류이다. 일반적으로 1초 기준이나, IEC 기준에 따라 1초, 2초, 3초 등으로 주문자가 지정할 수 있다.

③ 최대 허용전류(Rated Dynamic Current, Idyn)

단락 고장 초기에 발생하는 최대 피크 전류를 견딜 수 있는 CT의 기계적 내력을 의미한다. 보통 CT의 단시간 허용전류의 2.5배로 지정된다. 이 값은 CT가 내부 권선이나 구조물의 기계적 파괴 없이 견딜 수 있는 범위를 의미한다.

(9) 여자전류(Exciting Current, I_e)

여자전류란, 1차 권선을 개방한 상태에서 2차 권선에 정격주파수의 정현파 전압을 인가할 때 2차 권선에 흐르는 실효값(RMS)의 전류를 의미한다. 이 전류는 철심을 자화하기 위해 필요한 전류로, CT의 자기적 손실, 히스테리시스 손실, 와류손 등과 관련된다. 여자전류는 일반적으로 수 mA ~ 수십 mA 범위이며, CT의 철심 재질, 단면적, 권선 수 등에 따라 달라진다. 여자전류가 작을수록 CT의 자속 경로가 효율적이며, 고정밀 측정과 보호 기능에 유리하다.

3) 정밀도 등급(Accuracy Class)

(1) IEEE/ANSI 규격

IEEE/ANSI C57.13 표준에서는 CT의 정밀도 등급을 C(Class)형과 T(Tested)형으로 구분한다. 여기서 C는 계산(Calculated), T는 시험(Tested)에 기반한 정밀도 평가 방식을 의미한다.

① C Class CT

C Class CT는 2차 권선을 철심에 대칭적으로 감는 분포권선 방식으로 설계되며, 일정 한도 이내에서는 누설자속이 권수비에 영향을 주지 않는다. 따라서 1차 전류가

고장전류 수준으로 커져도 비율 오차와 위상 오차가 일정한 한도 이내로 유지되므로 보호계전기에 적합하다. 붓싱형 CT에 자주 적용되며, IEC의 5P, 10P 등급과 유사한 특성을 가진다.

② T Class CT

T Class CT는 누설자속이 철심 구조나 권선 분포에 따라 비율 오차에 직접적인 영향을 미치는 CT이다. 따라서 실측(Tested)된 특성값을 기준으로 하며, 대부분 권선형 구조에 적용된다. 고장전류가 흐르면 자속 포화가 빠르게 발생하며, 최대 50 % 이상의 비율 오차가 생길 수 있어 일반적으로 계측용(Instrumentation)으로 사용된다.

③ C Class CT의 2차 정격 단자전압

정격 부담에 2차 정격전류의 20배가 흐를 때 권수비 오차가 −10%를 초과하지 않는 단자전압이다.

다음 공식에 따라 정격단자전압을 정의

$$Z = \frac{V_s}{I \times ALF} = \frac{800\,V}{5A \times 20} = 8.0[\Omega]$$

$$VA = I^2 \times Z = 5^2 \times 8.0 = 200[\text{VA}]$$

이 공식은 C800 등급 CT는 정격 2차 전류 5A에 대해 20배(=100 A)의 전류가 흐를 때, 정격부담 임피던스 8.0 Ω(=800 V ÷ 100 A) 범위 내에서 비율 오차가 −10 %를 초과하지 않는다. 이때 VA 용량은 200 VA로 계산된다.

※ C Class 명칭의 숫자 의미
예를 들어 C200, C400, C800은 20배 정격전류에서 최대 단자전압 200V, 400V, 800V 의미

(2) IEC 61869-2 보호용 CT 규격

IEC 61869-2는 보호용 변류기(Current Transformer, CT)에 대한 국제표준으로, 다양한 보호용 CT의 정격, 정밀도, 시험 조건 등을 규정하고 있다. 이 규격에서는 보호계전기와 함께 사용되는 CT의 표준 정밀도 한계(Standard Accuracy Limit Factor, ALF)를 5, 10, 15, 20, 30 등으로 정의하고 있다.

① P Class(Protection Class CT)

P Class는 IEC 61869-2에서 정의한 일반적인 보호용 변류기 등급으로, 정상상태에서의 대칭분 전류 조건 하에서의 합성 오차(Composite Error) 기준을 통해 정밀

도를 정의한다. 이 등급은 잔류 자속(Remnant Flux)에 대한 고려는 하지 않으며, 표준적인 보호계전기(예 : 과전류 계전기)에 사용된다.

P Class CT는 정격부담(VA) 및 정밀도 등급(예 : 5P, 10P)과 함께 과전류 정수(ALF: Accuracy Limit Factor)로 표기하며, 예시는 다음과 같다.

30VA 5P20 → 정격부담 30VA, 5P 정밀도, 과전류 정수 20

| 표 3.1 | P Classdhk CT 특성

정밀도	오차(정격전류)	위상오차	합성오차(과전류정수)	잔류자속
5PR	±1%	±60 min	5%	제한없음
10PR	±3%	–	10%	제한없음

② PR Class

PR Class CT는 재자화에 의한 오차 영향을 줄이기 위해 잔류자속(Remnant Flux)이 제한된 보호용 변류기이다. 주로 재폐로(Reclosing) 시스템이 적용된 계통에서 1차 전류의 급격한 변화 후에 발생하는 CT 포화 문제를 방지하기 위해 사용된다. IEC 61869-2에서는 PR Class CT의 잔류자속률(Residual Flux Ratio)이 10 %를 초과하지 않아야 한다고 규정하고 있다. 이는 자기이력 현상에 따른 CT 비오차 방지를 목적으로 하며, 특히 차동보호 · 순시트립 보호계전기의 오동작 방지에 유리하다.

표기 예시는 다음과 같다.

30VA 5PR20 → 정격부담 30VA, 정밀도 등급 5%, ALF 20의 PR Class CT

| 표 3.2 | PR Classdhk CT 특성

정밀도	오차(정격전류)	위상오차	합성오차(과전류정수)	잔류자속
5PR	±1%	±60 min	5%	10% 이하
10PR	±3%	–	10%	10% 이하

③ PX Class

PX Class는 누설리액턴스(Leakage Reactance)가 작고, 과도전류가 큰 계통에서도 포화되지 않도록 높은 포화전압(Knee Point Voltage, V_k)을 갖도록 설계된 보호용 CT이다. 다른 등급의 CT와 달리 정격 포화전압(V_k)과 최대 여자전류를 규정한다.

PX Class CT는 아래와 같이 정격값을 나열하여 명확히 표기하며, 이는 CT의 설계 조건을 모두 포함한다.

Iex – PX – Rct – VA – Kx – RB

예) 0.05 PX 5000 3.0 200 50 8.0

여기서, Iex : 정격여자전류(A)

PX : CT 등급

Rct : 2차 권선저항(mΩ 또는 Ω)

VA : 정격부담(VA)

Kx : 과도전류정수(Dimensioning Factor)

RB : 외부부하 저항(Ω)

Iex = 0.05 A, Rct = 5000 mΩ, Kx = 50, RB = 8.0 Ω

정격 포화전압 Vk = Kx · I_2(Rct + RB) = 50×5(5.0+8.0) = 3,250(V)

정격 1차 전류가 흐를 때, PX Class CT는 비오차(Ratio Error)가 ±0.25% 이내이어야 하며, 이는 고정밀 계전 보호에 적합함을 의미한다. 특히 송전선로 전류차동계전기, 모선 보호용 고임피던스 계전기(High Impedance Protection), 비율차동계전기 등에 사용된다.

(3) IEC 61869-2 보호계전기용 과도특성 CT

IEC 61869-2는 보호용 변류기 중에서도 과도상태(Transient State)에서 정확한 전류 재현 능력이 요구되는 계전기용 CT에 대한 요구 사항을 규정하고 있다.

이러한 CT는 고속 동작 보호계전기(예 : 차동계전기, 거리계전기 등)의 정확한 동작을 위해 비포화 동작 특성, 자속 보존 성능, 자기 포화 지연 성능 등을 만족해야 하며, 이에 따라 TP Class(Transient Performance Class)로 구분된다.

IEC 61869-2에서는 아래와 같은 TP 계급(Transient Performance Class)을 정의한다.

① TPX Class

TPX Class는 과도 응답 중 최대 비오차(Transient Error)를 기준으로 정밀도가 정의되는 보호용 전류변류기(Class of Transient Performance Current Transformer)이다. 잔류자속(Remnant Flux)의 영향을 고려하지 않으며, 철심이 이상적인 선형특성(linear magnetic core)을 가진 것으로 가정한다.

공극(Gap)이 없는 구조로 되어 있으며, 2차 회로 시정수(Time Constant)가 5초 이상일 때에도 비오차(Composite Error)가 허용 오차 이내(예: 5%)로 유지되는 특성을 갖는다. TPX Class는 고속 보호계전기 및 일반 보호용에 널리 사용되며, 전류차동보호 및 거리계전기 등의 과도 응답 특성이 중요한 회로에 적합하다.

② TPY Class – 공극(Core Gap) CT

TPY Class는 과도응답 중의 최대 비오차(Transient Composite Error)를 기준으로 정밀도가 정의되는 보호용 변류기로, 철심에 공극이 있는 구조이며, 잔류자속(Remanent Flux)이 10% 이하로 제한된다.

2차 회로의 시정수(Time Constant)가 10초 이하일 때에도 과도 비오차가 10% 이하로 유지되도록 설계되어 있으며, 비선형 자화특성을 갖는다. TPY Class CT는 급격한 과도전류에서도 높은 정확도를 요구하는 차동보호, 거리계전기, 송전선 보호계전기 등의 보호계전시스템에 적용 가능하다.

③ TPZ Class – 공심 CT(Air–core / Linear Core CT)

TPZ Class는 과도전류 중 최대 DC 오프셋 조건에서 CT의 최대 순시교류분 오차(Instantaneous AC component error)를 기준으로 정밀도가 정의되는 보호용 변류기이다.

공심 또는 리니어(Linear) 철심 구조로 제작되어 자기 포화가 없으며, 잔류자속(Remanent Flux)이나 DC 성분에 의한 영향이 무시 가능할 정도로 작다.

2차 회로의 시정수(Time Constant)는 50～60 ms 이하로 빠르게 DC 성분이 감쇠되어 차단 실패 보호(Breaker Failure Protection) 등에 적합하다.

비오차(Composite Error)는 1.0% 이하로 제한되며, DC 성분 및 잔류자속은 고려대상이 아니다.

④ TPN Class

TPN Class는 비선형 자화곡선을 가진 철심(포화형 철심)을 사용하는 보호용 CT로, 과도상태 동안의 최대 순시 교류분 오차(Instantaneous AC Error)를 기준으로 정밀도를 정의한다.

TPX, TPY Class와는 달리, 잔류자속(Remanent Flux)과 DC 성분(DC Offset)이 정격값 내에 포함될 수 있으며, 이러한 요소가 포화 특성에 영향을 줄 수 있음을 전제로 한다.

CT의 비선형 자화 특성으로 인해 포화 전압이 비교적 낮지만, 설계 목표는 특정 과도 조건에서의 오차 범위 보장이다.

비오차(Composite Error)는 5% 이하로 제한되며, 보호계전기의 차동보호(Differential Protection) 또는 고장전류 검출용 일반 보호계전기 등에 적용할 수 있다.

| 표 3.3 | TPX, TPY, TPZ Class 보호 CT 특성 비교표

구분	TPX	TPY	TPZ
철심 구조	고선형 철심(무공극)	공극 포함 철심 (에어갭 있음)	공심(Linear Core), 비포화형
잔류자속 고려	고려하지 않음	잔류자속 ≤ 10%	무시함(잔류자속 없음)
DC 성분 영향	무시함 (DC 성분 미고려)	제한적 고려	DC Off-set 최대 조건에서 성능 확보
시정수 조건	≥ 5초 (보통 매우 큼)	≤ 10초 (중간 정도)	약 50~60 ms (작음, 빠르게 감쇠됨)
순시 오차 기준	비오차 ≤ 0.5%	비오차 ≤ 1.0%	비오차 ≤ 1.0%
정밀도 정의 방식	순시 교류분 오차 (AC only)	순시 교류분 오차 + 잔류자속 영향	순시 교류분 오차(AC), DC 성분 무시
적용 분야	일반 보호계전기용 (차동, 거리, 방향 등)	재폐로, 공극 있는 보호용	고속 차단기용, 차단실패 보호용(특히 DC 포함 계통)
특징 요약	과도 오차 적고 안정성 높음	잔류자속 제어된 범위 내 허용	과도 응답 속도 빠름, 고속 차단용 적합

※ 고선형(High Linearity)의 의미 : 자속-전류 곡선(B-H Curve)에서 선형 영역이 넓고 포화되지 않는 특성을 말하며, 고선형 철심은 비포화성 선형 특성의 자성재료 또는 구조를 의미하는 용어이다.

4) CT의 극성

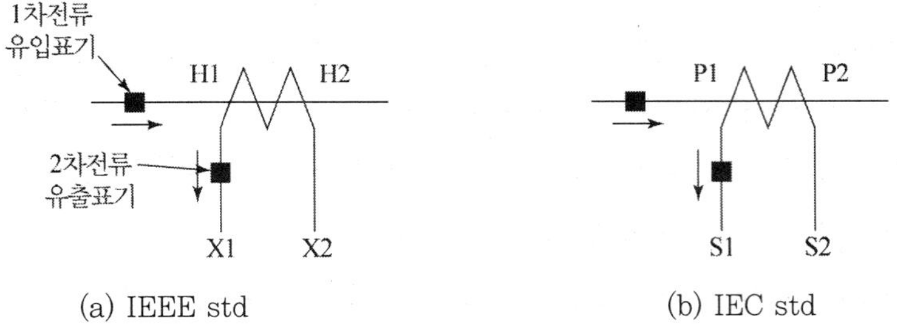

| 그림 3.1 | CT 극성

그림 (a)는 IEEE/ANSI 규격의 CT 극성 표기 방법으로, 1차 권선 단자는 H1, H2, 2차 권선 단자는 X1, X2로 표기하며, H1과 X1이 극성단자(Polarity Terminal)이다.

즉, 1차 전류가 H1 → H2 방향으로 흐를 때, 감극성(Inverse Polarity) CT의 경우 2차 전류는 X2 → X1 방향으로 흐르게 된다.

CT 본체에는 보통 H1 극성 단자에 백색 점 표시 또는 극성 마킹이 되어 있다.

그림 (b)는 IEC 규격의 CT 극성 표기 방법으로, 1차 권선은 P1, P2, 2차 권선은 S1, S2로 표기되며, P1과 S1이 극성단자이다.

또한, 다중비(Multi-ratio) CT의 경우, 2차 권선 단자는 S1, S2, S3, …로 표기하거나, 3권선인 경우 1S1, 1S2 / 2S1, 2S2와 같이 구분하여 표기한다.

5) CT 포화(Saturation)특성

CT 포화란, 철심(Core)에 흐를 수 있는 자속(Flux)의 한계를 초과하여 CT 2차 전류가 실제 1차 전류의 비례값보다 작아지는 현상을 말합니다. 이로 인해 CT의 비율오차가 급격히 증가하고, 보호계전기 오동작 또는 미동작의 원인이 된다.

(1) 포화 발생 조건

① 1차 회로에 과전류가 흐를 경우

계통에 고장(단락 등)이 발생하면 1차 전류가 평상시보다 수십 배 이상 증가할 수 있으며, 이로 인해 CT의 자속이 급격히 증가합니다. 철심은 제한된 자기포화 밀도를 가지고 있기 때문에 일정 자속 이상이 되면 더 이상 비례적으로 자속을 증가시킬 수 없고, CT는 포화에 이르게 된다.

② 2차 회로에 연결된 부하 임피던스(정격 부담)가 정격을 초과할 경우

CT는 2차 측 회로의 전류를 정확히 전달하기 위해 단자에 일정 전압을 생성해야 한다. 그러나 2차 회로의 임피던스가 커지면 더 높은 전압이 요구되고, 이로 인해 철심 내 자속도 증가한다. 그 결과 포화에 이르게 된다.

③ 잔류자속이 존재하는 경우

고장 전류가 제거된 직후, CT 철심 내에는 자속이 일부 남아 있을 수 있다. 이를 잔류자속(Residual Flux)이라 하며, CT가 다음 동작을 시작할 때 초기 자속이 누적된 상태에서 출발하게 되어 포화 임계점을 더욱 쉽게 초과하게 된다.

④ 철심의 재질 및 구조적인 한계

고유한 자속 밀도 특성이 낮은 자재를 사용하거나, 공극이 있는 구조는 포화에 더 취약할 수 있다. 특히 고정밀도나 대과전류 보호가 요구되는 경우에는 높은 포화 전압을 견딜 수 있는 특수한 자성재료나 PX, TPX 등급 CT가 필요하다.

⑤ 전류 파형의 DC 성분 포함 여부

CT는 일반적으로 교류전류를 기준으로 설계되지만, 개폐나 고장 시에는 비정상적인 DC 오프셋이 포함된 전류가 흐를 수 있다. 이 DC 성분은 자속을 지속적으로 증가시키는 역할을 하며, CT가 포화 상태에 더 빠르게 진입하게 된다.

(2) 포화시 문제점

① 2차 전류가 실제 1차 전류를 정확히 반영하지 못하게 된다.

CT는 선형 구간에서는 1차 전류의 비율에 따라 2차 전류를 출력하지만, 포화가 시작되면 CT 철심이 더 이상 자속 증가를 선형적으로 따라가지 못한다. 그 결과, 2차 전류는 실제 1차 전류보다 작게 나타나며, 특히 고장전류 시 이러한 오차는 치명적으로 작용한다.

② 보호계전기의 오동작 혹은 미동작 발생

보호계전기는 CT 2차 전류를 기준으로 동작하는데, CT가 포화되어 실제보다 작은 전류를 출력하게 되면 고장 상황에서도 계전기가 동작하지 않는 미동작이 발생할 수 있다. 반대로, 잔류자속이나 전자기 잡음 등에 의해 일시적으로 과전류가 감지되면 불필요하게 계전기가 동작하는 오동작도 발생할 수 있다.

③ 측정기의 정밀도가 크게 저하

CT가 포화되면 왜곡된 전류 파형이 출력되어, 전류계나 전력계 등의 정밀 측정장비에서 실제 전류를 제대로 측정하지 못한다. 이는 에너지 관리 시스템이나 데이터 로깅에서도 잘못된 정보를 기록하게 되어 전체 전력 품질 분석 및 제어에 오류를 일으킬 수 있다.

④ 2차 회로에 고전압이 유기되어 절연파괴 위험이 발생

CT 2차 회로가 개방되어 있거나 포화 시에 자속 변화량($d\Phi/dt$)이 급격해지면, CT 2차 단자에 수 kV에 이르는 고전압이 유기될 수 있다. 이 전압은 계전기, 측정기, 배선 등의 절연을 초과하게 되어, 장비 손상이나 감전 위험까지 초래할 수 있다.

⑤ 잔류자속으로 인한 연속적인 오차 발생이 이어질 수 있다.

포화 이후 철심에 남는 자속(잔류자속)은 다음 고장전류 또는 측정 시점에서도 영향을 미쳐, CT의 응답 특성에 지연을 유발하거나 지속적인 오차를 발생시킨다. 이러한 문제는 특히 재폐로 시스템이나 반복적인 보호 동작이 필요한 계통에서 치명적이다.

(3) 포화시 방지대책

① 정격부담(정격 VA) 초과 방지

CT 2차 측에 연결된 계기, 릴레이, 배선 등의 임피던스 합이 정격 부담(예: 30 VA 등)을 초과하면 CT는 포화되기 쉬워진다. 대책으로는 다음과 같다.

㉮ 실제 2차 회로의 총 부하 임피던스를 계산하여 CT의 정격부담 이하로 유지.

㉯ 릴레이 및 계측기의 입력 임피던스를 낮은 제품으로 설계.

㉰ CT에서 릴레이까지의 배선 길이를 줄이고, 굵은 전선을 사용하여 배선 임피던스를 최소화

② 적정 ALF(Accuracy Limit Factor, 과전류 정수) 확보

ALF가 작으면 고장 시 흐르는 대전류에서 CT가 쉽게 포화된다. 대책으로는 다음과 같다.

③ 보호용 CT의 경우 5P10 또는 10P20 등 ALF가 충분히 큰 모델을 선택.

④ 계통의 최대 고장전류와 보호계전기 동작 전류를 고려하여 ALF ≥ (Imax / Irated) × (부담 / 정격부담)으로 충분히 확보.

⑤ 포화전압(Knee Point Voltage, Vk)이 높은 CT 선정

Vk가 낮으면 고장 시 여자전류가 급증하며 CT가 포화된다.

㉮ 고임피던스 보호계전기(예 : 비율차동계전기, High Impedance 모선보호)에 사용하는 CT는 높은 Vk를 가진 PX Class 또는 TP Class 사용.

㉯ 보호기기 요구 전압보다 충분히 높은 Vk를 갖는 CT를 적용.

⑥ 적정 CT 클래스(Class) 선택

정밀도 클래스와 포화 특성은 CT의 목적에 따라 다르게 요구된다. 대책으로는 다음과 같다.

㉮ 계측용 : Class 0.5, 1.0 등 고정밀도, 낮은 부담 CT 사용.

㉯ 보호용 : P Class, PR Class, PX, TPX, TPY, TPZ 등 목적별 보호등급 CT 사용.

㉰ 과도 전류가 큰 경우는 PX, TPX, TPZ 등 과도 특성 대응 CT로 설계.

⑦ 2차 회로 개방 방지

CT 2차 측이 개방되면 부하 전류가 모두 여자전류로 바뀌며, 단자전압이 수천 V까지 상승해 절연 파괴 위험이 크다. 대책으로는 다음과 같다.

㉮ CT 2차는 반드시 계전기 또는 저항성 부하로 종단되어야 함.

㉯ 점검 시에는 CT 2차 단자를 개방하지 말고, 반드시 단락 상태로 유지.

㉰ 보조단자대에 단락용 스위치 또는 단자 점퍼를 필수로 설치.

⑧ 잔류자속(Remnant Flux) 최소화

CT 철심 내에 남는 자속은 다음 고장 시 포화를 더 쉽게 유도한다. 대책으로는 다음과 같다.

㉮ PR Class, TPY Class 등 잔류자속 규정이 있는 CT 선택.

㉯ 고장 후 재폐로 시간 간격을 충분히 확보하여 잔류자속 자연 감쇄 유도.

㉰ CT 디몰래타이저(Demagnetizer) 또는 탈자 회로 사용.

⑨ 정확한 계통 고장전류 예측 및 설계

고장 시 예상 전류보다 작게 CT를 설계하면 포화 위험이 크다. 대책으로는 다음과

같다.

㉮ 전력계통의 단락전류 해석(초기 대전류, DC offset 포함) 결과를 반영.

㉯ 1초 단시간 허용전류(Ith), 동적전류(Idyn), 포화 시각 등을 계산.

㉰ 계통확장이나 보호협조 재검토 시 CT 사양도 함께 검토.

⑩ 비오차(비율오차, Ratio Error)와 위상오차(Phase Error) 관리

CT가 포화되면 위상오차가 커지고 보호계전기의 판단 오류가 발생할 수 있다. 대책으로는 다음과 같다.

㉮ 고정밀도 계전기용 CT는 비오차가 ±5% 이내, 위상오차 ±120분 이내 유지 필요.

㉯ 보호계전기 정정값(Setting Value)에 오차 허용을 감안하여 협조 설정.

⑪ 보호계전기 알고리즘 내 포화 보정 기능 활용

디지털 보호계전기의 경우 CT 포화 구간을 인식하고 보정하는 알고리즘이 탑재된 경우가 있음. 대책으로는 다음과 같다.

㉮ 계전기 제조사 메뉴얼을 통해 포화 인식 및 보정 설정 확인

㉯ 고장 초기 10~20 ms 구간에서 파형 왜곡 감지 시 적절한 마스킹 알고리즘 적용.

이러한 포화 방지 대책은 단순히 CT의 선정에만 국한되지 않고, 계통 설계, 보호계전기 설정, 유지보수 절차 전체와 연계된 통합적인 고려가 필요하다. 따라서 포화방지를 위한 대책은 CT 사양 검토 → 회로구성 최적화 → 계전기 설정 → 유지관리까지 일관성 있게 적용되어야 한다.

참고 **※ CT 2차를 개방하면 단자전압은 얼마나 상승할까?**

2차 정격전류가 흐르고 있는 상태에서 개방하면 부하에 흐르던 전류가 여자전류가 된다. 포화 곡선(Excitation Curve)상에서 이 여자전류에 해당하는 전압은 포화전압(Vk)에 근접하거나 이를 초과하게 되며, 이로 인해 철심이 급격히 포화된다. 철심이 포화되면 자속(Φ)은 거의 일정한 최대값에서 유지되다가 극성 반전 시 급격히 반대 방향으로 변화하는 비정현파(사각파형) 형태가 되어, $d\Phi/dt$가 급격히 증가함으로써 매우 높은 유도전압 e_2가 발생한다.

$$e_2 = -N\frac{d\Phi}{dt}$$

여기서, e_2 : 2차 유기전압

N : 2차 권선 수

$\frac{d\Phi}{dt}$: 자속 변화율

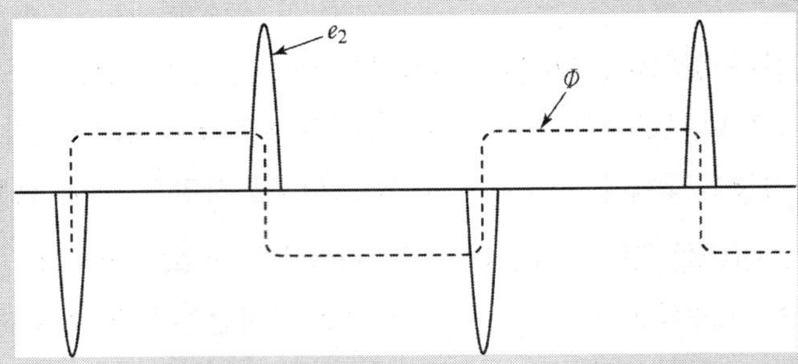

CT 2차측 개방 시 내부 자속이 빠르게 포화되어 정상적인 자속 변화가 불가능해지고, 이에 따라 CT 철심의 비선형 특성에 따라 고조파 성분이 많은 높은 전압 스파이크가 유기된다. 특히 C800 등급과 같이 높은 포화전압을 갖는 CT는 포화점 이후에도 큰 전압이 유기될 수 있어 절연 파괴와 감전 위험이 존재한다.

6) CT의 결선방식

(1) Wye 결선

Wye 결선은 상전류와 영상전류 검출이 모두 가능한 3상 4선식 결선방식이다. 3개의 CT 2차측은 각 상별로 단락보호계전기에 연결되며, 이때 각 상에는 정상분, 역상분, 영상분 전류가 포함된 상전류가 흐른다.

또한, CT 2차측 중성점과 계전기 중성점 사이에 형성된 잔류회로(Residual Circuit)에는 각 상 전류의 벡터합인 영상전류($3I_0$)가 흐르게 된다.

$$3I_0 = I_a + I_b + I_c$$

여기서, I_a, I_b, I_c는 각 상의 CT 2차 전류를 의미함

중성점 접지는 보호계전기의 오동작 방지 및 안전 확보를 위해 계전기 측 가장 가까운 위치에서 1점 접지를 실시해야 하며, 일반적으로 계전기 패널 내 첫 번째 보호계전기에서 접지한다.

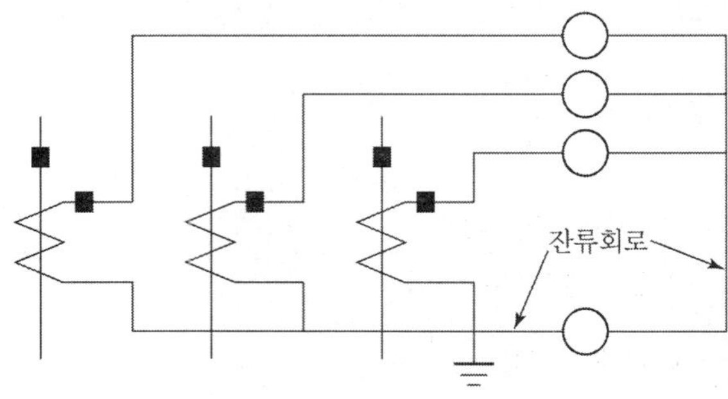

| 그림 3.2 | Wye 결선

(2) Delta 결선

Delta 결선은 Wye 결선 변압기 계통에서 발생하는 영상전류의 영향을 제거하거나, 상전류 간의 위상을 조정하여 보호계전기의 오동작을 방지하기 위한 3상 3선식 CT 결선 방식이다.

CT 2차측을 델타(Δ) 형태로 결선하면, 1차측에서 유입된 영상전류($3I_0$)는 델타 루프 내에서 순환하며 외부 보호계전기로 전달되지 않기 때문에, 계전기에는 정상분과 역상분 전류만 유입된다.

또한, 보호계전기에는 CT의 결선 특성상 1차 전류의 위상보다 30° 빠르거나 느린 전류가 흐르며, 전류 크기는 일반적으로 단위 CT 전류의 $\sqrt{3}$ 배 수준이 되어, 계전기 입력 전류가 실제보다 증가할 수 있다.

이 방식은 영상전류에 무감각한 보호계전기를 사용할 경우 또는 상전류 간 위상보정을 요하는 경우에 적합하다.

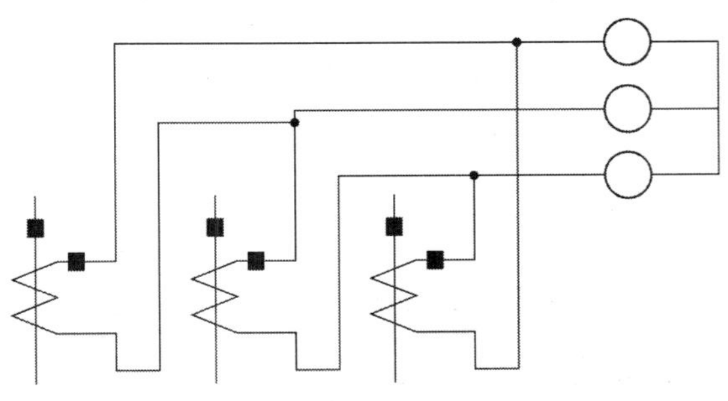

| 그림 3.3 | Delta 결선

참고 **※ 보호계전기로 흐르는 전류가 $\sqrt{3}$ 배가 되는 원리**

1. 기본가정
   - CT 1차 전류
     I_A, I_B, I_C : 3상 대칭전류, 위상차 120°
   - CT 2차 전류
     비율은 N : 5라 하고, CT는 각 상에 설치되어 선형 응답한다고 가정
   - CT 2차 델타 결선
     다음과 같은 차전류(선간전류)가 계전기 입력 전류가 됨
     A상 – B상 CT 사이 $I_{AB} = I_A - I_B$
2. $\sqrt{3}$ 배가 되는 벡터 수식 유도
   $I_A = I\angle 0°$, $I_B = I\angle -120°$ 라면

계전기 입력전류는

$$I_{AB} = I_A - I_B = I\angle 0° - I\angle -120°$$

복소수로 전개하면

$$I_{AB} = I(1-e^{-j120°}) = I\left(1-\left(-\frac{1}{2}-j\frac{\sqrt{3}}{2}\right)\right) = I\left(\frac{3}{2}+j\frac{\sqrt{3}}{2}\right)$$

따라서 벡터의 크기는

$$|I_{AB}| = I\sqrt{\left(\frac{3}{2}\right)^2+\left(\frac{\sqrt{3}}{2}\right)^2} = I\cdot\sqrt{3}$$

즉, CT 델타 결선에서 보호계전기로 흐르는 전류는 선전류 간 차전류로 구성되며, 그 크기는 각 상전류의 $\sqrt{3}$ 배, 위상은 30° 빠르거나 늦은 전류가 된다.

(3) V 결선

V 결선은 3상 전류를 측정해야 하지만 CT를 2대만 사용할 수 있는 경우에 적용되는 결선방식이다. 이 결선은 두 상(A상, C상)에 CT를 설치하여 3상 계통을 감시할 수 있도록 구성한다. B상 전류는 직접 측정하지 않고, 다음과 같은 전류 관계로부터 간접적으로 계산한다.

$$I_A + I_C = -I_B$$

이때, 잔류회로에 흐르는 전류는 $I_A + I_C$이며, 위 식에 따라 −B상의 전류가 흐르게 된다. 따라서, B상 전류는 두 측정 상의 전류로부터 유도된다. 영상전류를 얻기 위하여 영상변류기(ZCT, Zero-phase Current Transformer)와 같이 사용한다.

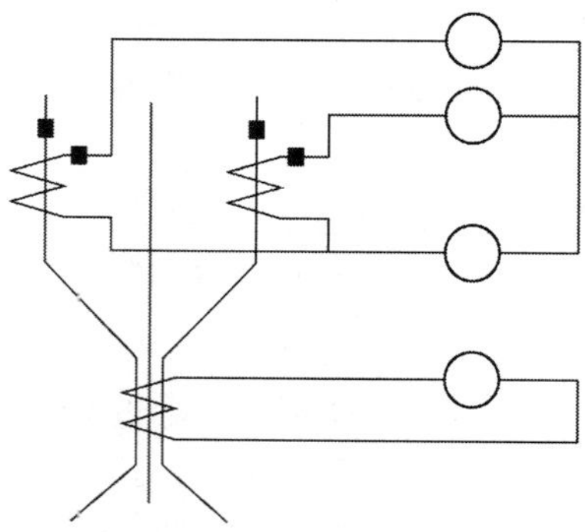

| 그림 3.4 | V 결선

(4) 직렬 결선

CT를 직렬로 결선하면 각 CT의 2차 전류는 동일하게 흐르되, 각 CT의 출력 전압은 분할되어 계전기 부담에 분배된다. 그림과 같이 100/5 CT 2대를 직렬로 결선했을 때, 1차 전류 100A가 흐르면 보호계전기에는 정격 5A가 흐른다.

고장 시 1차 전류가 1600A로 증가하고 보호계전기 부담이 1.0 Ω일 경우에

① CT 한 대 사용 시

- CT 2차 전류 : $I_2 = \dfrac{I_1}{\text{CT비}} = \dfrac{1600\ \text{A}}{100/5} = 80\ \text{A}$
- 단자전압 : $V = I_2 \times R = 80\ \text{A} \times 1.0\ \Omega = 80\ \text{V}$

② CT 2대 직렬 사용 시

- 2차 전류 : 동일하게 80 A
- 계전기 단자전압 : 동일하게 80 V
- 각 CT의 출력 전압은 절반인 40 V씩 분담되며, 포화 방지 여유가 커지고 정밀도가 개선된다.

$$V_{\text{각}\,CT} = \frac{V_{\text{단자}}}{2} = \frac{80\ \text{V}}{2} = 40\ \text{V}$$

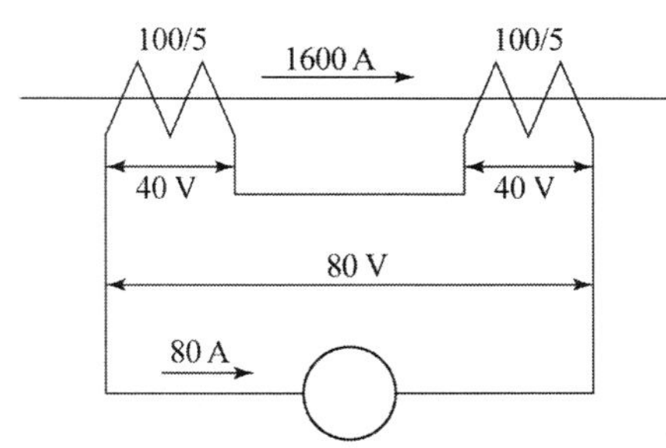

| 그림 3.5 | 직렬 결선

CT 직렬결선은 각 CT의 포화전압(Vk)이 충분히 높고, 비례특성이 일치하는 동일 사양 CT에만 사용해야 한다.

(5) 병렬 결선

병렬 결선에서의 CT 동작은 직렬 결선과는 다르게 전류는 분배되고, 전압은 동일하게 유지된다. 병렬 결선 시, 각 CT는 동일한 2차 전압을 가지며, 1차 전류는 병렬로 결선된 여러 CT들 간에 분배된다. 이때, 각 CT의 2차 전류는 각 CT가 나누어 받는 전류에 비례하여 흐른다.

① **병렬 결선의 전류 분배**

100/5 CT 두 대를 병렬로 결선했을 때, 1차 권선에 100A가 흐르면 각 CT에는 5A 씩흐르며 보호계전기에는 10A가 흐르게 되어 병렬 결선된 CT들은 전류를 나누어 처리하면서도 동일한 전압을 유지한다.

$$\text{각 CT의 2차 전류} = \frac{\text{1차 전류}}{\text{CT 수}} = \frac{100\ \text{A}}{2} = 50\ \text{A}$$

② **고장전류 1600 A가 흐를 때**

고장전류가 1600 A가 흐를 때, CT 2대를 병렬 결선하여 사용하는 경우, 각 CT에 800 A씩 흐른다. 보호계전기 부담이 1.0 Ω로 주어졌을 때, 전류가 1600 A 흐를 경우, 보호계전기 단자전압은 1600 A 전류와 1.0 Ω의 저항으로 인한 전압이 계산되어서 보호계전기 단자전압 및 CT 단자전압은 1600 V가 된다.

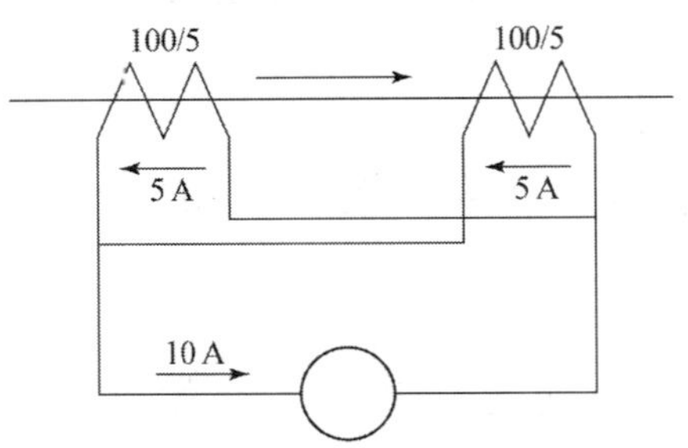

| 그림 3.6 | 병렬 결선

3 계기용 변압기 (VT, Voltage Transformer)

계기용 변압기는 전력계통의 고전압을 낮은 전압으로 변성하는 소형 변압기로, 고전압 전력망에서 계측기기와 보호장치가 정확하게 동작할 수 있도록 돕는 역할을 한다. VT의 1차 권선에 전력계통의 정격전압을 인가하면, 2차 권선에서 110 V, 110/ $\sqrt{3}$, 115/ $\sqrt{3}$, 120/ $\sqrt{3}$ 등의 정격 전압을 출력합니다. 예를 들어, 22.9 kV 계통에서 110 V가 출력되고, 154 kV 계통에서는 110/ $\sqrt{3}$ V가 출력되며, 345kV 계통에서는 115/ $\sqrt{3}$ V가 출력된다.

VT의 2차 전압은 부족전압계전기, 과전압계전기, 주파수계전기, 전력형 계전기, 거리 계전기, 방향성 과전류 계전기 등 다양한 보호계전기 및 계측기기에 사용되어 전력망의 안전성을 유지하는 데 중요한 역할을 합니다. 이 변압기를 통해 고전압을 낮은 수준으로 변환함으로써, 보호 및 계측 장치들이 보다 효율적으로 전력 시스템의 상태를 모니터링하고, 위험을 예방할 수 있다.

1) VT의 종류

계기용 변압기는 권선형과 콘덴서형으로 나눌 수 있습니다.
권선형 VT는 1차 계통에 직접 연결되는 1차 권선과, 보호계전기나 계측기를 연결하는 2차 권선을 가진 소형 변압기이다. 권선형 VT는 고압 전력망에서의 전압을 낮은 전압으로 변환하여 보호 및 계측 장치에 필요한 전압을 공급하는 역할을 한다. 이 방식은 전압 변환이 간단하고, 정확한 전압 측정이 가능하여 많은 계통에서 사용된다.
콘덴서형 VT는 콘덴서 분압기(CVD, Capacitor Voltage Divider)를 이용하여 1차 계통 전압을 분압하여 권선형 VT(EMU, Electro-Magnetic Unit)의 1차 권선에 연결하는 형태이다. 콘덴서형 VT는 주로 고전압 계통에서 사용되며, CVT(Capacitor Voltage Transformer), CCVT(Coupling Capacitor Voltage Transformer), CPD(Capacitor Potential Divider) 등으로 불립니다. 콘덴서형 VT는 고전압 계통에서의 전압 변환에 유리하며, 전압 측정과 함께 고주파 신호 전송에도 유리한 특성을 가진다.
22.9 kV 계통에서는 권선형 VT가 사용되며, 일반적으로 저압 계통에서 사용되며, 154 kV 계통에서는 콘덴서형 VT(CVT)가 사용되며, 고전압 계통에서 전압 변환과 함께 전력 시스템의 신뢰성을 높이기 위해 사용된다.

2) VT의 정격

(1) 정격전압

VT의 1차 정격전압은 계통전압의 상전압(line-to-neutral voltage)으로 표기한다. 또한 2차 전압은 1차 정격전압과 권수비를 고려하여 결정된다. VT의 정격전압은 고압 계통에서 저압 계통으로 변환되는 전압을 기준으로 설정된다.
우리나라의 전력망에서 22.9 kV 계통의 2차 정격전압은 190 V/ $\sqrt{3}$, 154 kV 계통의 2차 정격전압은 110 V/ $\sqrt{3}$, 345 kV 계통의 2차 정격전압은 115 V/ $\sqrt{3}$를 표준으로 하고 있다.

(2) 정격부담

VT의 부담은 2차 단자 사이에 연결되는 외부 임피던스(Z_B)로 정의되며, 이를 통해 2차 정격전압에서 소비되는 VA로 표시된다. 즉, VT의 부담은 2차측에 연결된 외부 부하로, 이 부하가 VT의 2차 전압에서 소비하는 출력 전력을 의미한다.

$$VA = \frac{V_{r_s}^2}{Z_B}$$

IEC 표준에 의한 VT의 표준부담 값은 10, 15, 25, 30, 50, 75, 100, 150, 200, 300, 400, 500 VA로 제시되며, 이 값들은 0.8의 역률을 기준으로 설정된다.

(3) 정밀도 등급(Accuracy Class)

VT의 정밀도 등급은 계량기용, 계측기용, 보호계전기용 등으로 나누어진다. 각 용도에 맞는 정밀도 요구 사항에 따라 VT의 특성이 달라지며, 일반적으로 정밀도 등급은 계통의 정확한 전압 변환 및 신뢰성을 보장하기 위해 설정된다.

① 계량기용 VT

전력 계량에 사용되는 VT는 온도변화에 따른 정밀도 변화가 적은 권선형 VT가 적합합니다. 계량기용 VT는 정확한 전압 변환이 필요하므로, 온도와 환경에 따른 변화가 최소화되는 특성이 요구된다.

② 계측기용 VT

계측기용 VT는 주로 실험 및 측정에 사용되며, 높은 정확도와 정밀도가 필요하다. 이 경우에도 권선형 VT가 적합하지만, 정밀도가 높은 모델을 선택해야 한다.

③ 보호계전기용 VT

보호계전기에 사용되는 VT는 전압변동에 따른 정확한 반응을 요구한다. 따라서 정밀도 등급이 일정 수준 이상이어야 하며, 특히 고속 반응이 필요한 경우가 많다.

④ CVT(콘덴서형 변압기)

종이 콘덴서와 폴리에틸렌 콘덴서를 사용하며, 이들은 온도변화에 따라 정밀도가 달라지는 특성을 가진다. 종이 콘덴서는 온도변화에 덜 민감하지만, 폴리에틸렌 콘덴서는 온도에 따라 정밀도 변화가 크게 일어난다. 이들 콘덴서는 반대되는 특성을 가지고 있어, 온도변화에 민감한 환경에서는 콘덴서의 선택에 신중을 기해야 한다.

아래 표는 IEC 61869-3 표준에서 제공되는 정밀도 등급을 나타낸다.

정밀도 등급	허용오차	용도
0.1	최대 ±0.1% 오차	고정밀 계측기용, 정밀 전력 계측
0.2	최대 ±0.2% 오차	고정밀 계측기, 고전압 계측기용
0.5	최대 ±0.5% 오차	일반 계측기 및 보호계전기용
1.0	최대 ±1.0% 오차	보호계전기, 저가 계측기용
3.0	최대 ±3.0% 오차	보호계전기, 저가 시스템용
5.0	최대 ±5.0% 오차	저압 계측 및 일부 특수 응용

(4) VF(Voltage Factor)

Voltage Factor는 전력계통에 이상 현상이 발생할 때 VT 단자에 인가될 수 있는 최대 전압의 비율을 나타낸다. 이상 현상이란, 예를 들어 1선 지락이나 과전압 상황을 의미한다. VT는 전력계통에서의 이상 전압에 대응하기 위해 설계되며, 각 계통의 정상적인 전압상승 비율을 계산하여 설정하게된다.

① 비접지 계통

1선 지락시 건전상 상전압이 $\sqrt{3}$ 배까지 상승한다. 이로 인해 VT의 2차 전압이 기본 정격전압 이상으로 상승할 수 있다.

② 유효접지 계통

1선 지락시 선간 전압의 75 % 또는 80 %까지 상승할 수 있다. 이는 접지방식에 따라 다르며, 전압상승 정도가 다르게 나타난다.

IEC 표준에서는 비접지 계통에서의 VF는 1.9로 설정하여, VT가 정격전압의 1.9배까지 견딜 수 있도록 합며 유효접지 계통에서의 VF는 1.5로 설정하여, VT가 정격전압의 1.5배까지 견딜 수 있도록 한다.

보호용 VT는 정격 전압의 5 %에서 130 %까지 또는 190 %까지 성능을 보장할 수 있어야 하며, 이는 VT가 과도한 전압에 대해서도 정확한 측정 및 보호 기능을 유지할 수 있도록 보장하는 규정이다.

(5) VT의 극성

VT(Voltage Transformer)의 극성은 1차 및 2차 권선의 전압 파형 간 위상관계를 나타낸다. 이는 주로 시험, 결선방식, 그리고 위상오차 판단 시 중요한 요소로 작용한다. IEC와 IEEE는 VT의 극성과 단자 표기방식에 대해 각각 다음과 같이 정의하고 있다.

구분	1차 권선	2차권선	극성점(Polarity Mark)
IEC	A, B	a, b	A와 a
IEEE	H1, H2	X1, X2	H1과 X1

아래 그림은 IEC와 IEEE의 VT의 극성 및 단자 표기를 나타낸 것이다.

(a) IEC (b) IEEE

| 그림 3.7 | VT 극성 및 단자 표기법

① 극성점(Polarity Mark)

검정 사각형(■)으로 표시된 점은 1차와 2차 권선에서 동일 위상의 순간에 동일 방향의 전압이 유도됨을 나타낸다. 즉, V_{Aa} 혹은 V_{H1X1}는 같은 극성 방향임을 의미한다.

② 위상 관계

정극성 결선에서는 1차와 2차 전압의 위상이 동일하며, 부극성 결선에서는 180° 위상차가 존재한다.

(6) VT의 3상 결선

3상 전압 측정을 위한 VT의 결선방식에는 Y결선, 델타(△)결선, V결선(Open-△)이 있으며, 측정 목적에 따라 적절한 결선법이 선택된다. 상전압과 선간전압을 모두 측정해야 할 경우에는 중성점 접지가 가능한 Y결선을 사용하는 것이 바람직하며, 지락 고장 시 고장 상의 전압 저하 현상도 기록할 수 있다. 반면, △결선 및 V결선은 선간전압만 측정 가능하므로 지락 시 고장 전압의 변화가 반영되지 않으며, 보호계전기 동작 신뢰도에 영향을 줄 수 있다. 특히, 정전용량이 큰 비접지 계통에서 V결선을 사용할 경우 철공진(Ferroresonance) 현상이 발생할 수 있으므로 주의가 필요하다.

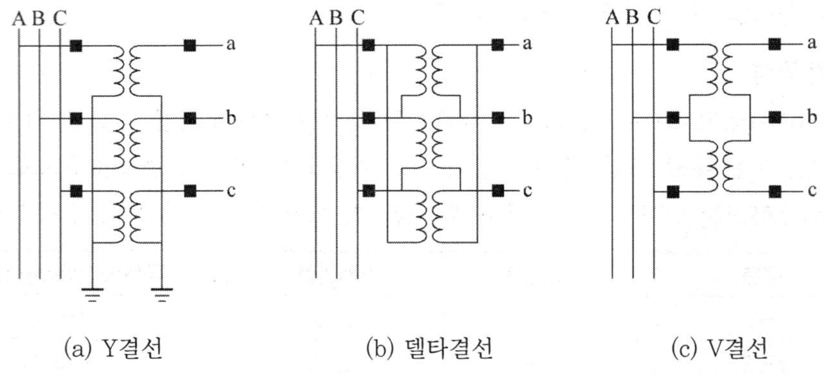

(a) Y결선 (b) 델타결선 (c) V결선

| 그림 3.8 | 3상 VT 결선

Chap. 04 22.9kV 수전반에 설치되는 계전기

1 과전류계전기(OCR, Over Current Relay)

과전류계전기(OCR, Overcurrent Relay)는 전로에서 정격을 초과하는 전류, 즉 과부하전류 또는 단락전류가 흐를 때 이를 감지하여 차단기와 연동하여 전원을 차단하는 보호계전기이다.

과부하전류는 기기의 정격전류 또는 전선의 허용전류를 지속적으로 초과하여 기기나 전선의 과열·손상이 우려되는 경우를 말하며, 단락전류는 전로 내 임피던스가 매우 낮은 경로를 통해 대전류가 흐르는 현상으로, 통상 기기 손상 및 화재의 원인이 된다.

OCR은 이러한 과전류에 의한 기기, 전선, 설비 보호를 목적으로 하며, 일반적으로 다음의 유형이 있다.

- 유도형 과전류계전기(Induction Type)
- 아날로그 정지형(Static Type)
- 디지털형 계전기(Digital Type)

OCR은 일반적으로 배전선 보호, 변압기 보호, 모선 보호 등 다양한 전력계통의 구성요소에 설치되며, 상위 보호계전기와의 협조(Co-ordination)가 중요하다.

1) OCR의 시한특성

과전류계전기(OCR)의 시한 특성은 크게 두 가지로 분류된다. 하나는 순시형 계전기(Instantaneous Relay), 다른 하나는 시한형 계전기(Time-delay Relay)이다.

시한형 계전기는 다시 정한시형(Definite Time Overcurrent Relay)과 반한시형(Inverse Time Overcurrent Relay)으로 구분된다.

(1) 정한시형 과전류계전기는 순시형 계전기에 시간지연 요소를 추가한 형태로, 고장전류의 크기와 무관하게 설정된 일정 시간 경과 후에 동작한다.

(2) 반한시형 계전기는 고장전류의 크기가 커질수록 동작시간이 짧아지는 전류–시간 반비례 특성을 갖는다. 이 계전기는 곡선의 경사도(전류증가에 따른 동작시간 감소율)에 따라 다음과 같이 세분된다.

① 표준반한시(Standard Inverse, SI)

② 강반한시(Very Inverse, VI)

③ 초반한시(Extremely Inverse, EI)

④ 단반한시(Short Time Inverse, STI)

또한, 전동기 보호용으로 동작시간을 상대적으로 길게 설정한 장반한시(Long Time Inverse, LTI) 특성도 존재한다.

반한시형 계전기의 일반적인 동작시간 수식은 다음과 같다.(IEC 60255 기준)

$$T = \frac{K}{\left(\frac{I}{I_{Tap}}\right)^{\alpha} - 1} \times TMS$$

여기서, T : 동작시간

TMS : Time Multiplier Setting(동작시간배수 = 레버)

I : 고장전류(계전기에 인가되는 전류)

I_{Tap} : 정정치(정정전류)

K, α : 곡선 유형에 따라 결정되는 계수

곡선종류에 따른 계수는 다음과 같다.

곡선유형	K	α
Standard Inverse, SI	0.14	0.02
Very Inverse, VI	13.5	1.0
Extremely Inverse, EI	80	2.0
Short time Inverse, SI	0.05	0.04

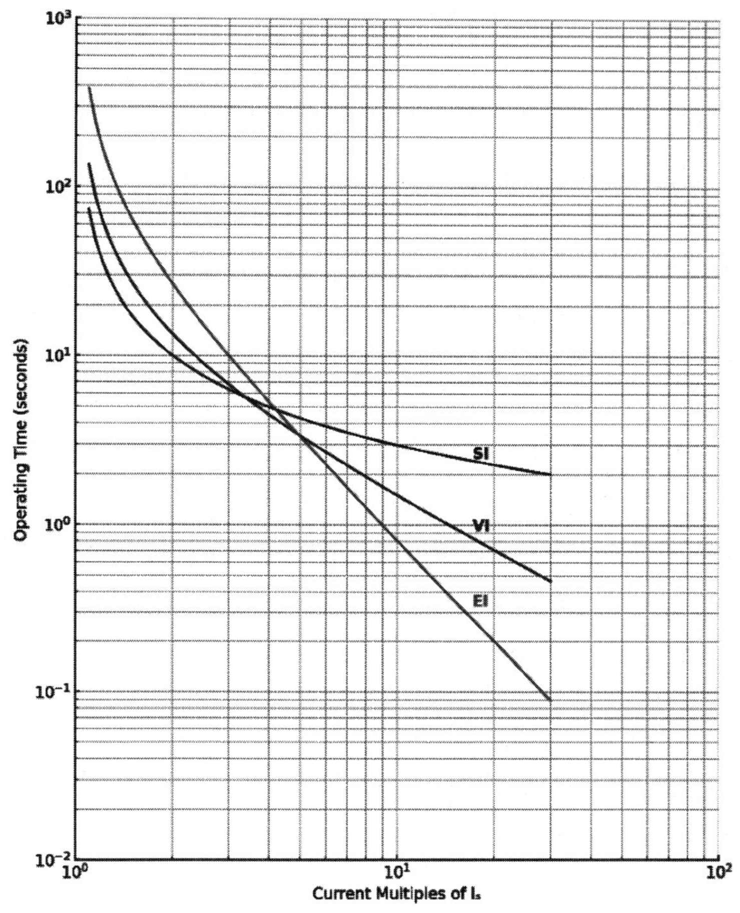

IEC 특성곡선 비교(TMS = 1.0)

2) OCR의 정정

(1) 정정전류(Tap) 설정

과전류계전기의 정정전류(Tap) 설정은 보호계전기 운용의 가장 기본적인 요소로, 시스템 안정성과 보호기기의 협조 운용에 핵심적인 역할을 한다.

① 정정전류(Tap) 설정의 목적

㉮ 정상 운전 중 오동작 방지

정정전류는 정상적인 부하전류보다 높은 값으로 설정되어야 하며, 그렇지 않으면 계전기가 부하 증가나 순간적인 기동전류에도 불필요하게 동작할 수 있다.

㉯ 부하 보호를 위한 감도 확보

Tap은 너무 높게 설정하면, 과전류가 발생해도 계전기가 동작하지 않아 설비가 손상될 수 있음. 따라서 부하의 허용전류 범위 내에서, 과부하 이상 시에는 동작하도록 적정하게 설정해야 함.

㉰ 전류계전기의 정확한 동작 기준 제공

정정전류는 OCR 내부에서 전류 검출 및 동작곡선 계산의 기준점이 됩니다. OCR이 인지하는 전류의 배수에 따라 동작시간이 달라지므로, 이 기준점이 정확하게 설정되어야 곡선에 맞는 동작을 수행할 수 있다.

㉱ CT 비율을 반영한 2차측 기준 설정

현장에서는 대부분 CT를 통해 전류를 2차 측으로 변환하여 계전기에 인가하므로, 실제 보호대상(1차측)의 전류를 CT 비율을 고려하여 환산한 후 Tap을 설정해야 한다.

㉲ 보호 계전기 간 협조(Selectivity) 확보

다수의 보호계전기가 계통 상에 존재할 경우, 정정전류를 각 단계(상위/하위)마다 다르게 설정하여 상위 보호기보다 하위 보호기가 먼저 동작하도록 설계해야 한다. 이를 보호협조라고 하며, Tap 설정은 시간설정(TDS)과 함께 보호협조의 두 축을 구성한다.

㉳ 계전기 동작곡선 선택 시 기준점 제공

정정전류는 반한시 곡선(Standard, Very, Extremely Inverse 등)의 기준점이기도 함. 이 기준이 설정되어야 계전기가 곡선에 맞춰 적절한 시간지연 특성을 계산할 수 있다.

② 정정전류(Tap) 설정

Tap은 CT 2차 기준으로 설정되며, 보호 대상의 최대 부하전류의 1.2~1.5배 수준으로 설정하는 것이 일반적이다.

$$I_{Tap} = \alpha \cdot I_{Load}$$

여기서, α : 안전계수(보통 1.2~1.5)

I_{Load} : 부하의 실제 전류

CT 비율에 따라 실제 Tap 전류 환산 필요

| 계산 예 | – 변압기 용량 : 1,000kVA

– 수전전압 : 22.9kV

– CT 비율 : 50/5

– 부하전류 : $I = \dfrac{\mathrm{P\,[kVA]}}{\sqrt{3}\times 22.9[\mathrm{kV}]} = \dfrac{1000}{\sqrt{3}\times 22.9} = 25.2[\mathrm{A}]$

– CT 비율 : 50/5 → CT 2차 전류 : $I_{CT(2차)} = 25.2 \times \frac{5}{50} = 2.52[\mathrm{A}]$

– Tap 설정 : $I_{Tap} = 2.52 \times 1.5 = 3.78$

→ Tap 4.0 선택(디지털 계전기 경우 0.8)

(2) 한시탭의 시한 설정

한시탭의 시한설정은 상위 계전기의 동작시간이 하위 계전기보다 늦도록 설정되어야 하며, 단락전류를 기준으로 한 동작시간 역산을 통해 결정한다.

| 계산 예 | – 고장전류 : Tap의 10배

– 요구 동작시간 : 0.6초

– VI 곡선계수 : $K = 13.5$, $\alpha = 1.0$

$$T = \frac{K}{\left(\frac{I}{I_{Tap}}\right)^{\alpha} - 1} \times TMS \text{ 에서 } 0.6 = \frac{13.5}{(10)^{1} - 1} \times TMS$$

∴ TMS는 0.4(Lever)

(3) 순시탭(Tap) 설정

OCR의 순시동작(Instantaneous Trip)은 설정된 정정전류를 초과하는 과전류가 발생했을 때 지연시간 없이 즉시 차단 동작을 수행하는 방식이다. 일반적으로 순시동작은 수십 ms(10~50 ms) 이내에 발생하며, 단락전류(fault current)와 같은 큰 고장성 전류를 제거하는 데 사용된다.

① 순시탭(Instantaneous Tap) 설정의 목적

순시탭 설정은 단순히 빠르게 동작하기 위한 것이 아니라, 보호계전 시스템 전체의 정확한 영역별 보호, 설비 신뢰성 확보, 상위/하위 보호기 협조를 위한 필수 설정 항목이다. 실무에서는 이를 위해 TR 2차 단락전류 150% 이상, 여자돌입전류 무시, 인접 OCR 보호협조 확인 등을 고려하여 순시탭을 정정한다.

㉮ 대전류 고장(단락사고) 시 즉시 차단

순시탭은 단락전류(3상 단락, 선간단락 등)와 같은 매우 큰 고장전류가 발생할 때 수십 ms 이내에 회로를 차단하여 설비와 인명의 피해를 최소화한다.

㉯ 보호구간 외 고장에 대한 오동작 방지

순시탭은 보호구간 외부에서 발생한 고장에 대해 동작하지 않도록 설정되어야 하며, 이를 위해 설정 임계값을 고장전류보다 높게 설정한다. 그 이유는 보호대상이 아닌 인접 회로(다른 피더)에서 고장 시 상위 OCR이 동작하면 불필요한 차

단이 발생하여 이를 방지하기 위해 보통 보호구간 말단에서 발생 가능한 3상 단락전류의 150% 이상에서만 순시 동작하도록 설정한다.

㉰ 변압기 여자돌입전류(Inrush Current)에 대한 오동작 방지

변압기 투입 시 발생하는 여자돌입전류는 단락전류처럼 크지만, 고장전류가 아닌 정상적인 과도전류이다. 순시탭을 돌입전류보다 높게 설정해야 오동작을 방지할 수 있다.

㉱ 상위 보호계전기와의 보호협조 확보

계통에 복수의 보호계전기가 존재할 경우, 순시탭 설정은 상 · 하위 보호기 간 동작 순서를 정립하는 데 핵심적인 역할을 한다. 즉, 하위 보호기가 먼저 동작하고, 상위 보호기는 시간지연 후 동작해야 계통의 Selectivity(선택성)를 확보할 수 있다.

㉲ 차단기의 열 · 기계적 한계 보호

순시동작은 차단기의 파괴적 고장(Arc damage, 기계적 피로 등)을 막기 위한 기능이다. 대전류가 지속되면 차단기의 정격을 초과하게 되므로, 즉시 차단하여 차단기 수명을 보호한다.

② 순시탭(Tap) 설정

㉮ TR 2차 3상 단락전류의 150% 이상

수변전 설비에서 TR 2차측 3상 단락전류는 계통 임피던스, 변압기 용량 및 고장점 위치에 따라 다르며, 순시탭은 이 값의 150% 이상에서만 동작하도록 설정함으로써 보호구간 외 고장 전류에 의한 오동작을 방지한다.

$$I_{inst} = 1.5 \times I_{3\Phi\ fault}\ (\text{TR 2차})$$

㉯ 여자돌입전류에 의한 오동작 방지

변압기 투입 시 발생하는 여자돌입전류는 정격전류의 약 6~10배까지 발생할 수 있으며, 이는 고장전류가 아님에도 OCR이 순시동작할 수 있다. 따라서

$$I_{inst} = 10 \times I_{TR\text{정격전류}}$$

위 조건을 만족시켜야 하며, 일반적으로 정격전류의 10배 이상으로 순시탭을 설정하는 것을 권장한다.

③ 순시탭(Tap) 계산

㉮ 변압기 용량 : 1,000 kVA

㉯ 전압 : 22.9 kV / 380 V

㉰ 1차 정격전류 : $I_{1n} = \dfrac{P[\text{kVA}]}{\sqrt{3} \times 22.9[\text{kV}]} = \dfrac{1000}{\sqrt{3} \times 22.9} = 25.2[\text{A}]$

㉱ TR 2차 정격전류 : $I_{2n} = \dfrac{P[\text{kVA}]}{\sqrt{3} \times V[\text{kV}]} = \dfrac{1000}{\sqrt{3} \times 0.38} = 1{,}519[\text{A}]$

㉲ CT 비율 : 50/5

㉳ TR 2차 단락전류(임피던스 5% 기준) :

$$I_{2s} = \frac{100 I_n}{\%Z} = \frac{100 \times 1519}{5} = 30{,}380[\text{A}] = 30.380[\text{kA}]$$

㉴ 여자돌입전류 : 15,190[A](정격의 10배)

㉵ 순시탭의 설정

- TR 2차 3상 단락전류 기준

  TR 2차 3상 단락전류를 1차로 환산하면 $30{,}380 \times \dfrac{0.38}{22.9} = 504[\text{A}]$

  $I_{inst} = 1.5 \times I_{3\Phi\ fault} = 1.5 \times 504 = 756[\text{A}]$

- 여자돌입전류 기준

  $I_{inst} = 10 \times I_{TR\text{정격전류}} = 10 \times 25.2 = 252[\text{A}]$

  따라서, 순시탭은 756[A] 이상에서 동작하도록 설정되어야 함

㉶ CT 2차 기준으로 환산시 : $I_{inst(2\text{차})} = \dfrac{756}{(50/5)} = 75.6[\text{A}]$

㉷ 순시 Tap 설정 : $I_{inst(2\text{차})} = \dfrac{756}{(50/5)} = 75.6[\text{A}]$이상인 80[A]에 Setting

(디지털 계전기의 경우 80/5 = 16에 셋팅)

2 지락 과전류계전기(OCGR, Over Current Ground Relay)

지락 과전류계전기(OCGR, Overcurrent Ground Relay)는 전력계통에서 1선 지락 사고(Ground Fault)가 발생했을 때, 지락전류를 검출하여 회로를 차단하도록 동작하는 보호계전기이다. 지락사고는 대부분의 고장 유형 중 가장 빈번하게 발생하며, 이로 인해 인체 감전, 전기 화재, 설비 절연 파괴 등의 위험이 초래될 수 있다.

OCGR은 Y결선된 3개의 CT를 통해 3상 전류의 벡터 합, 즉 영상전류($3I_0$)를 검출하는 잔류 회로 방식(Residual Connection)을 사용한다.

– 정상상태에서는

  $I_A + I_B + I_C = 0$ → OCGR에는 전류가 흐르지 않음

– 지락발생 시

$I_A + I_B + I_C \neq 0 \rightarrow$ 영상전류($I_g = 3I_0$)가 OCGR에 흘러서 동작

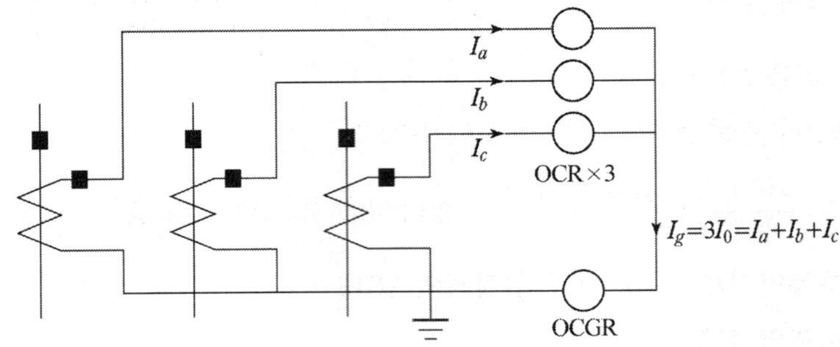

지락 과전류계전기는 지락전류의 크기 및 지속 시간을 기준으로 정한시(Definite Time) 또는 반한시(Inverse Time) 동작 특성을 적용할 수 있다.

1) OCGR의 정정

지락 과전류계전기는 전력설비에서 1선 지락 사고(ground fault) 발생 시 영상전류($3I_0$)를 검출하여 설비 보호 및 고장 차단을 수행하는 보호계전기이다. 이때 계전기의 동작 기준이 되는 정정전류(Tap, Pickup Current)는 정상 운전 조건에서는 오동작하지 않으면서, 지락 사고 발생 시에는 빠르게 동작할 수 있도록 설정되어야 하며, 관련 기준과 실무 경험을 바탕으로 한 설정이 필요하다.

(1) 정정전류(Tap) 설정

① 정정전류 설정 목적

직접접지 방식은 일반적인 저저항 접지계통(RG grounding) 또는 비접지계통(ungrounded)에 비해, 지락전류가 현저히 크고, 빠르게 발생하는 특성을 가진다. 따라서 지락 고장을 검출하는 OCGR 계전기의 정정전류는 이 특성을 충분히 반영하여, 단순히 규격이나 감도 수치만을 기준으로 설정하는 것이 아니라, 전력계통 해석 결과, 고장전류 분석, 등을 종합적으로 고려하여 설정되어야 한다.

㉮ 고장 검출 감도 확보

직접접지 방식에서는 1선 지락 시 수 kA ~ 수십 kA에 이르는 매우 큰 지락전류가 흐를 수 있으므로, 계전기가 고장을 신속하게 검출할 수 있도록 정정전류를 적절히 설정해야 한다. 간약 설정값이 실제 지락전류보다 높을 경우, 계전기가 비동작하거나 동작이 지연되어 설비 손상 위험이 커진다. 지락 사고는 계통 내 전압 불평형, 설비 절연 파괴, 아크 및 화재의 원인이 된다.

㉯ 오동작 방지

직접접지 계통은 고장 시 영상전류가 크게 발생하지만, 정상 상태에서는 매우 미소한 영상전류만 흐른다. 이때 정정전류를 지나치게 낮게 설정하면, 부하 불평형, CT 오차, 누설전류 등 비고장 상황에서 계전기가 오작동할 수 있으므로, 이를 방지하기 위해 정격전류의 30% 정도 설정한다.

㉰ 설비 보호 및 차단기 연계

직접접지 방식에서는 지락 전류에 의한 설비 열적 · 기계적 손상이 매우 빠르게 발생하므로, 차단기의 차단능력 및 허용 전류 내량을 고려하여 고장 발생 직후 빠른 시간 내 계전기가 동작할 수 있도록 정정전류를 설정해야 한다. 이때 계전기의 정정전류는 지락 고장 전류보다 낮되, 차단기 트립이 가능한 수준 이상으로 설정되어야 한다.

㉱ 보호협조 유지

직접접지 방식에서는 고장전류가 크기 때문에, 상위 보호계전기(예 : 모선 보호)와 하위 보호계전기(예 : 분기 회로 보호)간 보호협조(Selectivity) 확보가 매우 중요하다. 정정전류와 시간(TD)의 조합을 통해 계전기 간 계통 보호계층을 설정하고, 순차적 고장 차단이 가능하도록 정정전류를 조율한다.

② OCGR 정정전류(Tap) 설정

Tap은 CT 2차 기준으로 설정되며, 보호 대상의 최대 부하전류의 30% 수준으로 설정하는 것이 일반적이다.

$$I_{Tap} = \alpha \cdot I_{CT,2\text{차정격}}$$

여기서, I_{Tap} : OCGR의 Tap 설정 전류[A]

α : 설정계수(일반적으로 0.3 사용, 0.2~0.4 범위)

$I_{CT,2\text{차정격}}$: 사용 중인 3상 CT의 2차 정격전류 (보통 5 A 또는 1 A)

|계산 예|
- 변압기 용량 : 1,000 kVA
- 수전전압 : 22.9 kV
- CT 비율 : 50/5
- 부하전류 : $I = \dfrac{P[\text{kVA}]}{\sqrt{3} \times 22.9[\text{kV}]} = \dfrac{1000}{\sqrt{3} \times 22.9} = 25.2[\text{A}]$
- CT 비율 : 50/5 → CT 2차 전류 : $I_{CT(2\text{차})} = 25.2 \times \dfrac{5}{50} = 2.52\,[\text{A}]$
- Tap 설정 : $I_{Tap} = 2.52 \times 0.3 = 0.75$

→ Tap 0.75 선택(디지털 계전기 경우 0.15)

(2) OCGR 한시탭의 시한 설정

한시탭의 시한설정은 과전류계전기(OCR)와 마찬가지로 상위 계전기의 동작시간이 하위 계전기보다 늦도록 설정되어야 하며, 단락전류를 기준으로 한 동작시간 역산을 통해 결정한다.

|계산 예| – 고장전류 : Tap의 10배
– 요구 동작시간 : 0.2초
– VI 곡선계수 : $K = 13.5$, $\alpha = 1.0$

$$T = \frac{K}{\left(\frac{I}{I_{Tap}}\right)^{\alpha} - 1} \times TMS \text{ 에서 } 0.2 = \frac{13.5}{(10)^1 - 1} \times TMS$$

∴ TMS는 0.13(Lever)

참고 **※ 과전류 계전기 정정 예시**

전압 22.9 kV, 변압기용량 1,500 kVA 메인 수전반에 설치되는 보호계전기 정정 예시(전원측 임피던스는 무시)

1) 변압기 용량 1,500 kVA 일 때 고장전류계산

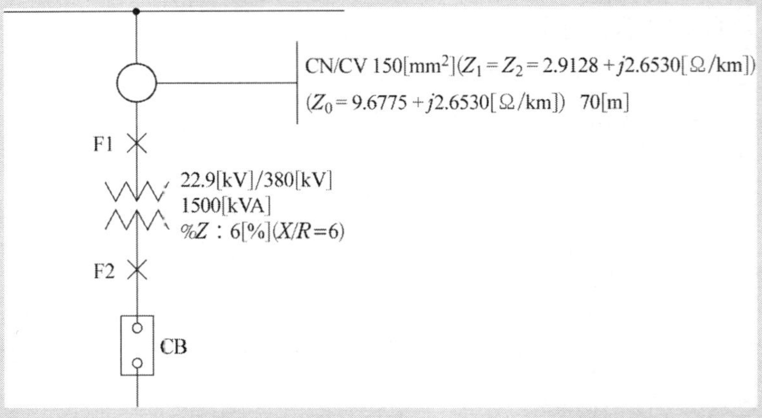

(1) 전기실 인입전선로 임피던스(Z_L)

인입전선로 종류 및 길이 : 22.9 kV CN/CV 150 mm²×70 m

① 인입전선로 정상(역상) 임피던스

$$\%Z_1 = \%Z_2 = (2.9128 + j2.6530) \times \frac{70}{1000} = 0.2038 + j0.1857[\%]$$

② 인입전선로의 영상임피던스

$$\%Z_0 = (9.6775 + j2.6530) \times \frac{70}{1000} = 0.6774 + j0.1857$$

(2) 변압기의 임피던스 $\% Z_t$

변압기 정격 : 22,900/380 V, 3ϕ 1500 kVA, Δ−Y,

%Z : 6.00%(자기용량 기준)

① 변압기 임피던스 계산[1000 kVA 기준]

ANSI/IEEE C37.0101에서 X/R비는 6이므로

$\%Z = \sqrt{R^2 + X^2} = \sqrt{R^2 + \alpha R^2} = \sqrt{R^2 + 6R^2} = 6.00[\%]$ 이므로

$$\%R = \sqrt{\frac{\%Z^2}{\alpha^2}} = \sqrt{\frac{6^2}{6^2}} = 1.00[\%]$$

$$\%X = \sqrt{\%Z^2 - R^2} = \sqrt{6.00^2 - 1.00^2} = 5.916[\%]$$

1000 kVA 기준임피던스로 변환하면

$$\%R_B = \%R \times \frac{\text{기준용량[MVA]}}{\text{자기용량[MVA]}} = 1.00 \times \frac{1000}{1500} = 0.667[\%]$$

$$\%X_B = \%X \times \frac{\text{기준용량[MVA]}}{\text{자기용량[MVA]}} = 5.916 \times \frac{1000}{1500} = 3.944[\%]$$

$$\therefore \%Z_t = \%R_B + \%X_B = 0.667 + j3.944\,[\%]$$

※ 2권선 변압기의 최소 단락 임피던스 및 TR의 X/R비

1. 권선변압기 최소단락 임피던스

정격전류에서의 단락 임피던스	
정격용량[kVA]	최소 단락 임피던스[%]
25 to 630	4.0
631 to 1,250	5.0
1,251 to 2,500	6.0
2,501 to 6,300	7.0
6,301 to 25,000	8.0
25,001 to 40,000	10.0
40,001 to 63,000	11.0
63,001 to 100,000	12.5
100,000 초과	12.5 초과

2. TR의 TYPICAL X/R(ANSI/IEEE C37.0101)

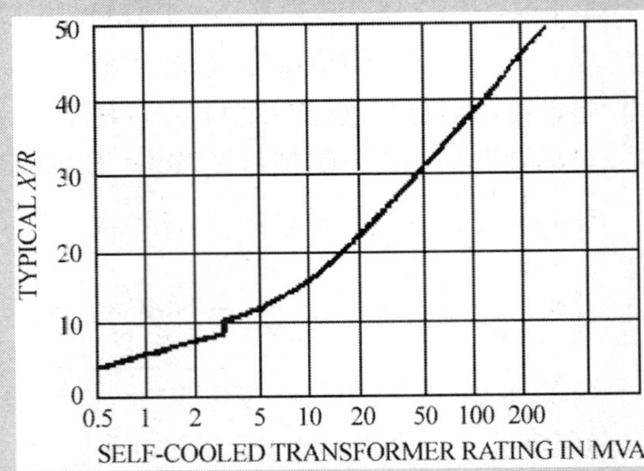

(1) 수전점(F1)

① 정상임피던스(인입전선로) $= 0.2038 + j0.1857$

② 영상임피던스 $= 0.6774 + j0.1857$

③ 삼상단락시

$$P_{S1} = \frac{100P_N}{\%Z_1} = \frac{10^2}{0.2038 + j0.1857} = \frac{10^2}{\sqrt{0.2038^2 + 0.1857^2}}$$

$$= \frac{10^2}{0.2757} = 362.71\,[\text{MVA}]$$

$$I_{S1} = \frac{P_{S1}}{\sqrt{3}\,V} = \frac{362.71}{\sqrt{3} \times 22.9} = 9.144\ [\text{kA}]$$

④ 일선지락시(지락점 고장 저항 $R_g = 0$)

$$P_{Sg1} = \frac{3 \times 100P_N}{\%Z_0 + \%Z_1 + \%Z_2}$$

$$= \frac{3 \times 100}{(0.2038 + j0.1857) \times 2 + 0.6774 + j0.1857}$$

$$= \frac{3 \times 100}{1.085 + j0.5571} = \frac{3 \times 10^2}{\sqrt{1.085^2 + 0.5571^2}}$$

$$= \frac{3 \times 10^2}{1.2196} = 245.98\,[\text{MVA}]$$

$$I_{Sg1} = \frac{P_{Sg1}}{\sqrt{3}\,V} = \frac{245.98}{\sqrt{3} \times 22.9} = 6.20\,[\text{kA}]$$

(2) 변압기 2차 단락지점(F2)

① 정상임피던스 합성

인입전선로 + 변압기임피던스$= (0.2038 + j0.1857) + (0.667 + j3.944)$

$= 0.8708 + j4.1297$

$$P_{S2} = \frac{100P_N}{\%Z_1} = \frac{10^2}{0.8708 + j4.1297} = \frac{10^2}{\sqrt{0.8708^2 + 4.1297^2}}$$

$$= \frac{10^2}{4.22} = 23.69\ [\text{MVA}]$$

$$I_{S2} = \frac{P_{S2}}{\sqrt{3}\,V} = \frac{23.69}{\sqrt{3} \times 0.38} = 35.99\ [\text{kA}]$$

2) 보호계전기의 정정

(1) CT Data : 50/5 A

(2) Relay Data : GIPAM−115FI(LS)

(3) Caculation Data

- TR 3ϕ 22.9 kV 1,500 kVA
- 정격전류 $= 1500\ \text{kVA} \div (\sqrt{3} \times 22.9\ \text{kV}) = 37.8\ \text{A}$
- $I_{INRUSH} = 1500\ \text{kVA} \div (\sqrt{3} \times 22.9\ \text{kV}) \times 10 = 378\ \text{A}$ for 0.1 sec
- $I_{ANSI\ POINT} = 1500\ \text{kVA} \div (\sqrt{3} \times 22.9\ \text{kV}) \times (100/6.00) = 630\ \text{A}$ for 4 sec

(4) 과전류계전기 50/51 Calculation

① 한시 Tap

- 정격전류의 150%에 Setting
- $37.8 \times 1.5 \times (5/50) = 5.67$ A

한시 Tap : 1.1(1.1In=5.5A)

- Pickup Current$= 5.5 \times (50/5) = 55$ A

② 동작곡선

- 강반한시(Very Inverse)

③ 한시 시간 Lever

- TR2차 3ϕ 단락전류는 35.99 kA(고장전류 계산 참조)
- TR2차 3ϕ 단락전류를 1차로 환산

  $35990 \times (0.38/22.9) = 597.2$ A

- TR2차 3상단락 고장전류에서 0.6 sec에 정정

  597.2 A/55 A = 10.85배에서 0.6 sec에 정정

  $$t = \left[\frac{13.5}{\frac{I}{I_P} - 1}\right] \times T_P$$

  $$0.6 = \left[\frac{13.5}{10.85 - 1}\right] \times T_P$$

  $T_P = 0.43$ 시간 Lever : 0.43

④ 순시 Tap

- TR 2차 3상 단락전류의 150%에 동작하지 않으며 여자돌입전류에 동작하지 않도록 Setting
- 3상 단락전류 : $597.2 \times 1.5 \times (5/50) = 89.58$ A
- TR 여자돌입전류 : $378 \times (5/50) = 37.8$ A 순시 Tap : 18(18In=90A)
- Pickup Current : $90 \times (50/5) = 900$ A

⑤ 순시 시간 Lever

- 정한시 동작 50 ms 이내 동작 시간 Lever : 0.05

(5) 지락과전류계전기 50/51 Calculation

① 한시 Tap

- 정격전류의 30%에 Setting
- $37.8 \times 0.3 \times (5/50) = 1.134$A 한시 Tap : 0.22(0.22In=1.1A)
- Pickup Current = $1.1 \times (50/5) = 11$A

② 동작곡선

- 강반한시(Very Inverse)

③ 시간 Lever

- 최대 1선지락전류 = 6.200 A
- 최대 1선 지락전류에 0.2 sec 이내 동작하도록 선정

  6200A/11A = 563(MAX : 20)배에서 0.2 s에 정정

  $$t = \left[\frac{13.5}{\frac{I}{I_P} - 1}\right] \times T_P$$

  $$0.2 = \left[\frac{13.5}{20 - 1}\right] \times T_P$$

$T_P = 0.24$ 시간 Lever : 0.24

④ 순시 Tap

- 정격전류의 300%에 Setting
- $37.8 \times 3 \times (5/50) = 11.34$ 순시 Tap : 2.3(2.3In=11.5A)
- Pickup Current : $11.5 \times (50/5) = 115$ A

⑤ 순시 시간 Lever

- 정한시 동작 50 ms 이내 동작 시간 Lever : 0.05

(6) Setting Table

주변전실		
CT 50/5		계산결과
과전류 50/51	순시 Tap	18
	동작곡선	정한시
	순시 시간 Lever	0.05
	한시 Tap	1.1
	동작 곡선	Very Inverse
	한시 시간 Lever	0.48
지락과전류 50/51G	순시 Tap	2.3
	동작곡선	정한시
	순시 시간 Lever	0.05
	한시 Tap	0.22
	동작 곡선	Very Inverse
	한시 시간 Lever	0.24

참고 ※ GIPAM-115FI 계전기 정정범위

보호 요소	동작 구분	동작치 정정		동작 시간 특성		
		정정 범위	단위	정정 범위	특 성	단위
과전류 OCR 50/51	순시	(2~24)×In	1 A	0.04~60 S	정한시	0.01 S
	한시	(0.2~10)×In	0.1 A	0.05~1.2 S	Inverse, Very inverse, Extremely inverse, Kepco inverse, Kepco very inverse	0.01 S
지락과전류 OCGR 50/51 G	순시	(0.5~8)×In	0.5 A	0.04~60 S	정한시	0.01 S
	한시	(0.1~0.5)×In	0.02 A	0.05~1.2 S	Inverse, Very inverse, Extremely inverse, Kepco inverse, Kepco very inverse	0.01 S
저전압 UVR 27	한시	(0.2~0.9)×Vn	0.02 V	0.1~60 S	정한시	0.01 S
과전압 OVR 59	한시	(0.8~1.6)×Vn	0.02 V	0.1~60 S	정한시	0.01 S

3 전압계전기 (VR, Voltage Relay)

전압계전기(VR, Voltage Relay)는 전력계통의 전압 상태를 지속적으로 감시하여, 설정값보다 전압이 높거나 낮을 경우 이상 상태로 판단하고, 설비 보호 및 계통 안정화를 위해 제어신호를 출력하는 보호계전기이다. 전압계전기는 주로 과전압계전기(OVR, Over Voltage Relay), 부족전압계전기(UVR, Under Voltage Relay) 등으로 구분된다.

1) 부족전압계전기(UVR, Under Voltage Relay)

UVR은 전력계통 또는 전기설비의 전압이 설정값 이하로 떨어졌을 때 이를 감지하여 경보를 발생시키거나 회로를 차단하는 계전기이다.

전압 강하가 지속되면 전동기의 탈조, 제어회로 오동작, 기기 손상 등이 발생할 수 있으므로, UVR은 이러한 저전압 상태를 조기에 검출하여 사고를 예방하는 데 핵심적인 역할을 한다.

(1) 정정전압(Tap) 설정

① 정정전압 설정 목적

㉮ 전압 강하 감시 기준 설정

Tap 전압은 계통에서 '정상적으로 허용 가능한 최저 전압'을 기준으로 설정하여, 그 이하일 경우를 이상상태로 판단함

㉯ 설비 보호

전동기, 제어회로, 릴레이 등은 일정 전압 이하에서 오작동하거나 손상될 수 있기 때문에 이를 방지하기 위해 사용

㉰ 오동작 방지

일시적인 전압 변동(sag 등) 또는 정격 허용 범위 내 변동에는 계전기가 불필요하게 동작하지 않도록 조정

㉱ 계전기 특성 보정

계전기가 연결되는 위치(메인 수전밥, 변압기 2차, 부하 말단 등)의 실제 전압 상황에 맞춰 보정함으로써, 실제 계통 조건에 부합하게 설정

② UVR 정정전압(Tap) 설정

정정전압(Tap)은 정격 상전압의 85~90% 수준으로 설정하는 것이 일반적이며, 3상 중 2상 이상에서 저전압이 발생했을 경우 동작하도록 설정하는 방식이 널리 사용된다. 이때, 계통의 전압 변동률 허용 범위(통상 ±10%)를 고려하여, 정상적인 운전 범위 내에서는 계전기가 오동작하지 않도록 하되, 허용 범위를 초과하는 저전압 상태를 신속히 검출할 수 있도록 보호영역을 확보해야 한다.

$$\text{Tap 전압[V]} = V_{정격} \times \frac{\text{설정비율}(\%)}{100}$$

여기서, $V_{정격}$: 계전기에 인가되는 2차측 정격전압(110 V)

|계산 예| – 수전 전압(1차) : 22.9 kV(다중접지 계통)

– VT비(계기용 변성기비) : 13.2 kV / 110 V(상전압 기준)

– 설정비율 : 90 %(정격의 90 % 이하에서 동작)

– Tap 전압[V] = $V_{정격} \times \frac{\text{설정비율}(\%)}{100} = 110\text{ V} \times \frac{90}{100} = 99[\text{V}]$

즉, UVR의 설정 Tap은 99.0V로 설정함.

계통 전압이 실제로 13.2 kV × 90 % = 11.88 kV 이하로 떨어졌을 때 계전기 동작.

(2) UVR의 시한설정(Lever)

특고압 수전반에 설치되는 UVR의 시한설정은 일반적으로 2.0초 이상으로 설정하며, 통상 2.5~5.0초 범위 내에서 결정된다. 이는 한전 배전선로에 설치된 리클로저(Recloser)의 자동 재폐로 동작시간(약 1~2초)을 고려한 것으로, 고장 시 수전설비의 불필요한 차단을 방지하기 위한 설정 기준이다.

한전 배전선로의 고장 처리 시나리오는 다음과 같다.

고장 발생 → 리클로저 1차 투입 실패 → 약 0.5~1.5초 후 2차 자동 재폐로 시도

이와 같이 리클로저가 재폐로를 시도하는 짧은 시간 동안 UVR이 너무 빠르게 동작하면, 실제로는 일시적인 고장이 복구되었음에도 수전설비가 불필요하게 차단(Trip)되어 전력공급 안정성에 영향을 줄 수 있다. 따라서 UVR의 시한은 리클로저 재폐로 동작보다 충분히 긴 값으로 설정해야 하며, 2초 이상의 여유 시한이 실무적으로 권장된다.

2) 과전압계전기(OVR, Over Voltage Relay)

OVR은 전력계통의 전압이 설정값(정격전압의 일정 비율)을 초과했을 때 이를 감지하고, 설비를 보호하기 위해 차단기 트립 등 제어신호를 출력하는 보호계전기이다.

과전압은 절연파괴, 부품 손상, 보호장치 오동작 등을 유발할 수 있으므로, OVR은 이러한 사고를 사전 차단하고 계통 안정성을 유지하는 데 핵심적인 역할을 한다.

(1) 정정전압(Tap) 설정

① 정정전압 설정 목적

㉮ 설비 보호 기준 설정

보호 대상(변압기, 배전반, 콘덴서 등)이 견딜 수 있는 최대 전압 한계를 기준으로 OVR Tap을 설정함으로써, 해당 전압을 초과하면 즉시 보호동작을 유도할 수 있다.

㉯ 계통 정상 전압 변동 허용

실제 계통에서는 정격전압의 ±10% 수준의 일상적 변동이 있으므로, Tap 설정을 통해 정상 변동 범위는 감시하되 동작하지 않도록 기준선을 조정함

㉰ 오동작 방지

낙뢰, 서지 또는 계통 전환에 따른 순간 과전압(surge)이 발생할 수 있으므로, Tap 설정을 너무 낮게 하면 OVR이 불필요하게 동작할 수 있음

② OVR 정정전압(Tap) 설정

정정전압(Tap)은 일반적으로 정격 상전압의 110~120% 수준으로 설정하며, 이는 설비가 허용할 수 있는 최대 전압 수준을 기준으로 보호 범위를 설정하기 위함이다.

계통의 전압 변동률 허용 범위(통상 ±10%)를 함께 고려하여, 정상적인 운전 중 발생할 수 있는 일시적인 전압상승에는 계전기가 오동작하지 않도록 하면서도, 허용 범위를 초과하는 지속적인 과전압 상태를 신속하게 검출하여 설비 보호가 이루어질 수 있도록 Tap 설정이 이루어져야 한다.

$$\text{Tap 전압[V]} = V_{정격} \times \frac{\text{설정비율(\%)}}{100}$$

여기서, $V_{정격}$: 계전기에 인가되는 2차측 정격전압(110 V)

|계산 예| – 수전 전압(1차) : 22.9 kV(다중접지 계통)
– VT비(계기용 변성기비) : 13.2 kV / 110 V(상전압 기준)
– 설정비율 : 110 %(정격의 110 % 이상에서 동작)
– Tap 전압[V] $= V_{정격} \times \frac{\text{설정비율(\%)}}{100} = 110\text{ V} \times \frac{110}{100} = 121\text{[V]}$
즉, UVR의 설정 Tap은 121 V로 설정함.
계통 전압이 실제로 13.2 kV × 110 % = 14.52 kV 이상일 때 계전기 동작.

(2) OVR의 시한설정(Lever)

특고압 수전반에 설치되는 OVR의 시한설정은 일반적으로 2.0초 이상으로 설정하며, 통상적으로는 0.5~5.0초 범위 내에서 결정된다.

이러한 시한 설정은 일시적인 전압상승이나 계통 전환, 개폐 서지 등으로 인해 발생하는 순간적인 과전압(surge)에는 계전기가 오동작하지 않도록 비동작 처리하고, 정해진 시간 이상 지속되는 과전압 상태에 대해서만 동작하여 설비를 안전하게 보호하기 위한 목적으로 설정된다.

Chap. 05

변압기 보호계전방식

1 변압기 보호계전방식의 개요

1) 변압기 사고 유형

변압기에서 발생할 수 있는 주요 사고는 다음과 같다.

(1) 권선의 상간단락 및 층간단락

(2) 권선과 철심 간 절연파괴에 의한 지락사고

(3) 고저압 권선 간 절연파괴(혼촉)

(4) 부싱 리드선 등의 절연파괴

이 중에서도 가장 빈번하게 발생하는 사고는 층간단락 및 권선의 지락사고이다.

2) 보호방식의 기본 원칙

변압기 보호장치는 다음의 조건을 만족해야 한다.

(1) 내부사고에 대해 신속하고 확실한 동작

(2) 정상 부하 전류, 외부 고장 전류 또는 여자 돌입전류 등에 의한 오동작 방지

일반적으로 변압기의 전기적 보호 방식으로는 비율차동계전기(Ratio Differential Relay)를 이용한 내부고장에 대한 주 보호와, 과전류계전기(OCR, Overcurrent Relay)를 이용한 외부 단락 사고 및 과부하 보호가 있으며, 기계적인 보호장치로는 Buchholtz Relay, 압력 계전기(Pressure Relay), 온도계(Thermometer), 유면계(Oil Level Gauge) 등이 사용된다.

2 변압기 용량별 보호방식

변압기는 전력계통에서 중요한 설비로, 내부고장 및 외부 이상 조건에 적절히 대응하기 위한 보호방식이 필수적으로 요구된다. 특히 변압기의 용량 및 냉각방식에 따라 적용해야 하는 보호장치의 종류와 방식이 상이하므로, 이를 기준으로 체계적인 보호계전기 적용이 이루어져야 한다.

일반적으로 과전류 보호는 모든 용량의 변압기에 기본적으로 적용되며, 내부고장 보호와 온도 이상상승 보호는 용량이 증가할수록 필수적으로 요구된다. 또한, 자동차단 기능과 경보설치는 사고 확산 방지를 위한 중요한 보호 요소로서, 일정 용량 이상에서는 법적 또는 기술적 기준에 따라 의무적으로 설치되어야 한다.

다음 표는 변압기의 용량 및 냉각방식에 따른 보호방식 적용 기준을 정리한 것으로, 보호장치의 종류별로 자동차단 여부 및 경보설치 여부, 그리고 비고 사항을 함께 나타낸다.

| 표 5.1 | 변압기 용량별 보호장치 설치기준

용량/냉각방식	보호장치	자동차단	경보설치	비 고
5,000[kVA] 미만	과전류	○		
	내부고장		※	
	온도 이상 상승		※	다이얼 온도계 접점 이용
5,000[kVA] 이상 10,000[kVA] 미만	과전류	○		
	내부고장		○	
	온도 이상 상승		○	1. 상시감시가 없는 변전소는 3,000 [kVA] 이상에 설치 2. 다이얼 온도계 접점 이용
10,000[kVA] 이상	과전류	○		
	내부고장	○		
	온도이상상승		○	다이얼 온도계 접점 이용
송유 풍냉식 송유 자냉식			○	온도이상상승 보호장치가 있는 경우에는 생략
수냉식			○	상 동

○ : 절대적으로 설치 ※ : 추천하는 장치

3 차동계전기 (DfR, Differential Current Relay)

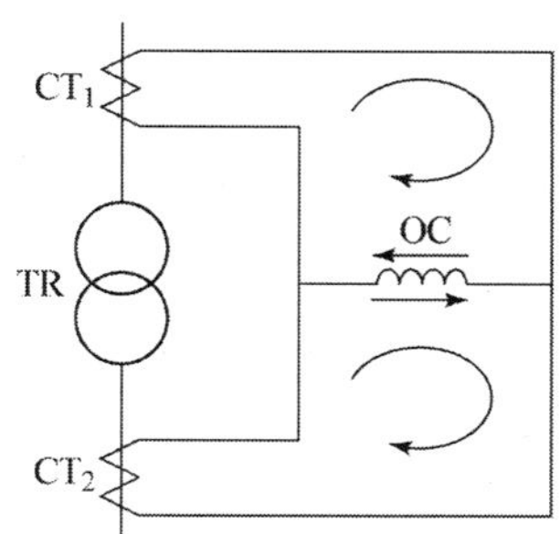

1) 회로 구성 및 원리

변압기(TR)의 양단에 변류기(CT_1, CT_2)를 각각 설치하고, 이들의 2차측을 직렬로 연결한 후 과전류계전기(OC)를 접속하여, 두 CT의 전류 차이(차전류)가 발생할 때 계전기가 동작하도록 하는 방식이다.

이 방식은 차동계전 방식의 기본 구조로, CT_1과 CT_2의 2차전류가 정상 상태에서는 서로 상쇄되어 계전기에 전류가 흐르지 않지만, 변압기 내부에 고장이 발생하면 두 CT의 전류가 불균형하게 되어 차전류가 계전기에 인가되어 동작하게 된다.

2) 적용 가능성과 한계

(1) 중성점 비접지 계통에서는 상간단락 사고에는 유효하나, 지락 사고 시에는 고장 전류가 폐회로를 형성하지 못하므로 계전기 동작이 어렵다.

(2) 구조는 단순하지만 다음과 같은 이유로 오동작 위험이 존재한다.

① 변압기 여자 돌입전류에 포함된 비정상분(비대칭 파형, 고조파 등)

② 외부 고장 시 고장전류에 포함된 직류 성분 → CT 포화 유도

③ 양 변류기(CT)의 특성 차이 → 불평형 전류 발생

이와 같은 오동작 가능성으로 인해, 변압기 내부 고장보호에는 일반적으로 차동계전기 대신 '비율차동계전기(Ratio Differential Relay)'를 사용한다.

비율차동계전기는 차전류와 함께 바이어스 전류(CT 평균값 또는 큰 값 기준)를 고려하여, 외부고장과 돌입전류에는 비동작하고, 내부고장에만 선택적으로 동작하도록 설계된다.

4 비율차동계전기 (RDfR, Ratio Differential Current Relay)

1) 회로 구성 및 원리

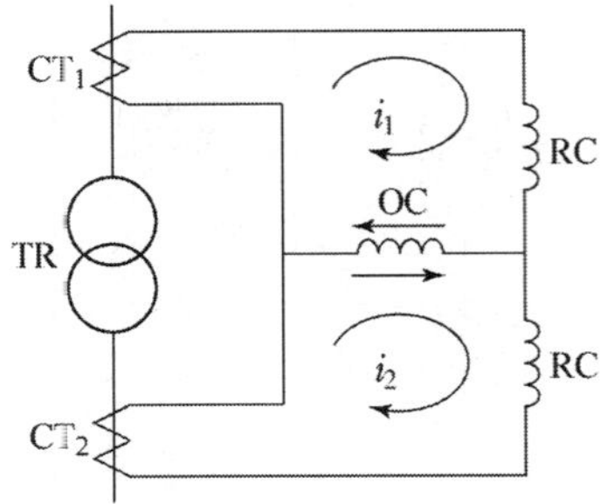

차동식은 큰 외부사고 등에 의해서 통과전류가 커지면 양 CT의 특성 차이나 직류분에 의한 포화특성에 기인하여 차전류도 커지므로 오동작하게 된다. 그래서 비율차동식에서는 이를 방지하기 위하여 통과전류에 대하여 차전류가 일정비율 이상일 때만 비로써 동작하도록 하고 있다.

이렇게 하면 내부 고장전류가 작을 때는 억제력도 작아서 작은 차전류에 의해서도 충분한 동작비율이 얻어지므로 차동전류계전기보다 시동전류를 작게 잡을 수 있기 때문에 내부 고장시의 감도를 몇 배 더 예민하게 할 수 있다.

반면에 외부고장으로 큰 고장전류가 흐르더라도 차전류가 커지는 만큼 억제전류도 함께 커지기 때문에 비율로서는 여전히 동작 비율을 넘을 수 없게 되므로 오동작하지 않게 된다.

- 억제코일 RC : 통과전류 i_1과 i_2에 의해서 억제력을 발생한다.
- 동작코일 OC : 차전류 $i_{OC} = i_1 - i_2$에 의해서 동작력을 발생한다.

2) 비율차동계전기의 특성곡선

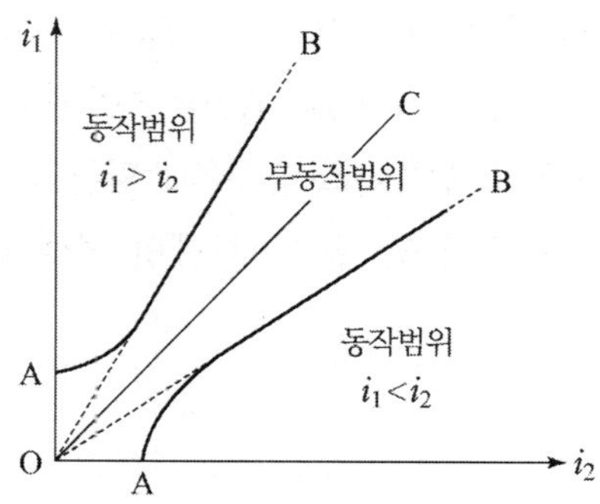

정상부상태 또는 외부고장시 통과전류인 유입전류 i_1과 유출전류 i_2는 거의 동일한 크기를 가지므로 차전류 $i_{OC} = |i_1 - i_2| \fallingdotseq 0$이 되어, 과전류계전기(OC)는 비동작영역(부동작영역)인 OC 선상에 있다.

내부고장인 경우 두 전류는 차이가 날 뿐만 아니라 특히 한쪽 전류만 방향(위상)이 반대가 되므로 차전류 $i_{OC} = |i_1 - i_2|$는 매우 커진다. 따라서 이때는 위 그림처럼 어느 쪽이든 동작범위로 들어가게 된다.

OB의 경사는 동작비율이고, OA는 계전기의 최소 동작치로서 보통 2[A] 정도이다.

3) 정격전류 선정

비율차동계전기(Ratio Differential Relay)의 전류탭(Current Tap) 정정 방법은 보호대상인 변압기의 정격전류에 맞게 설정되며, CT 비와 연계하여 계전기의 정격에 적합한 2차 정정 전류 값을 지정한다.

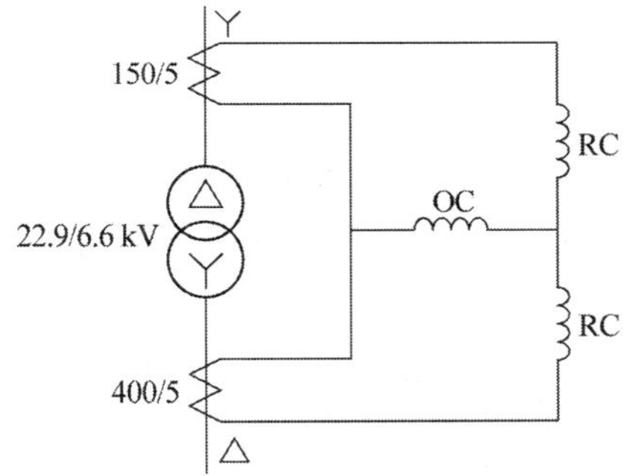

(1) 특고압(22.9 kV)측 정격전류

$$I_1 = \frac{4{,}000\,\text{kVA}}{\sqrt{3} \times 22.9\,\text{kV}} = 100\text{ A}$$

(2) 고압측(6.6 kV)측 정격전류

$$I_2 = \frac{4{,}000\,\text{kVA}}{\sqrt{3} \times 6.6\,\text{kV}} = 350\text{ A}$$

(3) 특고압(22.9 kV)측 CT 2차전류

$$i_1 = \frac{4{,}000\,\text{kVA}}{\sqrt{3} \times 22.9\,\text{kV}} \times \frac{5}{150} = 3.33\text{ A}$$

(4) 고압측(6.6 kV)측 CT 2차전류

$$i_2 = \frac{4{,}000\,\text{kVA}}{\sqrt{3} \times 6.6\,\text{kV}} \times \frac{5}{400} \times \sqrt{3} = 7.58\text{ A}$$

참고 **※ $\sqrt{3}$ 배인 이유**

저압측 변압기에서 공급되는 전류는 상전류이며, Y결선에서는 상전류 = 선전류 관계가 성립한다.

그러나 CT가 △결선되어 있는 경우, CT 결선의 특성상 계전기의 동작코일에는 두 상 전류의 차이가 인가된다.

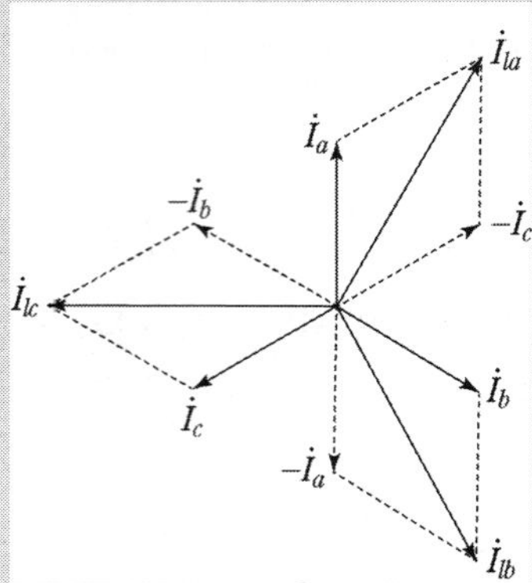

따라서, 실제 상전류 대비 동작코일에 흐르는 전류는 $\sqrt{3}$ 배 증가하게 되며, 이에 따라 탭 정정 시 CT 2차 환산전류에 $\sqrt{3}$ 을 곱한 값을 기준으로 탭을 설정해야 한다.

(5) 특고압(22.9㎸) 및 고압측 탭값 정정

계전기 탭 값 : 2.9, 3.2, 3.5, 4.2, 4.6, 5.0, 8.7

위 탭값에 가까운 값으로 선정하면 1차측 탭 값은 3.5에 2차측 8.7에 정정을 한다.

4) 비율특성 조정(Slope Tap 조정)

$$\text{동작비율} = \frac{\text{유입전류} - \text{유출전류}}{\text{유출전류}} = \frac{\text{차전류}}{\text{유출전류(작은 측)}}$$

$$= \frac{\text{동작전류}\, i_{OC}}{\text{억제전류}\, i_{RC}} \times 100 = \frac{i_1 - i_2}{i_2} \times 100[\%]$$

변압기의 경우 1차 및 2차측 간에는 다음과 같은 오차가 존재한다.

- Mismatch 및 ULTC : ±15[%]
- CT 오차 : ±5×2 = ±10[%]
- 릴레이 오차 : ±5[%]
- CT 2차 배선 및 CT 부담 오차 : ±2[%]
- 기타 : ±2[%]
- 여유 : ±2[%]

∴ Slope Tap=40[%]

따라서 동작비율은 보통 20, 40 및 70[%](또는 35, 50, 75, 100 및 120[%] 등)가 있는데 일반적으로 40[%]로 잡는다.

$$- \text{Mismatch(전류부정합률)} = \frac{\text{이상적인 Tap간의 비} - \text{실제사용 Tap 간의 비}}{\text{두 개의 비중에서 작은값}}$$

|예| CT Mismatch 분석

구 분	특고측	고압측
정격전압	22.9 kV	6.6 kV
정격전류	$I_1 = \frac{4{,}000\ \text{kVA}}{\sqrt{3} \times 22.9\ \text{kV}} = 100\ \text{A}$	$I_2 = \frac{4{,}000\ \text{kVA}}{\sqrt{3} \times 6.6\ \text{kV}} = 350\ \text{A}$
CT Ratio	150/5	400/5
CT 2차전류	$i_1 = \frac{4{,}000\ \text{kVA}}{\sqrt{3} \times 22.9\ \text{kV}} \times \frac{5}{150} = 3.33\ \text{A}$	$i_2 = \frac{4{,}000\ \text{kVA}}{\sqrt{3} \times 6.6\ \text{kV}} \times \frac{5}{400} \times \sqrt{3} = 7.58\ \text{A}$
탭 값	2.9, 3.2, 3.5, 4.2, 4.6, 5.0, 8.7	
CT 결선	Y(Wye)	△(Delat)
정정 탭	3.5	8.7
%Mismatch	$\frac{\left(\frac{7.58}{3.3} - \frac{8.7}{3.5}\right)}{\frac{7.58}{3.3}} = 8.3\%$	

5) 비율차동계전기 사용 시의 주의사항

(1) 위상각차 보정

변압기의 △－Y 결선시 1, 2차간에 30° 위상차가 생기므로 CT를 Y－Y로 결선하면 CT 2차회로의 동작코일에는 억제코일에 흐르는 전류간의 벡터차에 해당하는 전류가 흘러서 오동작을 할 우려가 있다. 따라서 양 CT의 결선은 주변압기의 결선과는 반대로 Y－△ 결선을 하여 위상차를 보정해야 한다.

이때, 특히 CT의 △결선을 행할 때 변압기의 각변위를 고려하여야 되는데 한마디로 말해서 CT의 각변위를 주변압기의 각변위와 일치시켜주면 된다.

변압기 결선	변압기 각변위	CT 결선	CT 각변위
Y－Y	Yy0	△－△	Dd0
△－△	Dd0	Y－Y	Yy0
△－Y	Dy1	Y－△	Yd1
	Dy11		Yd11

변압기 결선	변압기 각변위	CT 결선	CT 각변위
Y-△	Yd1	△-Y	Dy1
	Yd11		Dy11

단, CT의 각변위란 단지 CT의 권선 접속방향을 변압기에 준해서 한다는 의미이다.

만약 1차측 CT의 K 단자의 방향을 전원측으로 하면 2차측 CT의 K 단자는 부하측으로 해야 한다. 또는 이와 반대로 양측 모두 K 단자를 변압기측으로 향하도록 한다. 아니면 CT의 K 단자의 방향에 관계없이 CT 2차 제어선을 *k*단자이거나 혹은 *l* 단자이거나에 관계없이 모두 바깥쪽에서 접속하면 된다.

(2) 양 CT 2차측 전류 크기의 불일치

- 보상 변류기(CCT, Compensating CT)를 사용하여 전류 크기를 보정한다.
- 변압기 결선에 따른 위상각 보정은 반드시 CT의 결선을 반대로 하지 않고 양 CT는 그냥 Y-Y 결선으로 하고 대신 CCT에서 △결선을 하여 보정하여도 무방하다.
- 일반적으로 22.9kV용 변압기에는 보상 CT를 설치하지 않는다. 다만, 돌입전류 억제 기능이 없는 비율차동계전기를 사용할 경우나 민감한 고속 보호 계전기가 설치되어 CT의 불균형 영향을 받는 경우에는 설치한다.

(3) 여자돌입전류에 의한 오동작

변압기를 무부하 상태에서 투입할 경우, 여자돌입전류(Magnetizing Inrush Current)가 발생하며 이는 정격전류의 수 배에서 많게는 10배 이상까지도 증가할 수 있다. 일반적으로 전력용 변압기에서는 돌입전류가 정격전류의 약 8배 이하 수준으로 나타난다. 여자돌입전류는 정상적인 부하전류가 아님에도 비대칭 파형, 직류 성분, 고조파 성분을 포함하고 있어, 비율차동계전기가 내부 고장으로 오인하여 오동작할 우려가 있다. 특히, 무부하 상태에서는 2차측 부하전류가 존재하지 않기 때문에 유입측 전류 전체가 차전류로 인식되어 계전기가 쉽게 동작할 수 있다. 따라서 계전기가 오동작하지 않는 방법이 필요하다.

① **고조파 억제법**(Harmonic Restraint Method)

여자돌입전류에는 일반적으로 제2고조파(2nd harmonic) 성분이 포함되며, 이는 기본파 대비 약 30~50% 수준의 전류 성분을 갖는 것이 특징이다. 이에 착안하여, 계전기 내부에 고조파 필터 회로를 삽입하여 제2고조파 성분을 검출하고, 일정 비율 이상이면 이를 돌입전류로 판단하여 계전기의 동작을 억제하는 방식이다.

보통, 제2고조파 전류가 전체 전류의 15~20% 이상일 경우, 계전기는 비동작 영역으로 인식하여 차동 동작을 억제한다. 이 방법은 고장전류와 돌입전류의 파형 특성

차이를 이용한 간접 구분법으로, 오동작 방지에 효과적이다.

또한, 여자 돌입 시 내부고장이 동시에 발생하는 특수 상황에서는, CT 포화로 인해 계전기가 부동작할 위험도 존재한다. 이를 방지하기 위해, 순시과전류 요소(Instantaneous Overcurrent Element)를 함께 설정하여, 일정 전류 이상에서는 억제 없이 즉시 차단하도록 한다. 일반적으로 정격전류의 8~10배 수준으로 순시요소가 설정되며, 이는 돌입전류보다는 크고 내부고장 시 예상되는 단락전류 수준에는 미치지 않는 값을 기준으로 한다. 이 방식은 특히 고속 동작(1~2 cycle)이 요구되는 주변압기 보호에 적합하다.

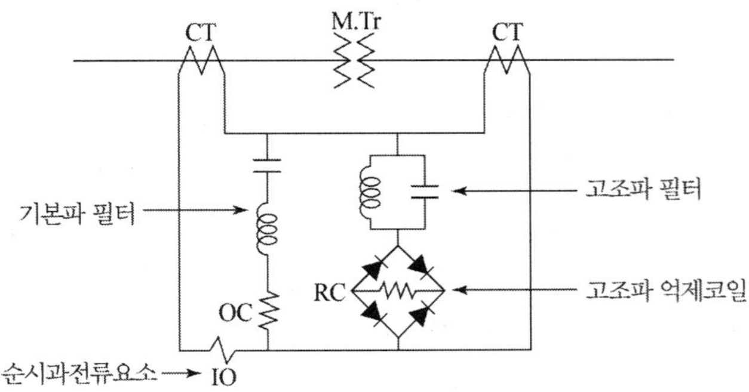

② 감도저하법(Sensitivity Reduction Method)

변압기 투입시 일정 시간 동안은 비율차동계전기의 감도를 저하시키는 방법으로 한시 접점은 전압 인가시 설정된 시간이 지난 뒤에 열리는데 그 동안은 분로저항을 통하여 무부하 여자전류를 분류시킴으로써 동작코일 OC에 흐르는 전류를 감소시키는 역할을 하여 오동작을 방지한다.

계전기 동작전류는 수[A]인데 비하여 동작코일의 임피던스는 1[Ω] 이하이므로 직접 분로저항을 접속하려면 아주 저항치가 낮아야 하는데 외부배선이나 접점 접촉저항의 영향을 받기 쉬우므로 임피던스 변환용 CT를 사용한다. 또한 주회로 전원이 차단되면 즉시 복귀하여 다음 투입에 대비한다.

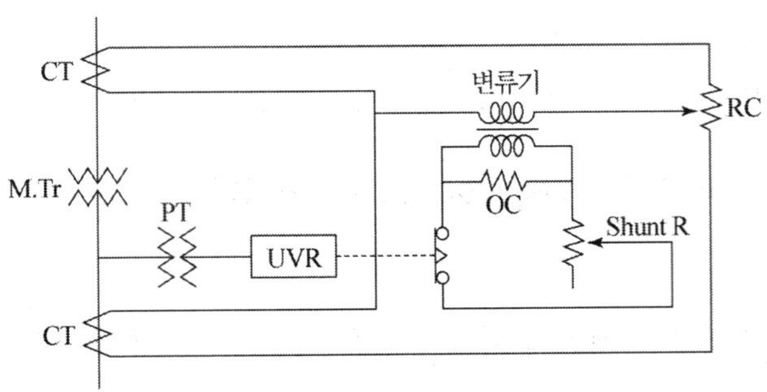

감도저하법은 변압기 투입 시 발생하는 여자돌입전류에 의한 비율차동계전기의 오동작을 방지하기 위한 한 방법으로, 일시적으로 계전기의 감도를 낮추는 방식이다. 변압기를 무부하 상태로 투입하면 정격전류의 수 배에 달하는 여자돌입전류가 발생하며, 이는 차동회로에 그대로 유입되어 계전기의 오동작을 유발할 수 있다. 이를 방지하기 위해, 변압기 투입 직후 일정 시간 동안 차동전류의 일부를 분류하여 동작코일에 흐르는 전류를 감소시킴으로써 감도를 저하시키는 것이 이 방식의 핵심이다. 회로도에서와 같이, PT로부터의 전압을 감지하여 작동하는 한시 계전기(UVR, Under Voltage Relay)는 투입 직후 설정된 시간 동안 접점을 유지하며, Shunt 저항을 통해 분류 회로를 구성한다. 이때, 분류저항에 의하여 차동회로 전류의 일부가 우회되므로, OC(동작코일)에 인가되는 전류가 감소하게 되어 오동작이 방지된다. 일반적으로 동작코일(OC)의 임피던스는 1 Ω 이하로 낮기 때문에, 분류저항을 직접 접속할 경우에는 아주 낮은 저항값이 요구되며, 외부배선 및 접점의 접촉저항에 의한 영향도 고려해야 한다. 이러한 문제를 해결하기 위해, 회로상에서는 임피던스 변환용 보조 CT를 사용하여 저전류 상태에서도 안정적인 분류 전류 경로를 형성한다. 또한, 본 회로는 주회로 전원이 차단되면 즉시 복귀하도록 설계되어 있으며, 다음 투입 시 자동으로 재동작이 가능하도록 구성되어 있다.

③ Trip Lock 방식

Trip Lock 방식은 변압기 투입 시 일정 시간 동안 차단기의 트립회로 자체를 물리적으로 차단(차단 금지)하는 방식으로, 계전기의 동작 여부와 무관하게 차단기 신호 출력을 차단(lock)하여 여자돌입전류에 의한 오동작을 방지하는 가장 단순한 방법이다.

이 방법은 회로 구성과 설정이 간단하고, 적용이 쉬우며 계전기 자체의 동작 감도나 억제회로를 조정할 필요가 없어 장점이 있다. 그러나 변압기 투입 직후 실제 내부 고장이 발생한 경우에도 차단기가 동작하지 않아 사고 확산으로 이어질 수 있다는 중대한 단점이 있다.

즉, 돌입전류에 의한 오동작은 방지할 수 있지만, 내부고장 발생 시 초기 차단 실패로 인한 피해가 커질 수 있으므로 최근에는 단독 사용보다는 보조 보호 방식과 병행하거나, 정밀한 고조파 억제법, 감도저하법 등으로 대체되는 추세이다.

6) CCT(Compensating CT, Interposing CT, 보상변류기)

(1) 개요

보상변류기는 비율차동계전기 회로에서 두 측의 CT 전류를 정확하게 비교할 수 있도록 보정하는 역할을 하는 보조 변류기이다. 특히 1차 및 2차 측 CT의 전류 크기나 특성이 불일치할 경우, 주로 큰 전류 측에 발생하는 측정 오차를 보정하여 비율차동계전기가 정확하게 차전류를 판단하고 정상적으로 동작할 수 있도록 지원한다.

큰 전류쪽을 보정하는 이유는 계전기에 흐르는 전류가 계전기의 정격전류 이하가 되도록 결정 및 CT 및 계전기의 부담을 적게 해주기 때문이다.

보상변류기는 일종의 단권변압기 구조를 가지며, 여러 개의 탭을 통해 전류 비율을 미세 조정할 수 있다. 이를 통해 CT 간 전류의 크기 및 위상을 일치시키고, 계전기에 흐르는 차전류를 최소화하여 오동작 방지 및 안정성 향상에 기여한다.

(2) 구조

CCT는 탭 조정 가능한 단권변압기 구조로 되어 있으며, 다음과 같이 주코일과 보조코일로 구성된다.

구성	권선 수	비고
주코일(Main Coil)	총 100 Turn (10 Turn 간격 탭 형성)	출력 전류 조정용
보조코일(Tap Coil)	1 Turn 간격, 총 5 Turn	전류 미세 조정 용도

(3) 변압기 3상 22.9 kV/6.6 kV, 5,000 kVA, Dyn1인 경우 CCT의 정정 예

① CT비

– 변압기 1차 : $I_P = \dfrac{5,000}{\sqrt{3} \times 22.9} \times 1.2 = 151[A]$

$\therefore$ CT비 = 200/5[A] (Y결선)

– 변압기 2차 : $I_S = \dfrac{5,000}{\sqrt{3} \times 6.6} \times 1.2 = 524[A]$

$\therefore$ CT비 = 750/5[A] (△결선)

② CT 선전류

– 1차측(Y결선) : $i_P = \dfrac{5,000}{\sqrt{3} \times 22.9} \times \dfrac{5}{200} = 3.15[A]$

– 2차측(△결선) : $i_S = \dfrac{5,000}{\sqrt{3} \times 6.6} \times \dfrac{5}{750} = 5.05[A]$

③ CCT의 탭 선정

$n_P i_P = n_S i_S$ 에서 전류가 작은 쪽인 $n_P = 100[\text{Turn}]$으로 두면

$$\therefore n_S = \frac{n_P i_P}{i_S} = \frac{100 \times 3.15}{5.05} = 62.3 = 62[\text{Turn}]$$

변압기 2차측 전류가 크므로 CCT는 변압기 2차측 CT에 접속하여 전류를 줄이는 것이 바람직하다. 따라서 2차측 CT의 인출선을 7번 탭에 접속하고, CCT 인출선을 3-8번을 연결하고 10번에서 인출하면 된다.
이때 계전기의 입력은

$$1차측\ i_P = 3.17[\mathrm{A}]$$

$$2차측\ i_P{}' = i_S \times \frac{n_S}{n_P} = 5.05 \times \frac{62}{100} = 3.13[\mathrm{A}]$$

가 된다.

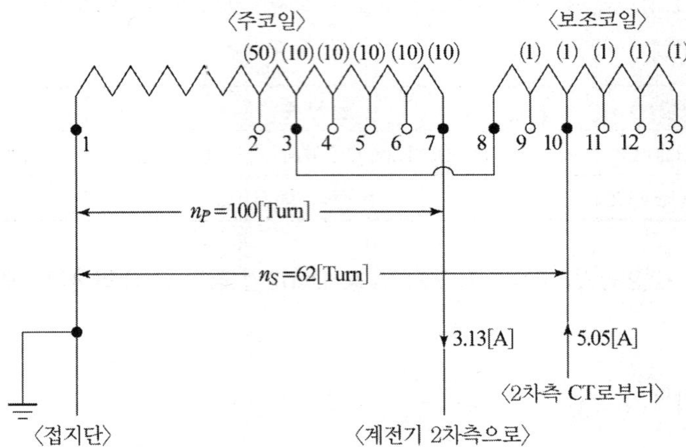

| 그림 5.2 | CCT 결선도

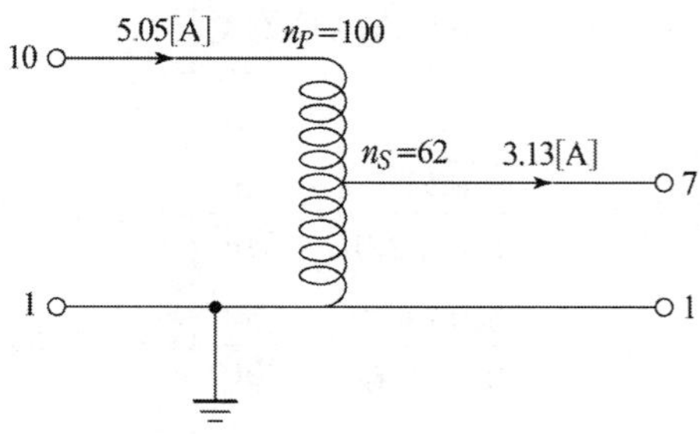

| 그림 5.3 | CCT 등가회로

7) 기계적 보호계전기

변압기 내부에서 절연열화, 국부 과열, 내부 아크 고장 등 전기적 사고 이외의 국소적 이상 현상이 발생할 경우, 절연유는 고온 상태에서 분해되며 가스를 발생시키거나, 내부 압력이 급격히 상승할 수 있다.

예를 들어, 변압기 내부 온도가 약 350 ℃ 이상으로 상승하면 절연유의 분해 반응이 활발해지면서 수소, 메탄 등 가연성 가스가 발생하고, 이로 인해 변압기 본체(Tank) 내 압력 상승, 폭발 및 화재 위험이 초래될 수 있다.

이러한 사고는 전기적인 보호계전기(차동계전기, 과전류계전기 등)로는 검출하기 어려운 경우가 많기 때문에, 이를 보완하기 위한 기계적 보호장치가 함께 적용된다.

기계적 보호계전기는 변압기 내부에서 발생하는 국부적인 물리적 이상 현상(가스 발생, 온도 상승, 압력 상승 등)을 검출하여 경보 또는 차단신호를 계전기 및 차단기에 전송함으로써, 사고 확산을 방지하고 변압기의 손상을 최소화하는 후비보호 및 보조 보호 기능을 수행한다.

(1) 부흐홀츠 계전기(Buchholz Relay)

① 개요

부흐홀츠 계전기는 유입식 변압기의 본체와 콘서베이터 사이의 유류 유로(관)에 설치되는 보호장치로, 가스 발생 및 절연유 흐름을 감지하여 변압기 내부의 이상을 조기에 검출하는 장치이다. 구조적으로는 Float 스위치(b_1)와 유류 흐름 감지 리플렉터(b_2)를 이용한 기계식 계전기로 구성되며, 일명 Push–Pull 타입 계전기라고도 불린다.

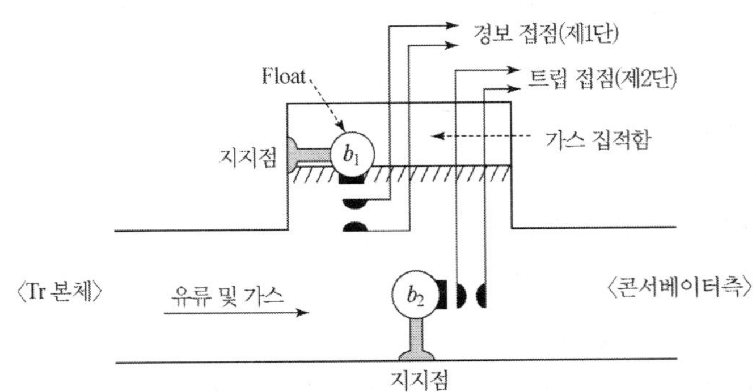

② 동작원리

㉮ 경보 동작(제1단, 접점 b_1)

변압기 내부에서 절연열화, 부분방전 등으로 인해 서서히 가스가 발생하는 경우,

이 가스는 유류보다 가볍기 때문에 관을 따라 위쪽 콘서베이터 방향으로 이동한다. 가스는 부흐홀츠 계전기 상부의 가스 집적함에 모이게 되며, 가스량이 일정량 이상이 되면 부력에 의해 Float이 하강하면서 경보 접점(b_1)이 동작한다.

㉯ 트립 동작 (제2단, 접점 b_2)

변압기 내부에서 아크 발생, 단락 등의 급격한 고장이 발생하면, 절연유가 급격히 이동하면서 유속이 순간적으로 증가하게 된다. 이때 유류의 흐름이 1 m/s 이상이 되면 접점 b_2가 작동하여 트립신호(차단기 동작)를 발생시킨다.

③ 운용시 주의사항

부흐홀츠 계전기는 변압기 내부 고장을 조기에 탐지할 수 있으며, 발생한 가스의 양 · 색 · 냄새 등을 분석하여 고장 종류 및 위치 추정도 가능하다.

특히 전기적 보호계전기(차동계전기 등)로 검출이 어려운 열적 고장이나 서서히 진행되는 절연열화 상태에 매우 유용하다.

다만, 지진이나 외부 진동이 잦은 환경에서는 오동작 우려가 있으므로, 이런 경우 경보용(제1단)만 운용하거나 트립 기능을 비활성화하는 것이 일반적이다.

(2) 충격압력 계전기(SPR, Sudden Gas Pressure Relay)

① 개요

충격압력 계전기는 변압기 내부에서 발생하는 급격한 가스 압력 상승을 검출하여 즉시 트립 신호를 출력하는 보호장치로, 기계적 주보호용 계전기 중 가장 빠른 반응 특성을 가지며 고신뢰 보호를 위해 널리 사용된다.

설치 위치로는 변압기 본체 상단의 맨홀 뚜껑 또는 유면 상부 공간에 설치되며, 특히 부흐홀츠 계전기가 적용되지 않는 밀폐형 변압기 등에 적합하다.

② 동작원리

㉮ 정상 상태

내부 압력 변화가 완만할 경우, Orifice(세공)를 통해 압력이 서서히 균압기로 전달되어 Float(또는 벨로우즈 주름상자)가 작동하지 않으며, 트립 접점은 열림 상태를 유지한다.

㉯ 이상 상태(급격한 내부 사고 발생)

아크 발생, 절연파괴 등으로 내부 가스가 급격히 생성되면 압력이 순간적으로 상승하게 된다. 이때 압력은 Orifice만으로는 충분히 흡수되지 않아, 주름상자(Float)가 위로 상승하여 마이크로 스위치를 밀어 트립 접점을 닫고 차단기를 동작시킨다.

(3) 방압 안전장치(PRD, Pressure Relief Device)

① 개요

방압 안전장치는 변압기 내부 사고로 인해 내부 압력이 급격히 상승하는 경우, 변압기 본체의 파손이나 폭발을 방지하기 위한 보호장치이다. 변압기 본체 상단의 방압관(Bursting Tube) 선단에 설치되며, 내부 압력이 설정값 이상으로 상승하면 방압변(Pressure Relief Valve)이 개방되어 절연유 및 가스를 외부로 분출시킴으로써 본체 내부 압력을 빠르게 낮춘다.

② 동작원리

㉮ 정상 상태

내부 압력이 설정값 이하일 경우, 방압변은 닫혀 있으며 외부와 차단된다.

㉯ 이상 상태(내부 고장 발생)

아크 발생이나 고장전류로 인해 내부 절연유가 급격히 가열되면서 압력이 상승하여 일정 압력(0.5～0.8 kg/cm^2)을 초과하면 방압변이 열려 내부 압력을 해소하고 동시에 내장 접점이 닫혀 보호계전기를 통해 차단기에 트립 신호를 전달한다.

(2) 권선온도계(WTI, Winding Temperature Indicator)

① 개요

권선온도계는 변압기 권선의 직접적인 온도 측정이 어려운 점을 보완하기 위해 열영상(Thermal Image) 방식을 이용한 간접식 측온장치이다.

변압기 절연유 온도와 부하전류(BCT)를 조합하여, 실제 권선에 근접한 온도를 추정하여 계기에 표시하고 경보 및 트립 접점을 통해 보호 기능도 수행한다.

② 구성요소

구성요소	기능
시스형 감온부 (Capillary Thermometer)	상부 절연유에 설치되어 실제 온도 감지
Heating Coil (발열코일)	BCT 2차측 전류에 따라 발열 → 열 보정
Adjust Resister (조정 저항)	가열량 보정 (부하 특성에 따라 조정)
지시계기	측정된 온도를 계기로 지시 및 접점 연동

③ 동작원리

감온부는 변압기 상부의 절연유 내에 설치되어 절연유 온도를 감지하고, 동시에 BCT(부싱형 변류기) 2차측과 연결된 발열코일을 통해 부하전류에 비례한 보정열을 추가로 공급한다. 이렇게 함으로써, 실제 권선에서 발생하는 온도 상승효과를 반영한 실효 권선온도를 계기에 나타낼 수 있다.

④ 접점동작기준

접점 단계	동작 온도	동작 내용
1단계	65 ~ 70 ℃	제1그룹 냉각기(팬, 송유펌프) 기동
2단계	70 ~ 75 ℃	제2그룹 냉각기 추가 기동
3단계	약 95 ℃	과열 경보 발신
4단계	100 ~ 115 ℃	차단기 트립 (※ 345 kV 이상 계통에만 적용)

※ 냉각장치는 온도가 55 ℃ 이하로 하강하면 자동 정지되도록 정정 가능

참고 **※ 몰드변압기의 권선온도계**

① 개요

몰드변압기는 고체 절연(에폭시 레진) 방식으로 제작되기 때문에, 권선 온도 측정을 위해 열감지 센서(써미스터 또는 RTD)를 권선 내부에 삽입하여 온도를 직접 측정하는 직접식 온도계를 사용한다.

② 구성요소

구성요소	기능
온도 센서 (Thermistor)	권선 내부 또는 중심부에 삽입되어 실시간 온도 측정
온도 지시계 (Temperature Indicator)	디지털 또는 아날로그 계기로, 3상 온도를 실시간 표시
경보 및 트립 접점	설정 온도 도달 시 접점 동작하여 경보 또는 차단기 트립
냉각팬 제어 출력	일정 온도 이상 시 팬 구동 신호 출력 (자연냉각 + 강제냉각 겸용 시)

③ 설정 예시

설정기능	설정온도
1단계 경보 접점	120℃
2단계 경보 접점	140℃
트립 접점 (과열 차단)	150℃

※ 위 값은 변압기 정격 및 사양에 따라 조정됨

④ 설치위치

일반적으로 변압기가 설치되어 있는 큐비클 외함에 온도 지시계 설치하고, 내부에는 각 상별 온도센서(3개)가 권선 심부에 매입됨

(5) 유면계(Oil Level Indicator)

① 개요

유면계는 변압기 내부 절연유의 유면(기름 높이)를 상시 감시하는 장치로, 절연유의 누유나 증발에 따른 이상 감소를 조기에 감지하여 운전자의 점검 및 보충 판단을 돕는 계기이다.

주로 콘서베이터형 변압기의 유면 관측창 또는 지시계기로 설치되며, 일부 제품은 접점을 통해 경보 신호를 출력할 수 있다.

② 구성요소

구성요소	기능
Float(부력 장치)	절연유의 높이에 따라 위치가 달라짐
지시계기(Indicator Dial)	부력 장치의 움직임을 통해 유면 높이를 표시
접점 스위치(선택적)	유면이 최저치 이하 또는 최고치 이상일 때 경보 신호 출력

memo

Chap. 06

6.6kV 또는 3.3kV 고압반에 설치되는 계전기

1 개요

6.6 kV 또는 3.3 kV급 고압반에는 과전류보호 및 지락보호를 위한 계전기가 설치된다. 과전류 보호는 특고압반과 동일하게 과전류계전기(OCR)를 사용하며, 이는 한시탭(Time Dial), 시한설정(Lever), 순시탭(Instantaneous Tap) 등의 설정값을 통해 보호 특성을 정정한다.

지락 보호 방식은 중성점 접지 방식에 따라 계전기 종류가 달라진다.

- 비접지 방식에서는 지락 과전압계전기(OVGR, Over Voltage Ground Relay) 영상전압($3V_o$)을 검출하고, OVGR + 선택 지락 계전기(SGR, Selective Ground Relay) 조합을 통해 1선 지락 시 영상전류의 위상 각도를 비교 분석하여 지락 방향 및 위치를 판단한다.
- 저항접지 방식에서는 지락 과전류 계전기(OCGR)를 설치하며, 중성점 접지 저항기(NGR, Neutral Ground Resistor)를 통해 흐르는 제한된 지락전류를 검출하여 보호 동작을 수행한다.

본 장에서는 위와 같은 접지방식에 따른 지락보호 계전기를 중심으로 서술한다.

2 지락 과전압계전기 (OVGR, Over Voltage Ground Relay)

OVGR은 비접지 방식의 고압(3.3 kV, 6.6 kV 등) 또는 특고압 계통에서 1선 지락 발생 시 생성되는 영상전압(Zero-sequence Voltage, $3V_o$)을 검출하여 지락사고를 감시하거나 경보 또는 차단을 유도하는 보호계전기이다.

정상상태의 비접지 계통에서는 영상전압이 거의 발생하지 않으나, 1선 지락이 발생하면 건전상의 상전압이 정상보다 $\sqrt{3}$배 상승하게 되며, 이에 따라 영상전압이 발생한다.

OVGR은 이 영상전압을 검출하기 위해 접지전압변성기인 GVT(Grounding Voltage Transformer)를 사용한다.

1) GVT(Grounding Voltage Transformer)

(1) 용도

GVT는 비접지 배전계통에서 1선 지락 발생 시 영상전압을 검출하여 OVGR에 신호를 제공하는 역할을 한다.

(2) 3상 GVT 구성

① 1차측

Y결선으로 구성되며, VT 인근에서 중성점을 직접 접지하여 기준점을 형성한다.

② 2차측

Y결선으로 구성되며, 배전반 측에서 중성점을 접지하여 정상 상전압(R–S–T 간 전압)을 검출한다.

③ 3차측

Open Delta 결선(Broken Delta)으로 구성되며, 한 단자를 접지하여 영상전압(Zero–sequence Voltage)을 검출한다. 이 전압은 OVGR(지락 과전압계전기)로 입력되어 지락사고 여부를 감지하는 데 사용된다.

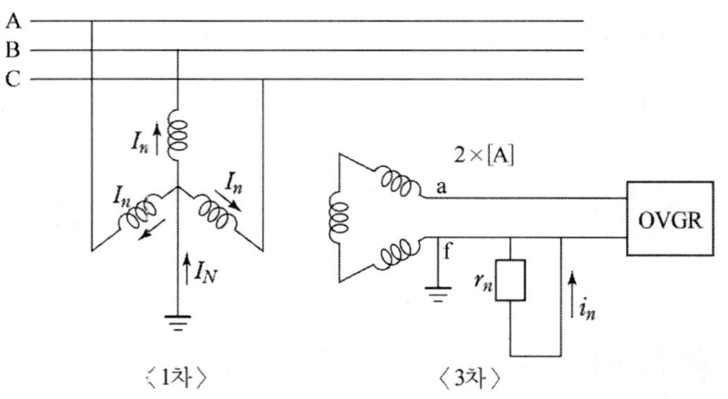

회로	결선방식	역할
1차 Y	VT 기준 형성	전압 검출용 기준점 제공(접지 필요)
2차 Y	상전압(R–S–T) 검출	계측 · 보호용
3차 Open △	영상전압(3Vo) 검출	OVGR 입력용

(2) 명칭 및 기능

① OVGR(Over Voltage Ground Relay) : 지락 과전압계전기

비접지 또는 고저항 접지계통에서 1선 지락 시 발생하는 영상전압(3Vo)을 검출하여 경보 또는 차단 명령을 출력하는 계전기

② r_n : 한류저항기(CLR, Current Limit Resistor)

- 지락전류를 적정 수준으로 제한하여 계통 및 설비 보호
- OVGR 또는 SGR 등 지락계전기 동작에 필요한 유효분 전류(Dynamic Current) I_N 을 공급
- 중성점에서의 L−C 공진(철공진) 발생을 억제하여 중성점 전위 불안정 현상 방지
- 제3고조파를 포함한 이상 고조파 억제를 통해 계통 안정화에 기여

(4) GVT 정격

공칭전압		3.3 kV	6.6 kV
정격전압	1차	$E_1 = \dfrac{3,300}{\sqrt{3}}$	$E_1 = \dfrac{6,600}{\sqrt{3}}$
	2차 및 3차	$E_3 = \dfrac{110}{\sqrt{3}} = \dfrac{190}{3} = 63.5[\text{V}]$	
권수비 $n = \dfrac{E_1}{E_3} = \dfrac{i_n}{I_n}$		$\dfrac{3,300/\sqrt{3}}{110/\sqrt{3}} = 30$	$\dfrac{6,600/\sqrt{3}}{110/\sqrt{3}} = 60$
한류저항 $r_n = \dfrac{3E_3}{i_n} = \dfrac{3E_3}{nI_n} = \dfrac{3E_1}{n^2 I_n} = \dfrac{3R_n}{n^2}$		50[Ω]	25[Ω] (50[Ω] 두 개 병렬)
1차 환산 저항 $R_n = \dfrac{E_1}{I_n} = \dfrac{r_n \times n^2}{3}$		$\dfrac{50 \times 30^2}{3} = 15,000[\Omega]$	$\dfrac{25 \times 60^2}{3} = 30,000[\Omega]$
접지측 환산 3상 일괄 등가저항 $R_N = \dfrac{E_1}{I_N} = \dfrac{E_1}{3I_n} = \dfrac{R_n}{3} = \dfrac{r_n \times n^2}{9}$		5,000[Ω]	10,000[Ω]
1선 완선지락시 유효전류 $I_N = \dfrac{E_1}{R_N} = 3I_n$		$\dfrac{3,300/\sqrt{3}}{5,000} = 0.381[\text{A}]$	$\dfrac{6,600/\sqrt{3}}{10,000} = 0.381[\text{A}]$

공칭전압	3.3 kV	6.6 kV
1선 완전지락시 3차 전류 $i_n = \frac{I_N \times n}{3} = \frac{3E_3}{r_n}$	$\frac{3 \times 110/\sqrt{3}}{50} = 3.81[\mathrm{A}]$	$\frac{3 \times 110/\sqrt{3}}{25} = 7.62[\mathrm{A}]$
CLR 용량 $W = i_n^2 r_n = 3E_3 i_n = E_1 I_N$	$3.81^2 \times 50 = 726[\mathrm{VA}]$	$\frac{6,600}{\sqrt{3}} \times 0.381 = 1,452[\mathrm{VA}]$
CLR 정격	1 kW	2 kW
정격시간	30 sec	30 sec

[비고] · $I_N = 0.381[\mathrm{A}] = 381[\mathrm{mA}]$

· GVT의 1차측은 비록 직접 접지되어 있지만 3차측의 한류저항을 1차 접지측으로 환산한 저항값은 3.3[kV] 및 6.6[kV] 계통 각각 5,000[Ω] 및 10,000[Ω]의 고저항 접지로서 비접지방식과 마찬가지다.

· GR은 380[mA] 부근에서 가장 감도가 높다.

· 기술기준에서 전기공작물의 지락전류는 0.5[A] 이하일 것

(5) 전압벡터의 방향

① 결선도

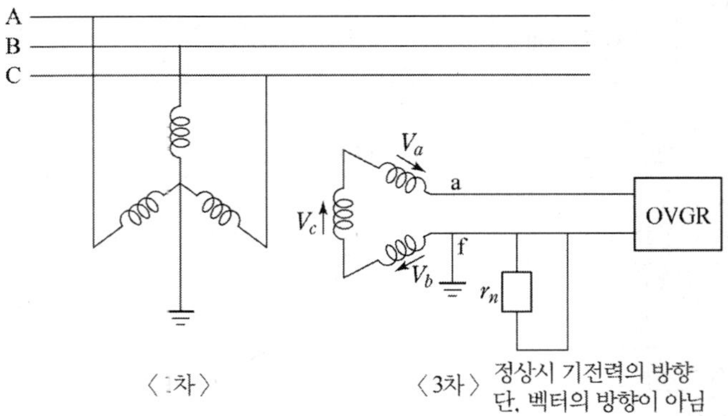

② 3차측 전압 벡터도

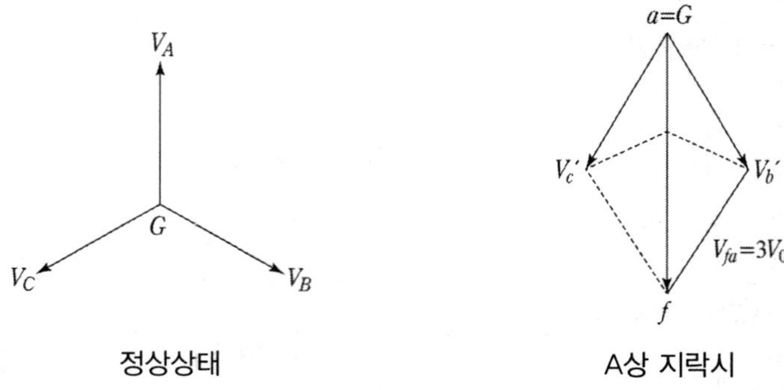

그림은 비접지 계통에서 GVT를 통해 측정되는 3차측 전압의 벡터도를 나타낸 것이다. 왼쪽은 정상 상태에서 3상 전압(V_a, V_b, V_c) 정삼각형을 이루며, 중성점 G를 기준으로 대칭을 유지하는 상태이다.

오른쪽 그림은 A상과 대지 간의 완전 지락(A-G 지락)이 발생한 경우를 나타낸다. 이때 A상의 전위는 지면 전위와 같아지므로, 위상전압 $V_a = 0$ 이 된다. 이로 인해 건전상인 B상과 C상의 전위가 상대적으로 상승하게 되며, 그 결과 계통의 영상중성점(a = G)이 정상중성점(G) 기준으로 이동하고, 이에 따라 영상전압($3V_0$)이 발생하게 된다.

이때 영상전압 $3V_0$는 벡터 도식에서 건전상 전압 V_b'와 V_c'의 합 벡터의 종점이 가리키는 방향으로 나타난다.

따라서 지락이 발생한 A상의 지락점(f)에서 정상상태의 영상중성점 a=G까지 향하는 전위차는 다음과 같다.

$$V_{fa} = 3V_0$$

이 벡터는 지락점에서 영상중성점 방향으로 향하는 영상전압 벡터이며, GVT의 3차측 Open-Delta 결선에서 검출되며, OVGR은 이를 기준으로 동작하게 된다.

참고 **※ 선간전압의 표현**

$\dot{V}_{ab} = \dot{V}_a - \dot{V}_b$: b에서 a로 향하는 벡터

$\dot{V}_{bc} = \dot{V}_b - \dot{V}_c$: c에서 b로 향하는 벡터

$\dot{V}_{ca} = \dot{V}_c - \dot{V}_a$: a에서 c로 향하는 벡터

따라서, 선간전압의 표현에 따라

$\dot{V}_{fa} = \dot{V}_f - \dot{V}_a$: a에서 f로 향하는 벡터 방향이 된다.

(6) GVT의 전압 벡터의 크기

	1차측	3차측
정상 상태	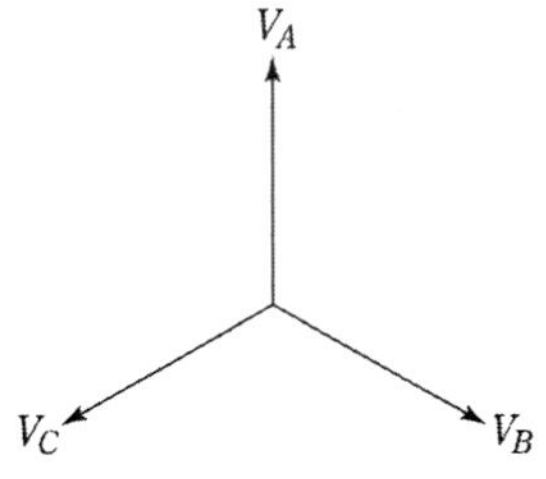 V_A V_C V_B	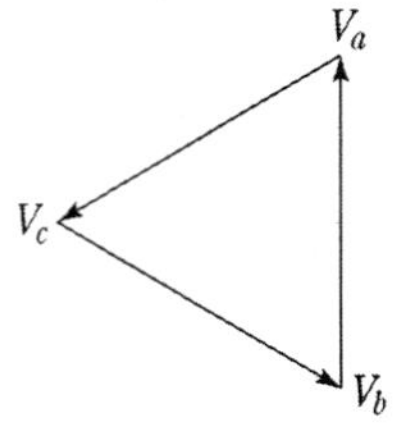 V_a V_c V_b

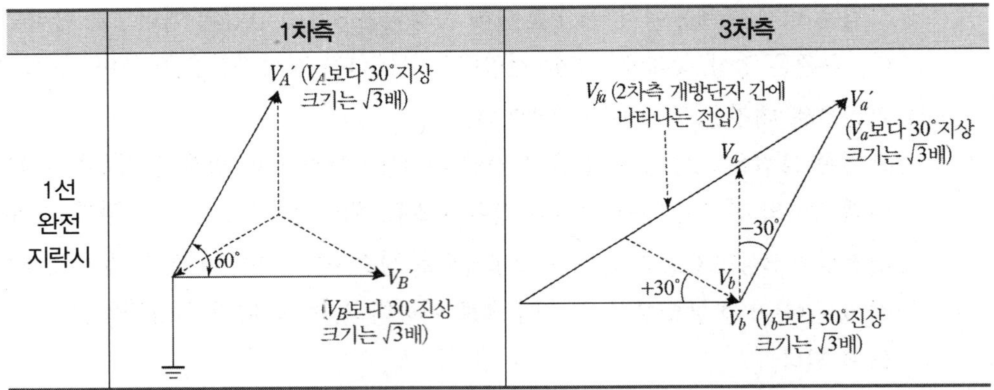

① 정상상태

㉮ 1차측

– 각 상의 대지전위 : $V_A = V_B = V_C = \dfrac{V}{\sqrt{3}}$

– 각 상간의 위상차는 120°

㉯ 3차측

– $V_A = V_B = V_C = \dfrac{110}{\sqrt{3}} = 63.5[\mathrm{V}]$

지락표시등(EL, Earthing Lamp)의 정격은 110[V]이므로 3상 모두 희미하게 켜진 상태임

– 지락 과전압계전기 양단의 전압 V_{fa} 는 0[V]임

② 1선(C상) 완전 지락시

㉮ 1차측

– $V_C' = 0$

– $V_A' = \dot{V}_A \times \sqrt{3} \angle -30°$

A상의 대지전위는 $\dot{V}_A$ 에 비하여 크기는 $\sqrt{3}$ 배 커지고, 위상은 30°뒤진다.

– $V_B' = \dot{V}_B \times \sqrt{3} \angle 30°$

B상의 대지전위는 $\dot{V}_B$ 에 비하여 크기는 $\sqrt{3}$ 배 커지고, 위상은 30°앞선다.

이때, A상 대지전위 V_A'와 B상 대지전위 V_B'간의 위상차는 60°가 된다.

㉯ 3차측

– $V_c' = 0$ → C상(지락상)의 표시등은 꺼진다.

– $V_a' = \dot{V}_a \times \sqrt{3} \angle -30° = \dfrac{110}{\sqrt{3}} \times \sqrt{3} \angle -30° = 110 \angle -30°$

a상의 대지전위는 $\dot{V}_a$에 비하여 크기는 $\sqrt{3}$배 커지고, 위상은 30° 뒤진다.

이때 a상의 표시등은 정격전압 110[V]가 인가되므로 밝아진다.

– $V_b{}' = \dot{V}_b \times \sqrt{3} \angle 30° = \dfrac{110}{\sqrt{3}} \times \sqrt{3} \angle 30° = 110 \angle 30°$

b상의 대지전위는 $\dot{V}_b$에 비하여 크기는 $\sqrt{3}$배 커지고, 위상은 30° 앞선다.

이때 b상의 표시등은 정격전압 110[V]가 인가되므로 밝아진다.

– 지락 과전압계전기 양단의 전압

아래 그림에서 $V_a{}' = 110[\mathrm{V}]$와 $V_b{}' = 110[\mathrm{V}]$와의 사이각은 $\theta = 120°$ 이므로 a에서 f로 향하는 전압 V_{fa}의 크기는 다음과 같다.

$$\begin{aligned} V_{fa} &= \sqrt{V_a{}' + V_b{}' - 2V_a{}' V_b{}' \cos\theta} \\ &= \sqrt{110^2 + 110^2 - 2 \times 110 \times 110 \times \cos 120°} \\ &= 110\sqrt{3} = 190[\mathrm{V}] \end{aligned}$$

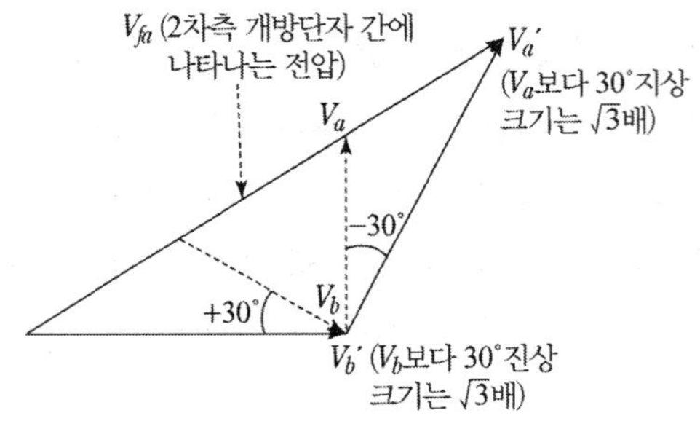

또는 위 벡터를 다음처럼 고쳐 그리면

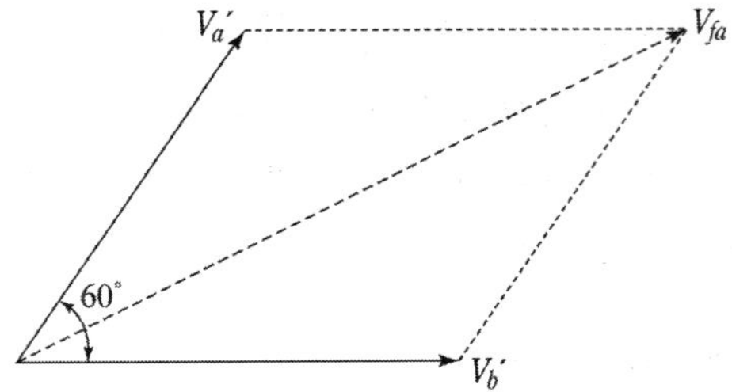

이때 $V_a{}'$와 $V_b{}'$의 위상차는 60°이고, $\dot{V}_{fa} = \dot{V}_a{}' + \dot{V}_b{}'$ 이므로 그 크기는 다음 식에 의해서 구할 수 있다.

$$V_{fa} = \sqrt{V_a{}' + V_b{}' + 2V_a{}' V_b{}' \cos\theta}$$

$$= \sqrt{110^2 + 110^2 + 2 \times 110 \times 110 \times \cos 60°}$$
$$= 110\sqrt{3} = 190[V]$$

따라서, 3차측 전압 V_{fa}가 완전지락시 $V_0 = 63.5[V]$의 3배이며, 방향은 고장 전 C상의 전압 $\dot{V}_c$와 반대 방향이므로 $V_{fa} = 3V_0$가 된다.

이와 반대 방향인 $V_{af} = -V_{fa} = -3V_0 = -3 \times 63.5 = -190[V]$ 이다.

③ 지락상의 판별

㉮ 1선 완전지락시

지락상의 전압은 영이 되고 나머지 상들의 전압은 정격전압 110[V]가 되므로 램프(EL)가 꺼진 상을 지락상으로 판단하면 된다.

㉯ 1선 불완전 지락시

- 1선 지락시 나머지 두 건전상의 대지전위는 약간 차이가 난다.
  - a상(기준) 지락시 → b상(lag) 대지전위 $V_b < c$상(lead) 대지전위 V_c
  - b상(기준) 지락시 → c상(lag) 대지전위 $V_c < a$상(lead) 대지전위 V_a
  - c상(기준) 지락시 → a상(lag) 대지전위 $V_a < b$상(lead) 대지전위 V_b
- 즉, 지락상보다 앞선 상의 전위가 지락상보다 뒤진 상에 비하여 전위가 약간 더 높다. 따라서 고장 임피던스가 고저항인 불완전 지락시에는 지락상의 램프는 약간 어두워지고 나머지 상들의 램프는 평상시보다 더 밝아지는데 이때 상순으로 램프가 가장 밝은 상의 다음 상을 지락상으로 판정하면 된다.

2) OVGR의 정정

(1) 영상전압(Tap) 설정

OVGR은 비접지 계통에서 지락 발생 시 생기는 영상전압($3V_o$)을 감지하여 동작하는 계전기로, 영상전압이 일정 설정값(Tap)을 초과하면 동작한다. 이때 Tap 설정값은 계통 특성과 정상 상태에서의 영상전압 변동 수준, 절연 레벨, 오동작 방지 등을 종합적으로 고려하여 선정해야 한다.

① 영상전압(Tap) 설정의 목적

㉮ 지락 사고의 정확한 검출

㉯ 정상 운전 중 오동작 방지

전력 계통에서는 코로나 방전, 철공진, 개폐서지 등으로 인해 순간적으로 영상전압이 발생할 수 있다. Tap 값을 너무 낮게 설정하면 이러한 비정상적이지만 지락이 아닌 상황에서도 계전기가 오동작할 수 있으므로 적절한 Tap 설정을 통해 이러한 잡음성 영상전압이나 과도 전압으로 인한 불필요한 동작을 방지한다.

② 영상전압(Tap) 설정

영상전압(Tap)은 1선 지락시 발생하는 최댜 영상전압의 20～40 % 수준으로 설정하는 것이 일반적이다.

$$V_{Tap} = \alpha \cdot V_{\max}$$

여기서, V_{Tap} : OVGR 영상전압 설정값(Tap)

$V_{\max}$: 1선 지락시 최대 영상전압(190 V)

α : 설정계수(일반적으로 $0.2 \leq \alpha \leq 0.4$)

|계산 예| 만약 1선 지락 시 최대 영상전압이 $V_{\max} = 190\,\text{V}$일 경우
$\alpha = 0.3 \rightarrow V_{Tap} = 0.3 \times 190 = 57\ \text{V}$

(2) OVGR 시한 설정

고압 비접지 계통에서 OVGR의 동작 시한은 일반적으로 0.2초～2.0초 이하로 설정

3) 메인 OVGR, 분기회로 SGR조합

선택차단(Selective Ground Fault Interruption)이란, 지락 발생 시 모든 회로를 차단하는 것이 아니라, 지락이 실제 발생한 회로만을 정확히 식별하여 해당 회로만 차단하는 방식이다. 이때, OVGR은 전체 계통에서 영상전압이 발생했는지만 감지SGR은 영상전류(I_0)의 위상과 OVGR의 영상전압 위상을 비교하여, 지락이 자신이 보호하는 회로인지 판단하여 실제 지락 회로로 판단되면 SGR이 직접 트립 신호를 출력하고, 나머지 회로는 비동작한다.

구 분	메인 OVGR	분기 SGR
설치 위치	계통 모선 측(고압반 메인)	각 분기 회로 또는 부하 측
역활	전체 계통에서 지락 발생 감시 (영상전압 검출)	지락이 실제 발생한 회로만 정확히 판별하여 차단
동작시 기능	경보 출력용, 차단은 하지 않음	차단 동작 수행(선택차단)
필요성	1선 지락시 전체 정전 방지, 지락 회로만 차단	지락 지점 선택 차단으로 설비 운전 연속성 확보

3 선택지락 계전기 (SGR, Selective Ground Relay)

선택지락계전기는 비접지 또는 고저항 접지계통에서 지락사고 발생 시 실제 지락이 발생한 회로를 판별하여 해당 회로만 선택적으로 차단하기 위한 보호계전기이다.

비접지식 계통에서는 1선 지락 발생 시 전체 계통에 영상전압이 발생하지만, 어느 회로에서 지락이 발생했는지는 OVGR만으로는 식별할 수 없다.

이를 해결하기 위해 각 분기회로에 설치된 SGR은 OVGR이 측정한 영상전압($3V_0$)과 해당 회로를 흐르는 영상전류(I_0)의 위상차를 비교하여 지락이 자기가 보호하는 회로에서 발생했는지를 판별한다.

이 원리는 지락전류와 영상전압이 동상 또는 반대 위상으로 나타나는 위상관계를 이용한 것으로, SGR은 이 비교 결과에 따라 자기회로만 선택적으로 차단하게 된다.

이를 통해 지락 시에도 비고장 회로는 계속 운전할 수 있어 계통의 연속성과 신뢰성을 높이는 데 기여한다.

1) 주요기능

① 영상전압과 영상전류의 위상 비교를 통한 지락 구간 판별

② 지락 회로만 차단하는 선택차단 기능

③ OVGR와 조합 구성(OVGR : 영상전압 공급 / SGR : 위상 판단 및 트립 출력)

④ 비접지 및 고저항 접지 방식 계통에 적합

2) 동작원리 기본개념

(1) 영상전압 검출

GVT의 3차측(Open Delta)에서 영상전압 $3V_0$를 검출함

(2) 영상전류 검출

각 분기 회로의 ZCT 에서 영상전류(I_0)를 검출함

(3) 위상비교

영상전압과 영상전류의 위상(θ)을 비교함

(4) 지락판단기준

일반적으로 지락 회로에서는 영상전압과 영상전류에 대해 동위상 또는 ±10～30° 이내의 위상차를 보인다.

(5) 선택차단

위상 조건을 만족할 경우, 해당 회로의 SGR만 동작하여 트립 명령을 출력하고, 나머지 회로는 비동작함.

3) 비접지계통의 지락전류(영상전류) 분포도

(1) 비접지계통의 지락고장 구성도

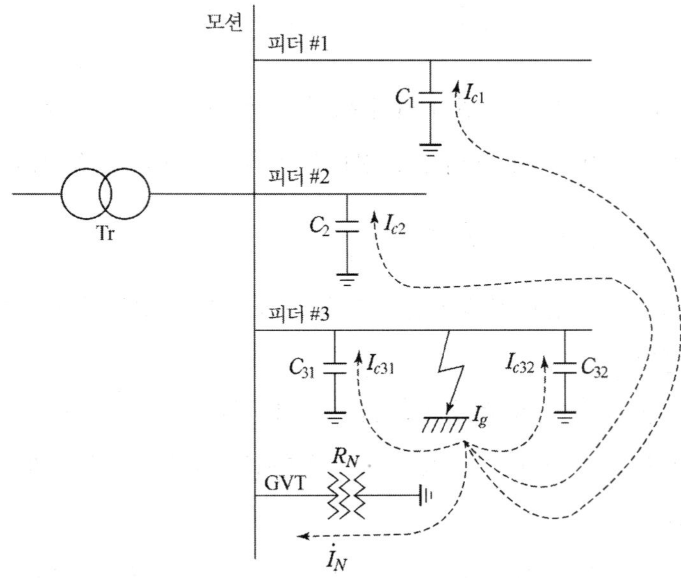

(2) 각 Feeder별 고장전류 분포도

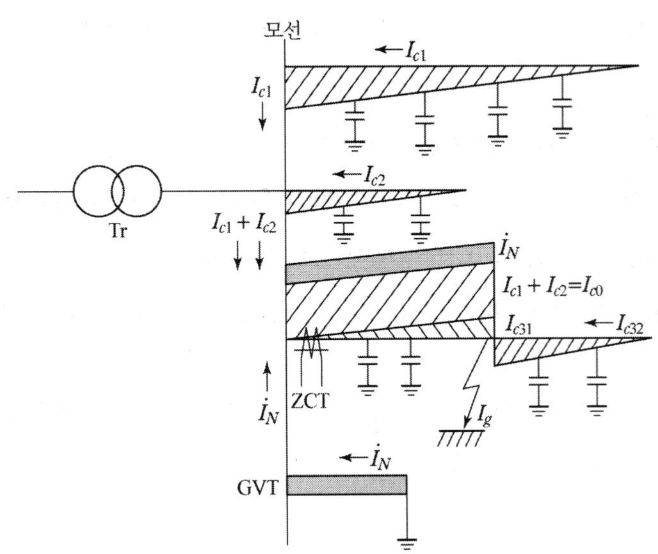

(3) 전류 벡터도

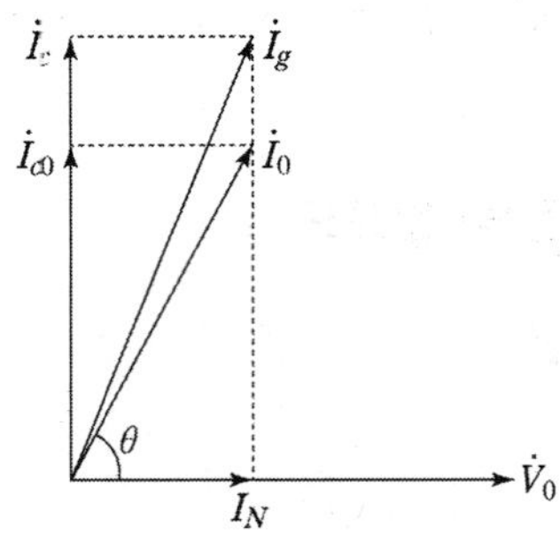

① 피더 #3에서 지락사고 발생시 피더 #1과 피더 #2의 충전전류 $\dot{I}_{c1}$과 $\dot{I}_{c2}$는 변압기를 귀로로 하여 고장점으로 흐른다. 고장회선 이외의 피더의 충전전류의 합을 $\dot{I}_{c0}$라 두면

$$\dot{I}_{c0} = \dot{I}_{c1} + \dot{I}_{c2} \text{ 임}$$

② GVT의 중성점을 통하여 흐르는 유효전류 I_N도 역시 변압기를 귀로로 하여 고장점으로 흐른다.

③ 고장회선인 피더 #3의 충전전류 $\dot{I}_{c3}$는 고장점의 좌우로 분류하는데 이를 각각 $\dot{I}_{c31}$ 및 $\dot{I}_{c32}$라 두면 고장전류 및 ZCT에서 검출되는 영상전류의 관계는 다음과 같다.

– 고장전류 I_g

$$\dot{I}_g = \dot{I}_N + \dot{I}_{c1} + \dot{I}_{c2} + \dot{I}_{c3} = \dot{I}_N + \dot{I}_{c1} + \dot{I}_{c2} + \dot{I}_{c31} + \dot{I}_{c32} = \dot{I}_N + \dot{I}_c$$

– ZCT에 검출되는 영상전류 I_0

$$\dot{I}_o = \dot{I}_N + \dot{I}_{co} = \dot{I}_N + \dot{I}_{c1} + \dot{I}_{c2} = V_o\left\{\frac{1}{R_N} + j\omega(C_1 + C_2)\right\}$$

단, C_1, C_2는 3상 일괄 대지 정전용량

④ 고장회선의 SGR에 입력이 되는 전류는 ZCT가 모선으로부터 고장회선이 인출되는 점에 위치하고 있기 때문에 $\dot{I}_{c3}$는 검출이 되지 않고 고장회선을 제외한 나머지 피더만의 충전전류 $\dot{I}_{c0}$와 유효전류 I_N의 합인 $\dot{I}_0$가 된다.

⑤ 영상전압 $\dot{V}_0$와 영상전류 $\dot{I}_0$ 또는 지락전류 $\dot{I}_g$간의 위상차 θ는 다음과 같다.

$$\theta_o = \tan^{-1}\left\{\frac{\omega(C_1 + C_2)}{\frac{1}{R_N}}\right\} = \tan^{-1}\ \{\omega(C_1 + C_2)R_N\}$$

또는

$$\theta_g = \tan^{-1}\{\omega(C_1 + C_2 + C_3)R_N\}$$

그러나 일반적으로 $\dot{I}_o \fallingdotseq \dot{I}_g$이므로 대개는 $\dot{I}_0$ 대신 $\dot{I}_g$를 사용한다.

4) SGR의 지락전류 및 영상전압

(1) 비접지계통의 지락사고 구성도

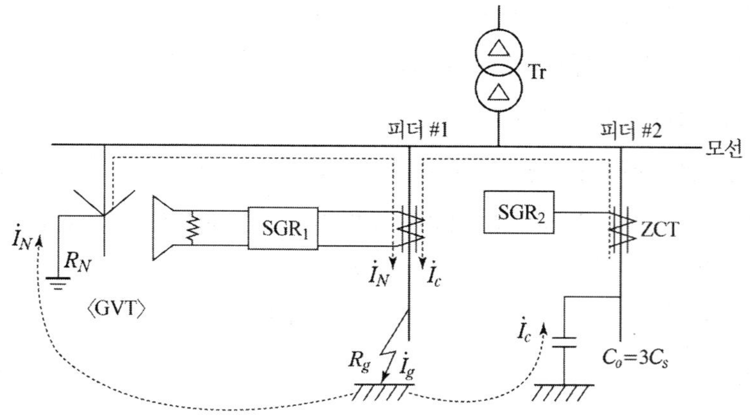

(2) 지락고장 등가회로도

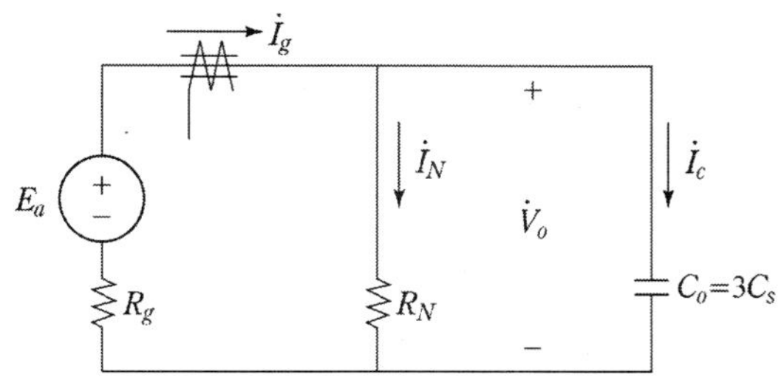

※ 등가회로 작성
- 전원측을 단락하고 3상을 단상으로 취급한다.
- 지락점에 정상대지전압 및 고장저항을 삽입한다.
- $\dot{Z}_o = R_N // \dfrac{1}{j3\omega C_s}$

- E_a : 정상시 대지(상)전압, 완전지락시 영상전압
- R_N : GVT 3차의 한류저항 r_n을 1차 중성점측으로 환산한 저항.(n : 권수비)

  3.3[kV] 계통 → $R_N = \dfrac{n^2 r_n}{9} = \dfrac{30^2 \times 50}{9} = 5{,}000[\Omega]$

  6.6[kV] 계통 → $R_N = \dfrac{n^2 r_n}{9} = \dfrac{60^2 \times 25}{9} = 10{,}000[\Omega]$

  설치된 GVT가 여러 대일 경우 GVT 대수만큼 병렬 합성값이 된다.
- R_g : 지락점 고장저항(검출감도)

  3.3[kV] 계통 → $R_g \fallingdotseq 2 \sim 4$[kΩ] 정도

6.6[kV] 계통 → R_g ≒ 4 ~ 6[kΩ] 정도까지 검출할 수 있는 감도가 바람직하다.

- C_s : 비접지계통 전체 선로의 한 상당 대지(자기) 정전용량. 단심 케이블 및 각 심별로 차폐가 된 3심 케이블의 경우 상호(선간) 정전용량은 없다.
- $C_o = 3C_s$: 3상 일괄 대지 정전용량
- $\dot{V}_0$: 지락사고시 GVT에서 검출되는 영상전압
- $\dot{I}_g$: 지락전류($\dot{I}_g = \dot{I}_N + \dot{I}_c$)
- $\dot{I}_N$: GVT의 중성점을 통하여 흐르는 전류(인위적 접지전류). 영상전압 V_0와 동상. GVT 한 대당 최대 381[mA] 이하이다.
- $\dot{I}_c$: 3상 일괄 대지 충전전류. 영상전압 V_0보다 90° 진상. 자가용 전기설비의 배전계통은 일반적으로 케이블 선로이므로 가공선로에 비하여 충전전류가 크다.
  3.3[kV] 케이블 계통 → 0.6~1.5[A/km]
  6.6[kV] 케이블 계통 → 0.9~2.0[A/km]

(3) 영상전압

① GVT 1차측

$$V_{o1} = \frac{Z_o}{Z_o + R_g} \times E_a = \frac{\dfrac{1}{\dfrac{1}{R_N} + j3\omega C_s}}{\dfrac{1}{\dfrac{1}{R_N} + j3\omega C_s} + R_g} \times E_a$$

$$= \frac{E_a}{\left(1 + \dfrac{R_g}{R_N}\right) + j3\omega C_s R_g} = \frac{E_a}{\left(1 + \dfrac{R_g}{R_N}\right) + j\omega C_o R_g}$$

$$= \frac{E_a}{\left(1 + \dfrac{R_g}{R_N}\right) + j\dfrac{I_c}{E_a} R_g}$$

단, $I_c = 3\omega C_s E_a = \omega C_o E_a$ $[A]$는 완전 지락시의 최대 충전전류

② GVT 3차측

$$V_{o3} = \frac{3}{n} V_{o1} = \frac{3E_a}{n\left\{\left(1 + \dfrac{R_g}{R_N}\right) + j3\omega C_s R_g\right\}} = \frac{3E_a}{n\left\{\left(1 + \dfrac{R_g}{R_N}\right) + j\dfrac{I_c}{E_a} R_g\right\}}$$

(4) 1선지락전류 $\dot{I}_g$

$$\dot{I}_g = \frac{3E_a}{\dot{Z}_o + \dot{Z}_1 + \dot{Z}_2 + 3R_g}$$

일반적으로 자가용 설비계통은 직접접지방식인 경우를 제외하고 $\dot{Z}_o \gg \dot{Z}_1$, $\dot{Z}_2$이고, 영상분은 $\dot{Z}_o \fallingdotseq 3R_N // \frac{1}{j\omega C_s} = \frac{1}{\frac{1}{3R_N} + j\omega C_s}$ 이므로

$$\dot{I}_g \fallingdotseq \frac{3E_a}{\dot{Z}_o + 3R_g} = \frac{3E_a}{\frac{1}{\frac{1}{3R_N} + j\omega C_s} + 3R_g}$$

$$= \frac{\left(\frac{1}{3R_N} + j\omega C_s\right) \times 3E_a}{1 + \left(\frac{1}{3R_N} + j\omega C_s\right) \times 3R_g} = \frac{\left(\frac{1}{R_N} + j3\omega C_s\right)E_a}{\left(1 + \frac{R_g}{R_N}\right) + j3\omega C_s R_g}$$

$$= \frac{\left(\frac{1}{R_N} + j\omega C_o\right)E_a}{\left(1 + \frac{R_g}{R_N}\right) + j\omega C_o R_g} = \frac{\frac{E_a}{R_N} + jI_c}{\left(1 + \frac{R_g}{R_N}\right) + j\frac{I_c}{E_a}R_g}$$

$$= \left(\frac{1}{R_N} + j\omega C_o\right)V_{o1}$$

또는 등가회로에서 나머지 임피던스 요소를 무시하고 직접 구해보면 대지 정전용량은 3상 일괄 값을 사용하여야 하므로

$$\dot{I}_g = \frac{E_a}{R_g + R_N // \frac{1}{j3\omega C_s}} = \frac{E_a}{R_g + \frac{1}{\frac{1}{R_N} + j3\omega C_s}}$$

$$= \frac{\left(\frac{1}{R_N} + j3\omega C_s\right)E_a}{\frac{R_g}{R_N} + j3\omega C_s R_g + 1}$$

으로서 앞서 구한값과 일치한다.

(5) SGR의 동작력

ZCT의 전류 I_g 및 GVT의 전압 V_{03}가 SGR의 입력이 되는데 각각의 크기와 위상차 θ에 의하여 방향 판별 및 동작력이 얻어진다.

$$\theta = \tan^{-1}\frac{\dot{I}_g}{\dot{V}_{o3}} = \tan^{-1}\left\{\frac{n}{3}\left(\frac{1}{R_N}+j3\omega C_s\right)\right\}$$

$$= \tan^{-1}\frac{3\omega C_s}{\frac{1}{R_N}} = \tan^{-1}\left(\frac{I_c R_N}{E_a}\right)$$

(6) SGR의 위상특성

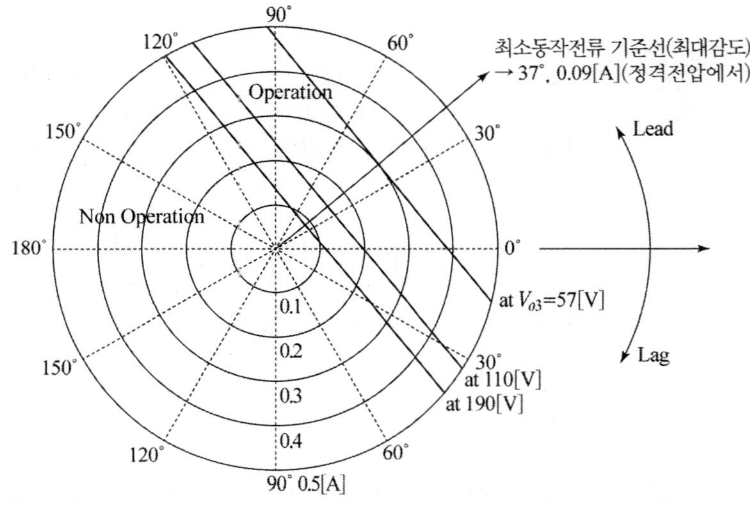

① 위상 특성곡선이란 임의의 전압을 기준으로 하고 전류의 위상을 변화시켰을 때 동작전류값이 되는 점들을 연결한 것으로서 위 곡선은 SGR의 위상 특성곡선의 일례를 보인 것이다.

② 정격전압 : 190[V]

③ 최대 감도각(MTA, Maximum Torque Angle) : $\theta_m = 37°$(lead)

④ 최소 동작전류(최대감도) : 위상각$\theta = 37°$(lead), $I_0 = 0.09$[A]($V = 190$[V])

⑤ 최소 동작력 : $V_{03}I_0\cos(\theta - \theta_m) = 190 \times 0.09 \times \cos(37° - 37°) = 17.1$[W]

즉, 사고시 전압과 전류 및 역률의 곱은 17.1[W] 이상일 것

⑥ 110[V]일 때는 최소 동작전류는

위상각 $\theta = 37°$(lead)에서 $I_0 = 0.09 \times \frac{190}{110} = 0.16$[A] 이상이면 동작

위상각 $\theta = 0°$(동상)일 때는 $\frac{0.16}{\cos 37°} = 0.2$[A] 이상이어야 동작한다.

⑦ 전압이 57[V]일 때는 위상각 θ = 37°(lead)에서 $I_o = 0.09 \times \frac{190}{57} = 0.3$[A] 이상이어야 동작한다.

⑧ 선로 구성이 가공선인가 혹은 케이블 선로인가에 따라서 충전전류 I_c가 크게 차이가 나며, Maker별로 SGR의 위상특성의 종류는 용도에 따라서 다양하다. 특히 디지털 계전기는 최대 감도각 등을 폭 넓게 조절할 수 있다.

⑨ 120°이상 진상이거나 40°이상 지상인 경우에는 전류의 크기에 관계없이 동작하지 않는다. 아래와 같은 계통도에서

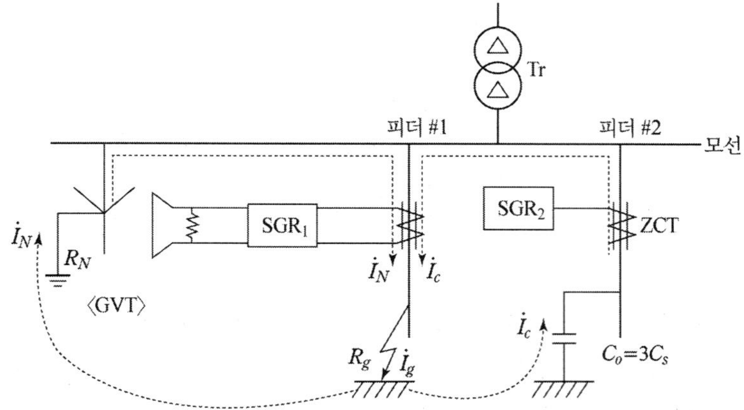

⑩ 피더 #1의 전류가 $\dot{I}_1 = \dot{I}_g = \dot{I}_N + \dot{I}_c$ 라면 피더 #2의 전류는 $\dot{I}_2 = -\dot{I}_c$ 인 셈이다. 이를 위상 곡선상에 나타내면 다음과 같다.

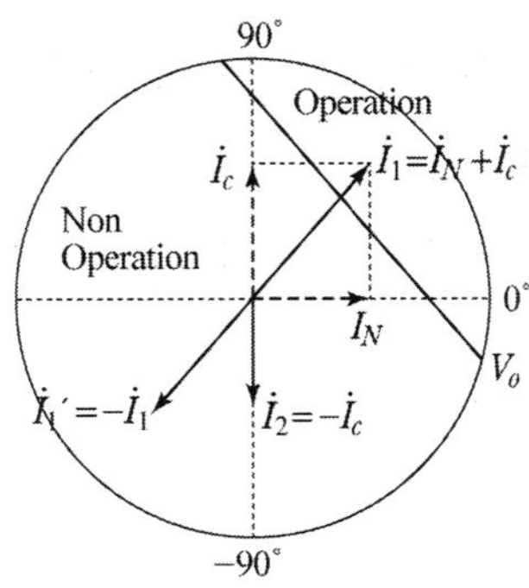

⑪ $\dot{I}_1 = I_N + I_c$는 동작역에 위치하므로 SGR_1은 동작한다.(정동작)

⑫ $\dot{I}_2 = -I_c$는 부동작역에 위치하므로 SGR_2는 동작하지 않는다.(정부동작)

⑬ 만약, SGR_1의 ZCT가 오결선된 경우라면 $\dot{I}_1' = -\dot{I}_1$가 되므로 동작하지 않는다. (오부동작)

⑭ SGR_2의 ZCT가 오결선된 경우에는 $\dot{I}_2' = I_c$가 되고, 이때 I_c의 크기에 따라서 혹은 V_0의 크기에 따라서 오동작할 가능성이 있다.

(7) SGR의 특성

① 전압 – 전류 특성의 예

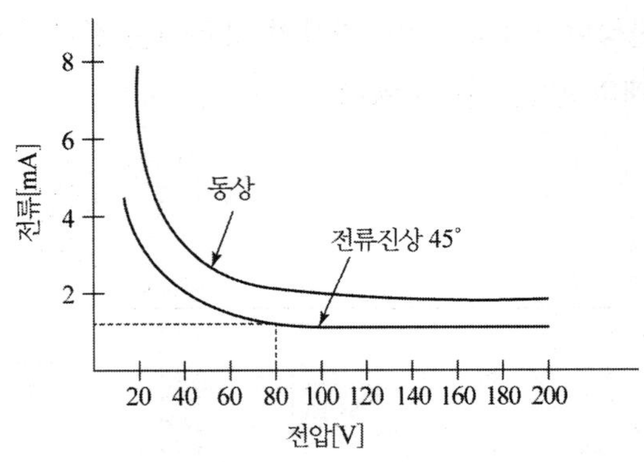

㉮ SGR의 전압코일에 걸리는 전압을 횡축에, 전류코일에 흐르는 전류를 종축에 표시하고, 각각 45° 진상전류와 동상전류에 대한 특성을 나타낸 예이다.

㉯ 전압이 100[V]이고 45° 진상전류일 때는 1.2[mA] 이상의 전류가 흐르면 동작하고, 동상전류이면 $\dfrac{1.2}{\cos 45°} = 1.7$[mA] 이상이어야 동작한다.

㉰ 경미한 지락사고일 때는 전압 및 전류가 작아서 동작이 곤란해지는 것에 대한 대책으로 전압억제 기능을 부가해서 정격전압의 20[%]와 90[%]에서 동작전류가 같아지도록 하여 저전압시의 감도를 높인다.

② 동작시간 – 전류 특성의 예

정격전압 190[V], 최대감도 위상각 40°, 300[mA]의 전류가 흐를 때 동작시간은 약 4.5초이다.

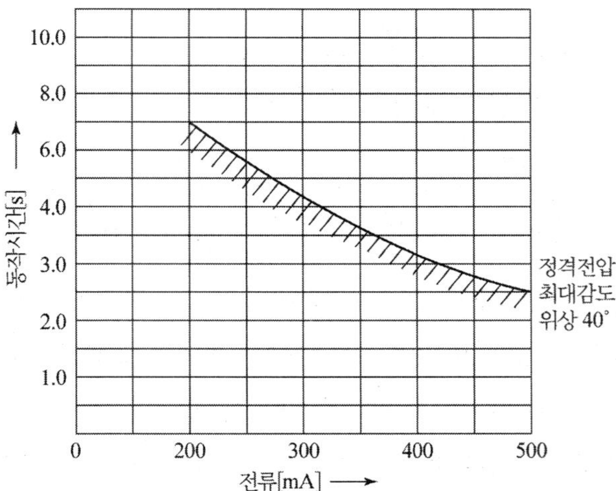

(8) 1선 완전지락일 경우 → $R_g = 0$

① 전류식에서 $R_g = 0$로 둔다. 또는 등가회로도에서

$$\dot{I_g} = \dot{I_N} + \dot{I_c} = \frac{E_a}{R_N} + j3\omega C_s E_a = \left(\frac{1}{R_N} + j3\omega C_s\right) E_a$$

$$= \sqrt{I_N^2 + I_c^2} \angle \theta = I_g \angle \theta$$

- 크기 : $I_g = \sqrt{I_N^2 + I_c^2} = \sqrt{0.381^2 + I_c^2}$
- 위상 : $\theta = \tan^{-1}\frac{I_c}{I_N} = \tan^{-1}(3\omega C_s R_N)$

② $V_{01} = E_a$

③ $V_{03} = \dfrac{3E_a}{n}$

- 3.3[kV] 계통 → $V_{03} = \dfrac{3E_a}{n} = \dfrac{3 \times \dfrac{3,300}{\sqrt{3}}}{30} = 190.5[\text{V}]$
- 6.63[kV] 계통 → $V_{03} = \dfrac{3E_a}{n} = \dfrac{3 \times \dfrac{6,600}{\sqrt{3}}}{60} = 190.5[\text{V}]$

(9) 불완전지락시 → $R_g \neq 0$

① $I_g = \dfrac{\left(\dfrac{1}{R_N} + j3\omega C_s\right) E_a}{\left(1 + \dfrac{R_g}{R_N}\right) + j3\omega C_s R_g} = \dfrac{\left(\dfrac{1}{R_N} + j\omega C_o\right) E_a}{\left(1 + \dfrac{R_g}{R_N}\right) + j\omega C_o R_g} = \dfrac{\dfrac{E_a}{R_N} + jI_c}{\left(1 + \dfrac{R_g}{R_N}\right) + j\dfrac{I_c}{E_a} R_g}$

② $V_{03} = \frac{3}{n} V_{01} = \frac{3E_a}{n\left\{\left(1+\frac{R_g}{R_N}\right) + j3\omega C_s R_g\right\}}$

$= \frac{3E_a}{n\left\{\left(1+\frac{R_g}{R_N}\right) + j\omega C_o R_g\right\}} = \frac{3E_a}{n\left\{\left(1+\frac{R_g}{R_N}\right) + j\frac{I_c}{E_a} R_g\right\}}$

③ 고장점 저항 R_g가 클수록 전류 I_g 및 전압 V_{03}가 작아지므로 감도가 낮아진다.

④ 케이블 배선의 길이가 길어지면 $C_0 = 3C_s$, 즉 최대 충전전류 $I_c = \omega C_0 E_a$가 커지므로 영상전압 V_{03}가 작아져서 감도가 낮아진다.

⑤ GVT 대수가 증가하거나 주 변압기를 저항접지로 운전할 경우 병렬 합성저항인 R_N이 감소하므로 역시 영상전압 V_{03}가 작아져서 감도가 낮아진다.

(10) 지락보호 협조

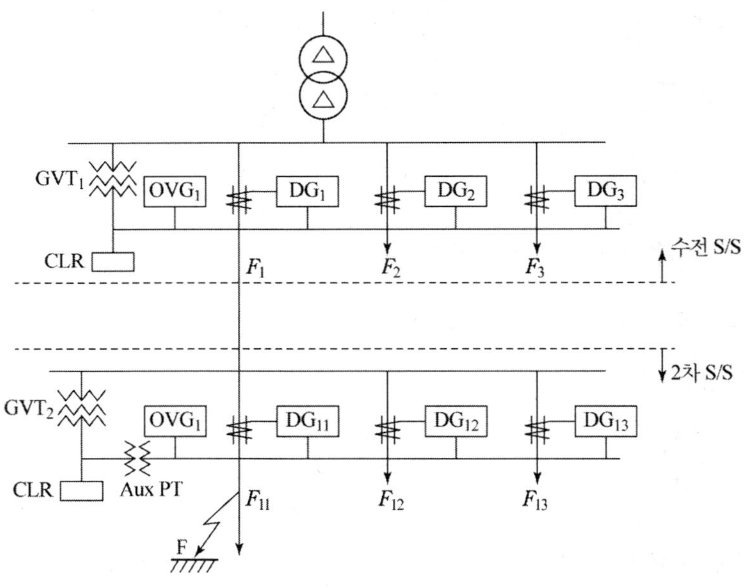

① 비접지계의 지락방향계전기(DG)는 소세력형이므로 아날로그계전기의 경우 접점 간격이 좁아서 기계적 진동에 의한 오동작이나 선로의 영상잔류전압에 의한 오동작 우려가 있는데 이를 방지하기 위하여 지락방향계전기 회로에 지락과전압계전기(OVGR)의 접점을 직렬로 사용하여 영상전압 검출요소로 사용한다.

② 동일 접지계통에서 몇 단으로 분기되어 있는 경우 전원측 지락방향계전기 DG_1, DG_2, DG_3와 부하측 지락방향계전기 DG_{11}, DG_{12}, DG_{13}간의 동작시간 협조가 필요하다.

③ 하위 계통의 F점 지락 사고시 고장회선(F_{11})의 DG_{11}과 상위 계통의 DG_1의 검출 전류를 비교해 보면 방향은 같지만 크기에 차이가 있다. DG_{11}에는 고장회선의 충전전류 외의 모든 지락전류가 검출되지만 DG_1의 동작전류에는 하위 계통의 GVT_2의 유효접지전류 및 하위 피더 F_{11}, F_{12}, F_{13}의 충전전류는 포함되지 않는다.

④ 그러므로 DG_1의 감도는 DG_{11}보다 낮기 때문에 동작시간이 길어져서 자연히 협조가 이루어지지만 계전기 특성 등에 따라서는 협조가 어려울 수도 있으므로 그러한 경우에는 DG_1에 2~3초의 한시계전기를 부가하여 협조를 취한다. 또는 GVT_1과 GVT_2의 영상전압은 전계통의 정수에 의하여 구해지므로 동일한 GVT_2의 영상전압을 보조 계기용 변압기(Aux PT)를 사용하여 약간 승압하여 DG_{11}의 감도를 높여줌으로써 동작시간을 빠르게 하는 방법을 사용하기도 한다.

(11) SGR의 전압 및 전류 입력

① GVT 및 ZCT의 결선도

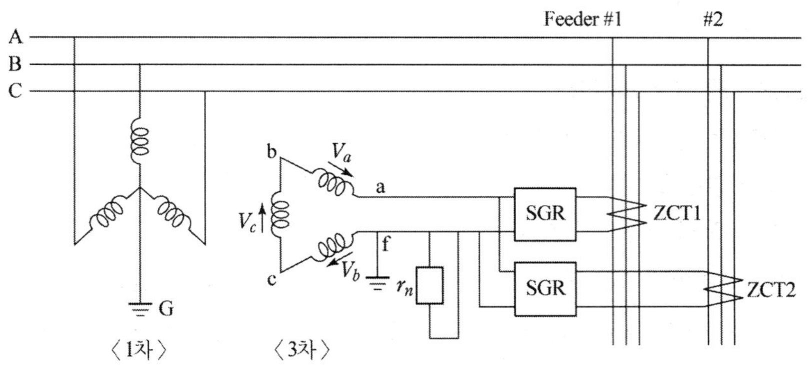

② SGR의 전압과 전류의 입력 접속도

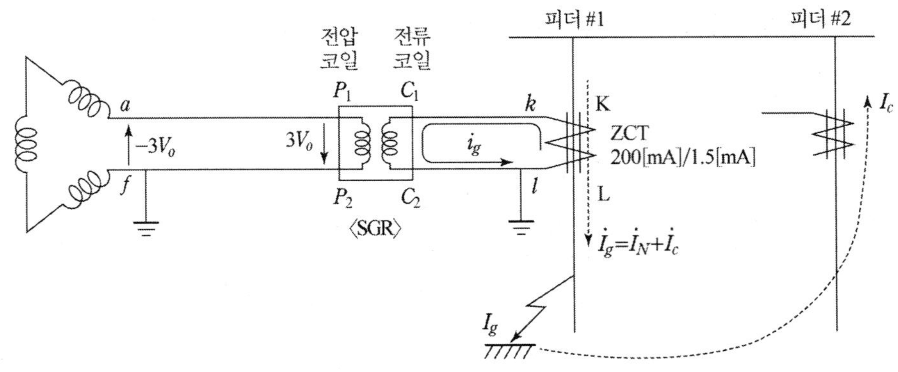

㉮ 선택지락계전기는 고장회선 이외의 피더에는 고장전류의 충전전류 성분이 고장회선의 고장전류와는 반대 방향으로 흐르는 사실을 이용하여 전압과 전류의 위상 특성에 의하여 고장회선을 검출하므로 접속시 극성에 주의하여야 한다. 특히 GVT 3차측 발생 전압이 $V_{af} = -3V_o$인 점에 주의하여 결선 방법을 아래와 같이 시행한다.

㉯ GVT 3차 권선의 a 단자를 SGR 전압코일의 $P_2(PP,$ 8번) 단자에 접속하고, f 단자를 $P_1(P,$ 7번)단자에 접속한다. 이때 ZCT의 k 단자가 SGR 전류 코일의 $C_1(C,$ 4번) 단자에 그리고 l 단자가 $C_2(CC,$ 5번) 단자에 접속되어야만 한다.

㉰ 만약 단자 접속시 오결선하면 정작 해당 피더의 고장은 제대로 검출이 안되고 다른 피더의 고장시 오동작하게 된다.

㉱ 한편 ZCT 2차 회로는 각 부담이 직렬로 접속되므로 결선이 단순한 반면에 GVT 3차 회로의 부담은 종류가 많고 병렬로 접속되므로 복잡하다. 따라서 위 결선도와는 반대로 a 단자를 P_1에 접속하는 대신에 k 단자를 C_2 단자에 연결하는 방법도 사용된다.

(12) SGR 사용시 주의사항

① SGR의 결선에 주의할 것

만약 결선을 반대로 하면 정작 해당 피더의 고장은 제대로 검출이 안되고 다른 피더의 고장시 오동작하게 된다.

② 피더 수가 증가하여 고압케이블 배선이 늘어날수록 정전용량 $C_o = 3C_s$가 증가하여 영상전압 V_0가 낮아지므로 지락 검출감도가 상당히 떨어진다.

③ GVT 설치개소가 많을 경우에도 GVT의 중성점 합성저항 R_N이 감소하기 때문에 역시 영상전압 V_0가 낮아지므로 지락 검출이 어려워진다. 일반적으로 변압기 용량이 5[MVA] 이상이고, GVT 설치대수가 7~8대를 넘게되면 지락검출이 곤란해지므로 저항접지방식으로 전환하는 것을 고려하는 것이 바람직하다.

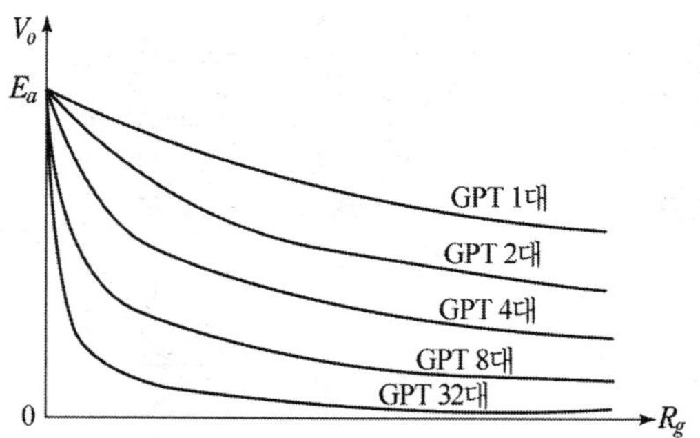

④ 케이블 헤드와 케이블의 Shield 접지선의 처리를 올바르게 하여 지락사고시 영상전류가 상쇄되지 않도록 하여야 한다. 즉, 전원측 접지선은 반드시 ZCT를 관통하여 접지하여야 하고 부하측 접지시에는 관통시키지 않아야만 지락시 지락전류의 검출이 확실하게 된다. 한편 케이블의 실드는 케이블 헤드의 시스에 접속되므로 결국 접지선은 케이블 헤드의 접지선 한 개로 된다. 최근에는 케이블 헤드의 경우 접지를 하지 않아도 되는 종류가 있으며 이 경우 케이블 시스를 직접 접지한다.

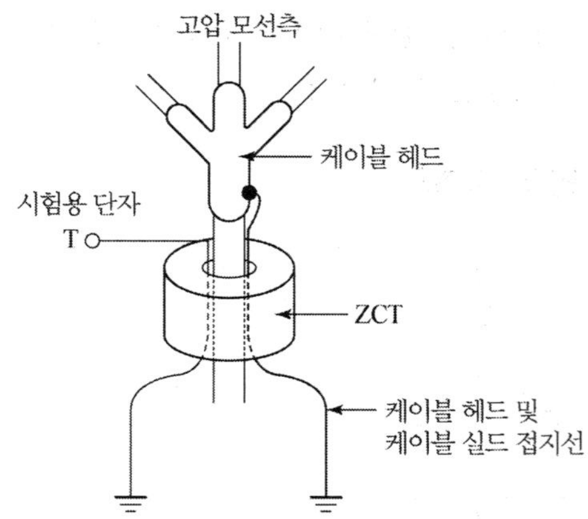

⑤ SGR은 고감도로 동작할 수 있도록 하기 위하여 접점 간격이 작다. 따라서 외부에서 가해지는 기계적 충격에 의해서 오동작할 가능성이 크다. 그래서 지락과전압계전기(OVGR)를 SGR의 영상전압 검출요소로 사용하여 OVGR 동작(경보)시에만 SGR이 동작하도록 하는 방법이 채택된다.

⑥ 모선, 기기 및 단심 케이블 등의 각 상별 대지 정전용량의 불평형에 기인하는 영상잔류전압이 정상상태에서 일반적으로 정격 영상전압의 10~30[%] 정도가 되는데 만약 전압 조정을 낮게 하면 영상 잔류전압 때문에 오동작할 가능성이 있다. 따라서 지락과전압계전기의 조정범위는 190[V] 정격일 경우 40~120[V] 정도가 보통인데 정정치는 영상 잔류전압의 2배 이상으로 하는 것이 바람직하다.

⑦ 케이블의 위치 불평형에 따른 영상 잔류전류에 의한 오동작이 발생하지 않도록 ZCT의 선정에 주의하고, 될 수 있는 대로 3심 케이블을 사용하며 1차 도체의 배열이 대칭이 되도록 한다. 여기서 영상 잔류전류란 지락사고가 아닌 불평형 상태에서 발생하는 합성치로서 겉보기 영상전류라고도 한다.

⑧ GVT의 용량이 적절하지 않으면 소손 될 우려가 크다. 특히 트립용이 아니라 경보용으로 운전시에 허용내량을 넘지 않도록 주의해야 한다.

4 중성점 저저항 접지방식의 지락과전류 계전기

6.6 kV 또는 3.3 kV와 같은 중전압(MV, Medium Voltage) 전로에서는 지락사고 발생 시 절연파괴나 아크 손상을 방지하고, 보호계전기를 안정적으로 동작시키기 위해 중성점에 저저항(NGR, Neutral Grounding Resistor)을 설치하여 지락전류를 약 100 A로 제한하는 접지 방식을 사용한다.
이러한 계통에서는 영상전류를 검출하여 지락사고를 감지하고 차단하기 위해 지락과전류 계전기(OCGR)를 필수적으로 설치한다.

1) 중성점 저저항 접지방식 계통도

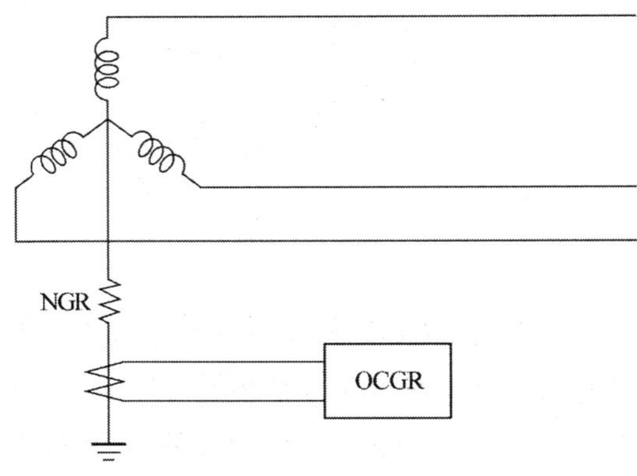

2) 100A 제한을 위한 NGR 선정

중성점 저저항 접지 방식에서는 1선 지락 발생 시, 지락전류는 NGR를 통해 흐르며, 그 크기는 대지전압과 접지저항에 따라 결정된다. 이때 대지전압은 지락이 발생한 상의 대지전위이며, 일반적으로 계통의 상전압에 해당한다. 지락전류 I_g는 다음과 같이 계산된다.

$$I_g = \frac{V_p}{R_g}$$

여기서, I_g : 지락전류[A]

V_p : 계통의 상전압[V]

R_g : 중성점접지저항기(NGR)의 저항값(Ω) 이다.

(1) 6.6 kV 계통

$$V_p = \frac{6600\,V}{\sqrt{3}} = 3810[\mathrm{V}]$$

I_g : 100[A]

$$R_g = \frac{V_p}{I_g} = \frac{3{,}810[\mathrm{V}]}{100} = 38.1[\Omega]$$

따라서, 중성점에 NGR 38.1[Ω]을 설치하여 지락전류를 100[A]로 제한한다.

(2) 3.3㎸ 계통

$$V_p = \frac{3300\,V}{\sqrt{3}} = 1905[\mathrm{V}]$$

I_g : 100[A]

$$R_g = \frac{V_p}{I_g} = \frac{1{,}905[\mathrm{V}]}{100} = 19[\Omega]$$

따라서, 중성점에 NGR 19[Ω]을 설치하여 지락전류를 100[A]로 제한한다.

3) OCGR을 동작하기 위한 CT선정

OCGR을 동작하기 위한 CT의 선정은 예상 지락전류 범위에 맞춘 CT의 적절한 정격 선정이 필수적이며, 일반적으로 100 A 지락전류 제한 시 CT 비율을 100/5 A 또는 150/5 A, 정확도 Class 1.0 이하를 적용하는 것이 효과적이다.

4) OCGR을 동작하기 위한 CT선정

(1) 지락전류 I_g : 100[A]

(2) OCGR 동작 정정값 설정

$$I = \alpha \cdot I_g \ (\alpha = 0.1 \sim 0.3)$$

일반적으로 0.3에 셋팅을 실시하며 0.3에 셋팅을 하는 이유는 아래와 같다.

① 오동작 방지

지락 이외의 상황(노이즈, 누설전류, 유도전류 등)에서 영상전류가 수 A 수준으로 발생할 수 있음. 10~20 % 이하로 설정할 경우 과도한 민감도로 인해 비고장 상황에서도 계전기 오동작 위험이 증가함.

② 확실한 고장 검출

제한 지락전류(100 A)의 30 %인 30 A는 고장 시 확실히 발생하는 전류 수준으로,

계전기의 pick-up이 확실하게 이루어질 수 있는 실용적 감도 범위임

③ CT의 정밀도 고려

CT Class 1.0 또는 이하의 정확도와 계전기 입력 임피던스를 고려할 때, 정격의 20~30% 수준이 가장 안정적인 검출 영역임.

④ 보호협조 여유 확보

하위 OCR(과전류 계전기) 또는 분기차단기와의 보호협조를 위해 계전기 동작 시간이 필요한데, 30% 수준이면 여유 시간 확보가 용이

(3) 동작 시간 정정

보호협조 곡선에 따라 0.2~1.0초 범위에서 설정

|예| 하위 OCR보다 0.3초 이상 여유 확보

Chap.

07 저압반에 설치되는 계전기

1 개요

저압반(AC 1,000 V 이하 / 220 V, 380 V, 440 V 등)의 보호는 일반적으로 기중차단기(ACB, Air Circuit Breaker)의 내장형 전자식 보호계전기 또는 외부 보호계전기를 통해 과전류 및 지락전류에 대해 수행된다.

직접접지 방식에서는 대부분 ACB에 전자식 트립 유닛(OCR/OCGR)이 내장되어 있어, 과전류 및 지락보호가 자체적으로 이루어진다.

비접지 방식에서는 과전류에 대해서는 ACB 내장 계전기로 보호가 가능하나, 지락전류가 미소하여 내장형 계전기로는 검출이 어려우므로, 영상전압 검출형 지락 과전압 계전기(OVGR)를 외부에 설치하여 영상전압($3V_0$) 상승 시 ACB 트립을 유도한다.

또한, 일부 시스템에서는 외부에 별도 설치된 과전류계전기(OCR) 또는 지락계전기(OCGR 등)가 ACB의 트립 코일을 직접 동작시켜 차단하는 구성도 사용된다.

과전류 보호는 원칙적으로 차단기 내장 계전기의 설정값(장시간, 단시간, 순시)을 통해 수행되며, 지락보호는 접지방식에 따라 계전기 방식이 달라진다.

본 장에서는 이러한 접지방식에 따른 지락보호 계전기(OCGR, OVGR 등)를 중심으로 서술한다.

2 ACB 내장 계전기 셋팅

ACB는 전자식 트립 유닛을 내장하여 과전류 및 지락전류에 대한 보호 기능을 수행한다. 전자식 트립 유닛은 일반적으로 L(long-time), S(short-time), I(instantaneous), G(ground fault)의 4가지 보호 요소로 구성되며, 각 항목은 전류 설정값(pickup current)과 동작시간(time delay)을 조합하여 정정할 수 있다.

이러한 설정을 통해 차단기 동작 특성곡선을 조정함으로써 부하 보호, 계통보호, 선택 협조 등을 구현하게 된다.

1) 보호요소별 정정 항목 및 설명

보호요소	항목	설명
L(장시간)	Ir(장시간 정정 전류)	정격전류의 0.4~1.0배 범위에서 설정. 과부하 보호 목적
	tr(장시간 동작 시간)	1.5배 전류 시 동작 시간(예 : 10~30초 등 설정 가능)
S (단시간)	Isd(단시간 정정 전류)	Ir의 1.5~10배 등에서 설정. 단락 시 지연 차단
	tsd(단시간 지연시간)	0.1~0.5초 등 설정 가능. 선택협조 용도
	I2t 특성 선택	단시간 동작 특성을 I^2t(에너지 기준) 또는 비선형(I^2t =off)으로 설정
I (순시)	Ii(순시 정정 전류)	Ir의 2~15배 등에서 설정. 즉시 차단(시간지연 없음)
G (지락)	Ig(지락 전류 설정값)	정격전류 대비 0.2~1.0배 등. 지락전류 보호
	tg(지락 동작 시간)	0.1~1.0초 범위에서 설정 가능

2) ACB의 셋팅 기준

(1) 장한시 동작전류 설정 I_1(Long Time Pickup)
변압기 정격전류의 120 %에 정정

(2) 장한시 동작시간 설정 t_1(Long Time Delay)
장한시 동작전류 I_1의 600 %에서 1.25 s 값을 적용

(3) 단한시 동작전류 설정 I_2(Short Time Pickup)
최대부하전류의 400 %에 설정

(4) 단한시 동작시간 설정 t_2(Short Time Delay)
자기모선 삼상단락 고장전류에서 100 ms에 정정

(5) 순시동작전류 설정 I_3(Instantaneous Pickup)
하위 MCCB와의 보호협조를 위해 ∞에 정정

(6) 지락동작전류 설정 I_G(Ground Pickup)
변압기 정격전류의 30 %에 정정

(7) 지락동작시간 설정 t_3(Ground Time Delay)
자기모선 일선지락 고장전류에서 100 ms에 정정

3) ACB 각부 다이얼의 기능설명

(1) 기준전류 I_B(Base Current)

기준전류의 설정에 사용되며 CT전류의 50~100 % 까지 조정이 가능

$$I_B = \text{CT 전류} \times \text{비율}$$

(2) 장한시 동작전류 설정 I_1(Long Time Pickup)

장한시 동작전류의 설정에 사용하며 기준전류 I_B(Base Current)의 80~110% 까지 조정이 가능

$$I_1 = I_B \times \text{비율}(80 \sim 110\ \%)$$

(3) 장한시 동작시간 설정 t_1(Long Time Delay)

장한시 동작전류 시한 설정에 사용되며 장한시 동작전류의 600 %($I_1 \times 6$)에서 0.5초 ~30초 까지 조정이 가능

(4) 단한시 동작전류 설정 I_2(Short Time Pickup)

단한시 동작전류의 설정에 사용하며 기준전류 I_B(Base Current)의 200~1,000% 까지 조정이 가능

$$I_2 = I_B \times \text{비율}(200 \sim 1{,}000\ \%)$$

(5) 단한시 동작시간 설정 t_2(Short Time Delay)

단한시 동작전류 시한 설정에 사용되며 0.08초~0.56초 까지 조정 가능

(6) 순시동작전류 설정 I_3(Instantaneous Pickup)

순시 동작전류의 설정에 사용하며 기준전류 I_B(Base Current)의 400~1,600 % 까지 조정이 가능

$$I_3 = I_B \times \text{비율}(400 \sim 1{,}600\ \%)$$

동작시간은 20 ms 이내에 동작

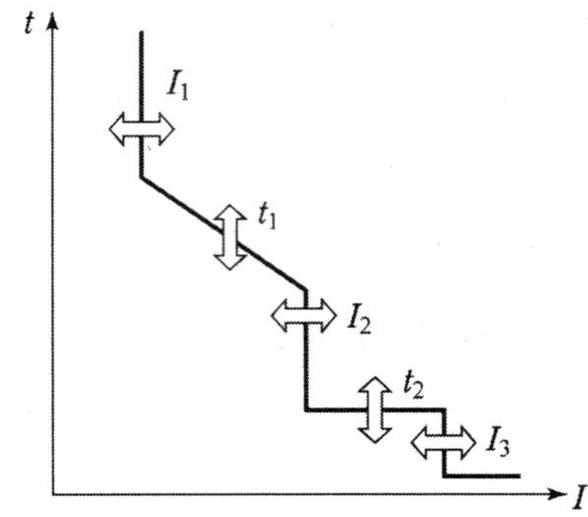

(7) 지락 동작전류 설정 I_G(Ground Pickup)

지락 동작전류의 설정에 사용하며 기준전류 I_B(Base Current)의 20~100% 까지 조정이 가능

$$I_G = I_B \times \text{비율}(20 \sim 100\ \%)$$

(8) 지락 동작시간 설정 t_3(Ground Time Delay)

지락 동작전류 시한 설정에 사용되며 0.1초~3.0초 까지 조정이 가능

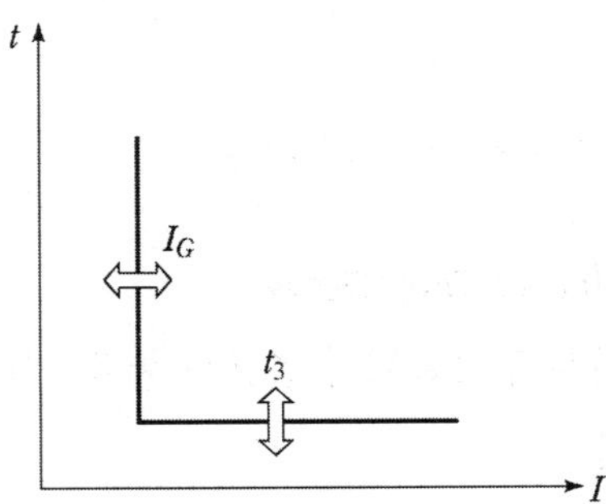

※ 위의 ACB 정정과 관련해서는 단자기호는 제작회사의 표기법에 따라 다르며 또한 전류의 셋팅치와 동작시간의 범위가 다르므로 제조사의 카달로그 참조가 필요함.

4) TR1,000 kVA ACB 2000A 셋팅

(1) Calculation Data

Tr 3Φ 22.9/0.38[kV] 1000[kVA]

변압기 정격전류 = 1000 kVA ÷ ($\sqrt{3}$ × 0.38 kV) = 1519 A

(2) 기준전류 In

In = Ict × 1.0 = 2000 × 1.0 = 2000[A] **In : 1.0**

(3) 장한시 전류 Ir

변압기 정격전류의 120 %에 정정

변압기 정격전류의 120 % = 1519 × 1.2 = 1822.8[A]

Ir = In × 0.9 = 2000 × 0.9 = 1800[A] **Ir : 0.9**

(4) 장한시 동작시간 tr

장한시 동작전류 Ir의 600 %에서 0.5 s 값을 적용 **tr : 0.5s**

(5) 단한시 전류 Isd

변압기 정격전류의 400 %에 정정

변압기 정격전류의 400 % = 1519 × 4.0 = 6076[A]

Isd = In × 4.0 = 2000 × 3.0 = 6400[A] **Isd : 3.0**

(6) 단한시 동작시간 tsd

자기모선 삼상단락 전류에 100 ms에 정정 **tsd : 0.1s**

(7) 단한시 동작시간 tsd

순시동작전류 Ii

하위단과의 보호협조를 위하여 non 설정 **Ii : Non**

(8) 지락전류 Ig

변압기 정격전류의 30 %에 정정

변압기 정격전류의 30 % = 1519 × 0.3 = 455.7[A]

Ig = Ict × 0.3 = 2000 × 0.2 = 400[A] **Ig : 0.2**

(9) 지락동작시간 tg

자기모선 일선지락 고장전류에 100 ms에 정정 **tg : 0.1s**

(10) Setting Table

Panel	CT Ratio	Protective Device	Setting	
LV	2000/5	Long Time	In Ir tr	1.0 0.9 0.5
		Short Time	Isd tsd	3.0 0.1(I^2tON)
		Instantaneous	Ii	Non
		Ground Fault	Ig tg	0.2 0.1

3 저압회로 지락차단장치 시설방법

1) 직접 접지식 지락차단장치 시설방법

(1) 접지회로의 지락전류 개념

A상에서 지락이 발생한 경우, 지락전류는 아래 그림과 같이 지락점의 지락저항, 변압기 2차측 중성점 접지저항, 변압기 및 선로의 임피던스를 경유하여 흐르게 된다. 접지식 계통에서는 지락 시 대지정전용량(C_s)으로부터 흐르는 충전전류는 상대적으로 작아 무시할 수 있으며, 지락전류의 대부분은 접지루프 임피던스에 의해 결정된다.

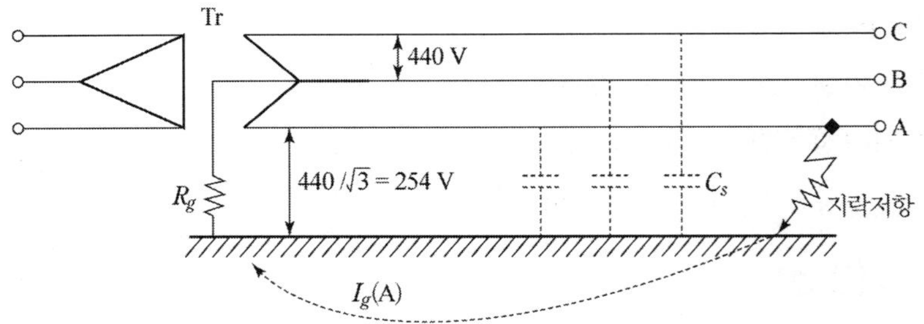

| 그림 7.1 | 직접접지식 지락시 지락전류 회로

$$지락전류\ I_g = I_a = 3I_0 = \frac{3E_a}{Z_0 + Z_1 + Z_2}[A]$$

여기서, E_a : 지락상(A상)의 대지전위

Z_0 : 영상임피던스

Z_1 : 정상임피던스

Z_2 : 역상임피던스

R_g : 중성점 접지저항

일반적으로 $Z_0 \geq Z_1$, Z_2 이며, $Z_0 = 3R_g$로 근사할 경우

$$I_g = \frac{3E_a}{Z_0} = \frac{3E_a}{3R_g} = \frac{E_a}{R_g}$$

(2) ELB에 의한 지락차단 방법

ELB(Earth Leakage Breaker, 누전차단기)는 영상전류 검출방식을 이용하여 지락

전류(누설전류)를 검출하고, 설정값 이상일 경우 차단을 수행하는 감전 · 화재 방지용 보호기기이다.

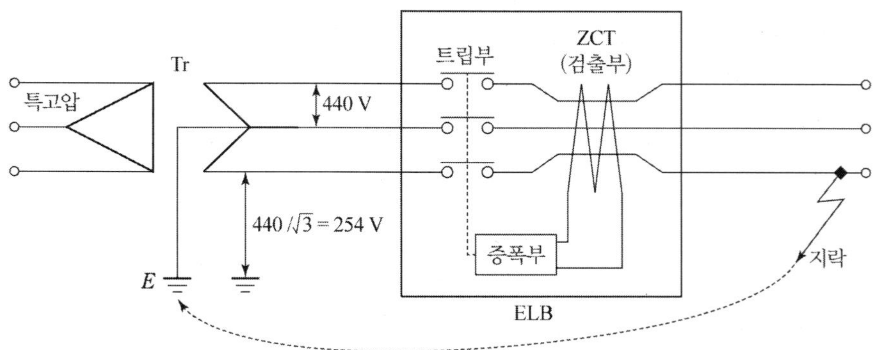

| 그림 7.2 | ELB에 의한 지락차단 회로

① 동작원리

ELB는 ZCT를 통해 영상전류를 감지하고, 조정부에서 설정한 감도전류 이상일 경우 트립부가 동작하여 회로를 차단한다.

감도전류 설정은 일반적으로 인체 감전 보호 목적(30 mA 이하) 또는 설비 보호 목적(100 mA～500 mA)으로 구분하여 적용된다.

(3) CT Y결선 잔류회로에 의한 지락차단방법

CT를 Y결선으로 연결한 잔류회로 방식은 저압 계통에서 지락전류를 검출하여 차단하는 가장 일반적이고 널리 사용되는 보호 방식 중 하나이다. 이 방식은 직접접지된 3상 4선식 저압 계통에서 주로 사용되며, 각 상의 전류를 비교하여 영상전류($3I_0$)가 존재할 경우 지락사고로 판단하고 차단기를 트립시킨다.

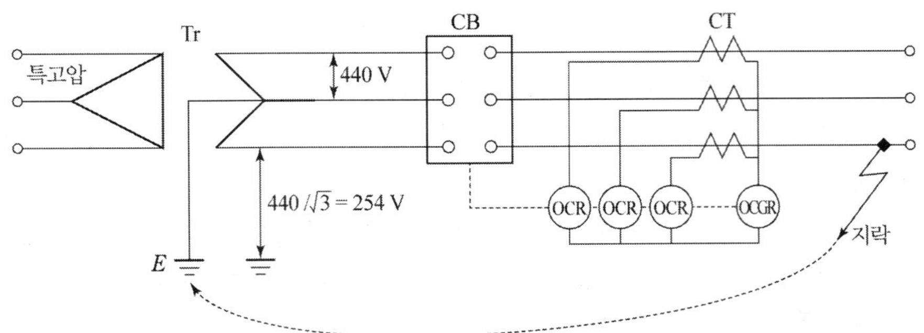

| 그림 7.3 | CT Y결선 잔류회로에 의한 지락차단 회로

① 동작원리

㉮ 정상상태

3상 부하가 균형을 이루고 있을 경우, CT 2차 전류의 벡터 합은 0이 된다. 따라서 영상전류($3I_0$) = 0, OCGR은 동작하지 않는다.

㉯ A상 지락 발생 시

A상 전류 일부가 접지를 통해 흐르면서 비대칭이 발생하게 되고, CT 2차 전류의 벡터합 ≠ 0이므로 잔류전류가 발생한다.

㉰ 잔류전류 검출

CT의 Y결선 잔류회로에서 이 비대칭 전류(영상전류)를 감지하고, 일정 수준 이상이면 OCGR이 동작하여 차단기를 트립시킨다.

(4) 3권선 영상분로회로에 의한 지락차단 방법

3권선 CT를 이용한 영상분로회로 방식은 지락전류만을 별도로 검출하기 위해 CT의 3차권선을 영상전류 분로 회로로 구성하고, 이를 OCGR에 접속하여 차단기를 트립시키는 방식이다.

이 방식은 과전류 보호용 OCR 회로와 지락전류 보호용 OCGR 회로를 전기적으로 분리함으로써, 지락 보호의 감도와 신뢰성을 높일 수 있는 방식으로 사용된다.

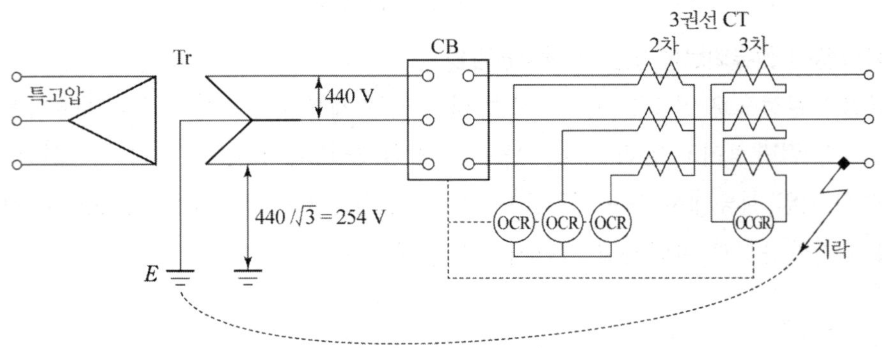

| 그림 7.4 | 3권선 영상분로회로에 의한 지락차단 회로

① 동작원리

3권선 CT를 사용하여 2차 권선은 Y결선으로 구성한 후 각 상의 OCR(과전류계전기)에 연결하여 과전류 보호를 수행하고, 3차 권선은 영상전류 분로회로로 구성하여 영상전류($3I_0$)만을 검출하여 OCGR(지락 과전류계전기)에 접속한다.

지락 발생 시 영상전류가 3차 권선으로 흐르고, 설정값 이상이면 OCGR이 작동하여

CB를 차단한다.

② 특기사항

㉮ 2차 권선은 반드시 Y결선만 사용하고, 잔류회로를 구성하지 않아야 하며, 2개소 이상 접지되지 않도록 철저히 관리해야 한다.

㉯ 만일 2차 측에서 잔류회로가 형성되거나, 중복 접지가 이루어질 경우, 지락 시 지락전류가 2차와 3차 권선으로 분산되며, 이로 인해 3차 권선 측에 충분한 전류가 흐르지 않아 OCGR의 오동작 또는 부동작 가능성이 있다.

㉰ 3차 권선의 1차측 CT비율은 보통 100/5를 사용하며, 영상전류만을 검출하도록 설계되어야 한다.

㉱ 분기회로에는 반드시 「KEC(전기설비규정)」에 따라 누전차단기(ELB)를 부착해야 한다.

(5) 저압측 중성점 접지선 CT에 의한 지락차단 방법

이 방식은 저압 변압기 2차측 중성점과 대지 사이에 흐르는 지락전류를 직접 검출하기 위해, 중성점과 접지선(N−G) 상에 CT(CT_2)를 설치하여 지락전류를 검출하고, OCGR를 통해 차단기(CB)를 트립시키는 방식이다.

이 방식은 지락전류가 중성점 접지선을 통해 단일 경로로 흐른다는 특성을 활용한 간단한 방식으로 지락보호를 할 수 있다는 장점이 있다.

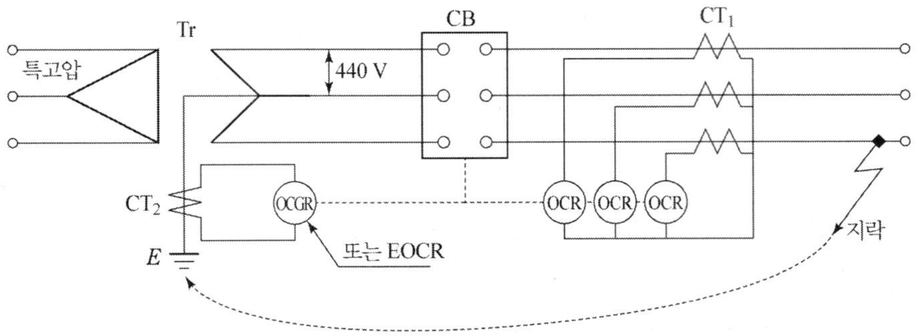

| 그림 7.5 | 저압측 중성점 접지선의 CT에 의한 지락차단 회로

① 특이사항

㉮ CT_1은 과부하 및 단락 보호용, CT_2는 지락 보호 전용으로 구분하여 설치해야 한다.

㉯ CT_2는 반드시 중성점 접지선 단독 구간에 설치되어야 하며, 다른 변압기와 접지선을 공유하거나, 수전설비의 다른 접지선과 병렬 결선되는 경우, 타 회로 지락

전류까지 영향을 받아 오동작할 수 있으므로 주의해야 한다.

㉰ CT_2의 변류비 선정은 해당 설비의 접지계통 방식(TN, TT 등)과 예상되는 지락전류의 크기에 따라 적정하게 선정되어야 한다.

(6) TN 계통 변압기 중성점 지락검출용 CT 설치시 검토사항(100/5)

저압 접지계통이 TN계통(통합접지) 일때 3상단락전류(I_{3S})와 1선지락전류(I_g)가 거의 같은 경우 지락차단장치 설치를 위해 변압기 중성점 접지도체에 별도 CT를 설치하는 경우 큰 지락전류로 변류기 포화 및 권선 용단 등의 원인으로 CT가 소손되면 중성점 접지가 floating될 수 있으므로 각별한 주의 필요하다.

① 계산조건

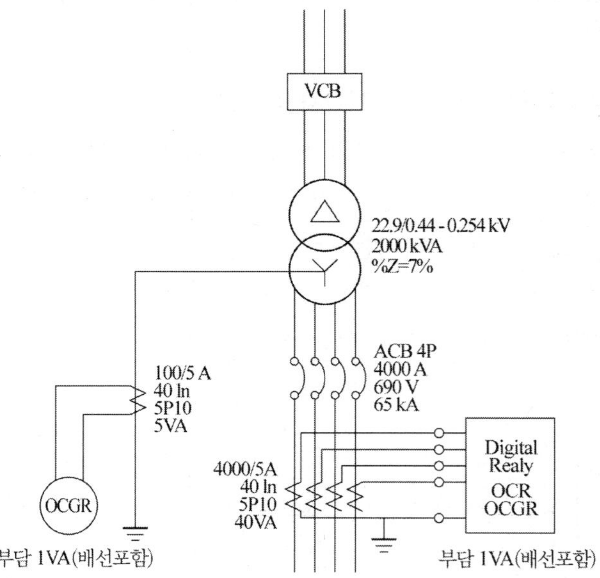

㉮ 변압기 : 2,000 kVA 22.9 kV/440−254 V

㉯ $\%Z = 7\ \%,\ I_{2n} = 3{,}038.8\ \text{A}$

㉰ 1선 지락전류 : 43.4 kA(3상 단락전류)로 가정

$$\left(I_s = \frac{100}{\%Z} I_n = \frac{100}{7} \times 3038.8 = 43{,}411[\text{A}] = 43.4[\text{kA}]\right)$$

㉱ 고장지속시간 : 0.1 sec로 가정

㉲ 변류기 : 표 참조

구분	변류비	과전류강도	과전류정수	부담(VA)
각상 CT	4,000/5	40In	5P10	40
중성점 CT	100/5	40In	5P10	5

② CT의 열적 과전류강도 검토

㉮ CT의 열적과전류강도 계산 식

$$I_{th} = I_r \times k_{th}$$

I_{th} : CT의 열적 과전류 강도(Thermal Overcurrent Withstand Current)

I_r : 정격전류(CT의 1차 전류)

k_{th} : 과전류 배율(Thermal Overcurrent Factor)

㉯ CT 4,000/5 계산

CT의 정격 1차전류 : $I_r = 4{,}000$ A

CT의 열적 과전류 배율 : $k_{th} = 40$(40배)

단락 전류 지속 시간 : $t = 0.1$초

$$I_{th} = I_r \times k_{th} = 4{,}000 \times 40 = 160{,}000 \text{ A}$$

∴ 이 CT는 1초 동안 최대 160,000 A의 과전류를 견딜 수 있음

단락전류 지속시간이 $t = 0.1$초일 경우에는

$$\begin{aligned} I_{th,0.1s} &= 160{,}000 \times \sqrt{\frac{1}{0.1}} \\ &= 160{,}000 \times \sqrt{10} \\ &= 160{,}000 \times 3.162 \\ &= 505{,}920[\text{A}] = 505.9[\text{kA}] \end{aligned}$$

∴ 이 CT는 0.1초 동안 약 505.9 kA의 과전류를 견딜 수 있으므로 최대지락전류 (43.4 kA)에 의한 열적 소손 위험이 없음

㉰ CT 100/5 계산

CT의 정격 1차전류 : $I_r = 100$ A

CT의 열적 과전류 배율 : $k_{th} = 40$(40배)

단락 전류 지속 시간 : $t = 0.1$초

$$I_{th} = I_r \times k_{th} = 100 \times 40 = 4{,}000 \text{ A}$$

∴ 이 CT는 1초 동안 최대 4,000A의 과전류를 견딜 수 있음

단락전류 지속시간이 $t = 0.1$초일 경우에는

$$\begin{aligned} I_{th,0.1s} &= 4{,}000 \times \sqrt{\frac{1}{0.1}} \\ &= 4{,}000 \times \sqrt{10} \\ &= 4{,}000 \times 3.162 \\ &= 12{,}648[\text{A}] = 12.6[\text{kA}] \end{aligned}$$

∴ 이 CT는 0.1초 동안 약 12.6 kA의 과전류를 견딜 수 있으므로 최대지락전류 (43.4 kA)에 의한 열적 소손 위험이 있음. 소손 발생시 중성점 접지도체가 floating 될 수 있음.

③ CT의 과전류정수 검토

㉮ CT의 과전류정수 계산 식

$$\text{CT 과전류 정수} = \frac{\text{최대고장전류}}{\text{변류기 정격1차전류}}$$

㉯ CT 4,000/5 계산

$$\text{각상 CT 과전류 정수} = \frac{\text{최대고장전류}}{\text{변류기 정격1차전류}} = \frac{43{,}400}{4000} = 10.8$$

각상 CT의 정격부담 40VA에서 정격 과전류정수는 10, 필요 과전류정수가 10.8 이므로 소요부담(VA)= $\frac{10.8}{10}$= 1.08로 정격부담 40 VA 각상 CT는 최대지락전류에서 포화가 발생하지 않아 실제적으로 흐르는 고장전류를 검출하여 계전기 동작시간 지연이 발생하지 않는다.

㉰ CT 100/5 계산

$$\text{중성점 CT 과전류 정수} = \frac{\text{최대고장전류}}{\text{변류기 정격1차전류}} = \frac{43{,}400}{100} = 43.4$$

중성점 CT의 정격부담 40 VA에서 정격 과전류정수는 10, 필요 과전류정수가 43.4 이므로 소요부담(VA)= $\frac{43.4}{10}$= 4.34로 정격부담 40 VA 중성점 CT는 최대지락전류에서 포화가 발생하여 실제적으로 흐르는 고장전류를 검출하지 못하여 계전기 동작시간 지연이 발생한다.

④ 결론

지락전류가 큰 직접접지(공통통합접지 및 TN계통) 계통에서 변압기 중성점 접지도체에 100/5 CT를 설치하여 지락보호를 하게 되면 변류기 소손에 따른 중성점 접지도체 단선 및 계전기 동작시간 지연으로 인한 심각한 위험을 초래할 수 있다. 따라서, 지락차단을 위해 주 차단기 측에 지락계전기를 설치하는 경우 지락전류 크기, 지락전류 검출용 변류기의 과전류강도 · 과전류정수 및 지락계전기의 전류 정정 Tap 등을 종합적으로 고려하여 선정하여야 한다.

2) 비 접지식 지락차단장치 시설방법

(1) 건전상에 대지 충전전류만 존재하는 경우

비접지식 계통의 정상상태에서는 각 상별로 동일한 크기의 대지 충전전류가 흐르며, 이들의 벡터합은 0이 되어 계통 외부로 전류가 흐르지 않는다.

이러한 충전전류는 지락 발생 시 건전상에서 지락점으로 흐르게 되며, 지락전류 검출 시 반드시 고려해야 할 요소이다.

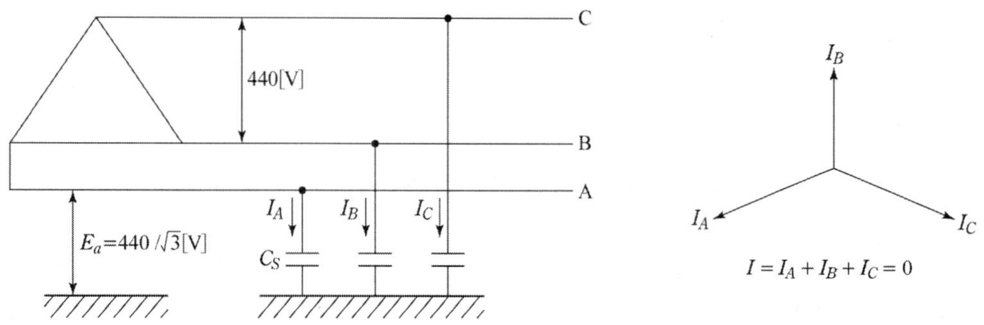

| 그림 7.6 | 건전상의 등가 대지정전용량회로 및 전류벡터도

$$I_A = I_B = I_C = 2\pi f\, C_S\, E_a$$
$$= 2\pi f\, C_S \frac{V}{\sqrt{3}}$$
$$= 2\pi \times 10 \times 0.1 \times 10^{-6} \times \frac{440}{\sqrt{3}}$$
$$= 9.58[\text{mA}]$$

여기서, f : 계통주파수[Hz]

C_s : 1선당 대지충전용량[μF]

E_a : 지락상의 대지전위[V]

$\frac{V}{\sqrt{3}}$: 상전압[V]

3상 평형인 경우 합성전류는 $I = I_A + I_B + I_C = 0$이 된다.

(2) A상 완전지락 시의 대지 충전전류의 흐름

A상이 완전지락(지락저항이 0 Ω)된 경우, 변압기 2차측 중성점은 지락점(A상)으로 등전위가 형성된다. 이로 인해 건전상인 B상 및 C상의 대지전위는 상전압의 $\sqrt{3}$ 배로 상승하게 되며, 결과적으로 B상 및 C상에 흐르는 충전전류는 평형 시의 $\sqrt{3}$ 배 수준이 된다.

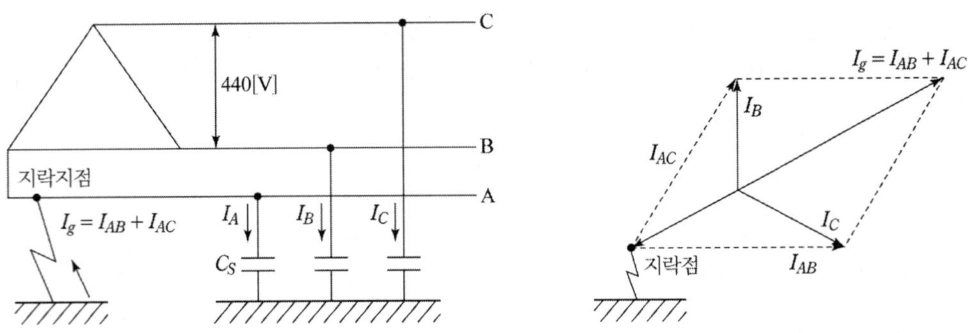

| 그림 7.7 | A상 지락시 등가대지정전용량회로 및 전류벡터도

A상이 완전지락(지락저항 0(Ω)인 경우)이 되면 중성점이 그림과 같이 A상으로 이동하므로 건전상(B상, C상)의 대지전위는 $\sqrt{3}$ 배가 된다. 따라서,

$$I_B = I_C = 2\pi f\, C_S\, E_a$$
$$= 2 \times \pi \times 60 \times 0.1 \times 10^{-6} \times 440$$
$$= 16.59[\text{mA}]$$

지락전류 $|I_g| = |I_B| = |I_C|$

$$= \sqrt{3}\, I_B = \sqrt{3} \times 16.59 = 28.73[\text{mA}]$$

(또한 $I_g = 3I_0 = 3 \times 9.58 = 28.73[\text{mA}]$)

위와 같이 비접지 저압계통에서는 지락 시 충전전류로 인해 흐르는 지락전류가 수십 mA 수준으로 작기 때문에, 지락 보호계전기(OVGR, SGR 등)를 적용할 때는 반드시 충전전류 크기보다 충분히 큰 설정값을 정정해야 하며, 선택성 및 민감도에 대한 신중한 검토가 필요하다.

(3) GVT와 OVGR에 의한 지락차단 방법

이 방식은 비접지 저압계통에서의 지락전압 검출을 위해 GVT와 OVGR를 사용하는 방식이다. 지락 발생 시 건전상 대지전압이 상승하게 되며, 이를 GVT가 검출하여 영상전압($3\,V_0$)을 형성하고, 이 전압이 OVGR에 인가되어 차단기를 동작시킨다.

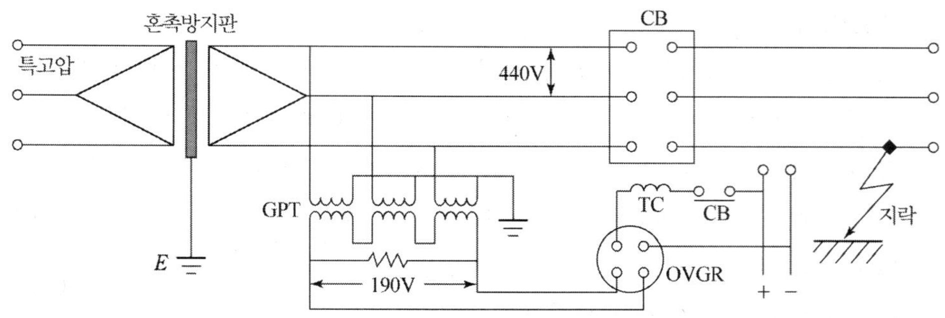

| 그림 7.8 | GVT와 OVGR에 의한 지락차단 회로

① **동작원리**

차단기 1차측에 GVT를 설치하고 차단기 2차 부하측에서 지락이 발생할 경우 지락 전류는 GVT로 유입된다.

이 지락전류는 GVT 3차측에 영상전압을 형성하게되고 이 영상전압이 OVGR동작 차단기를 차단하게 된다.

② **특기사항**

부하에 다수부하가 있는 경우 어느 한곳에서 지락이 발생할 경우 건전상의 부하가 정전이 될 수 있다. 이는 OVGR가 전 계통을 일괄 차단하기 때문이며, 분기별 지락 구분이 어려운 점이 단점이다. 따라서 다중 부하가 있는 경우에는 분기 차단기 별 보호방식을 추가 고려해야 한다.

(4) GPT와 ZCT를 사용하여 OVGR과 SGR 이용한 지락차단 방법

이 방식은 비접지 계통에서 GVT를 통해 영상전압($3V_0$)을 검출하고, ZCT를 통해 영상전류($3I_0$)를 동시에 검출하여, OVGR와 SGR가 조합되어 고신뢰도 지락차단을 수행하는 방식이다.

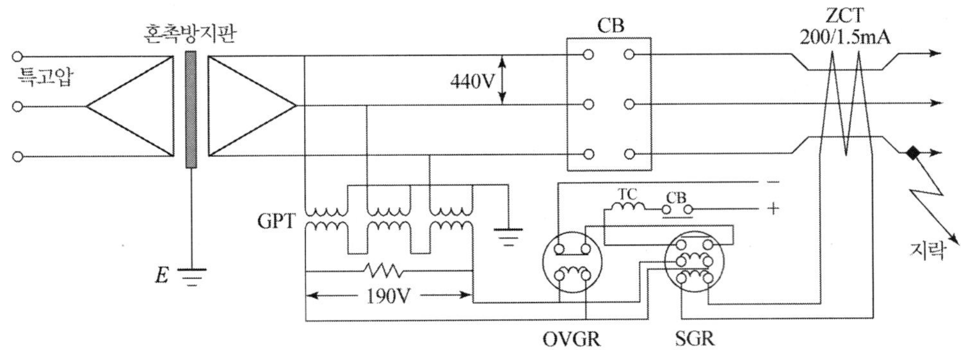

| 그림 7.9 | OVGR과 SGR에 의한 지락차단 회로

① 검출방식

지락 발생 시, 건전상의 정전용량 전류로 인해 영상전압 및 영상전류가 발생한다. GVT는 이러한 영상전압($3V_0$)을 검출하여 OVGR에 인가하고, OVGR은 설정값 이상의 영상전압 감지 시 '지락 경보'를 발생시키고 동시에, 부하 측에 설치된 ZCT는 지락이 발생한 회로에만 영상전류($3I_0$)를 검출하게 되며, SGR은 해당 전류의 위상 및 크기를 분석하여 정확한 지락 회로를 판별하고, 설정값 이상이면 해당 피더의 차단기를 트립시켜 지락 회로만 선택 차단한다.

② 적용설비

본 방식은 고가의 설비 또는 지락 차단 실패 시 2차 피해가 큰 중요 설비에 적용된다. (예 : 정밀 제조설비, 병원용 전원, 반도체 · 화학공정, 발전소 보조설비 등) 지락발생 위치 식별 정확도 및 오동작 방지가 중요한 설비에 적합하다.

③ 특기사항

㉮ 위 방식은 비접지 방식 지락보호 중 가장 정밀하고 신뢰성이 높은 방식이다.

㉯ 영상전압과 영상전류를 모두 분석하기 때문에 지락 여부뿐 아니라 지락 위치 식별(선택성 보호)이 가능하다.

㉰ ZCT는 분기별로 설치할 수 있으며, SGR은 ZCT의 위상 각도 분석을 통해 해당 피더의 지락 여부만 검출할 수 있다.

㉱ 고장 구간만 차단하고 건전 구간은 유지되므로, 불필요한 정전이 발생하지 않음.

(5) 접지콘덴서를 사용 ELB를 이용한 지락차단 방법

이 방식은 비접지 계통에서 지락 시 흐르는 충전전류(I_C)를 인위적으로 증가시키기 위해 중성점과 대지 사이에 접지콘덴서(Grounding Capacitor)를 설치하고, ZCT를 이용해 영상전류를 검출한 뒤, ELB가 동작하여 회로를 차단하는 방식이다.

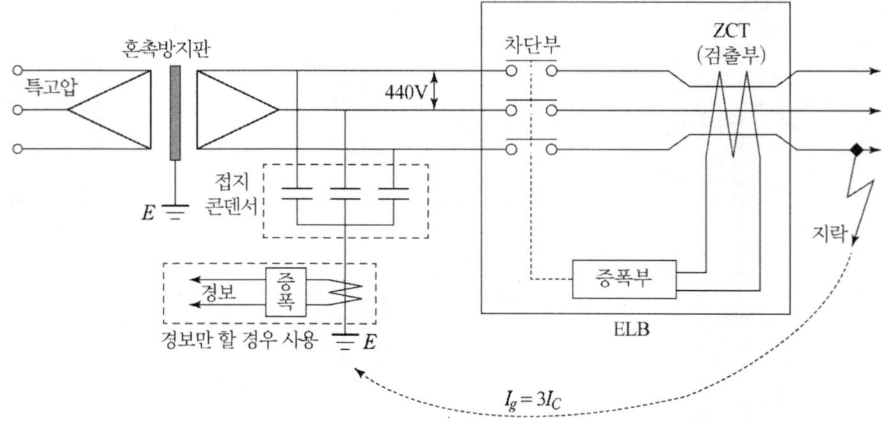

| 그림 7.10 | 접지콘덴서와 ELB에 의한 지락차단 회로

① 검출방식

지락 발생 시, 대지 정전용량 전류는 접지콘덴서를 통해 중성점 방향으로 흐르며, 이 전류는 3상 충전전류의 합으로서 영상전류(3Ic)를 형성하게 된다.

ZCT는 이를 검출하여 ELB의 증폭부 → 트립부로 전달하고, ELB는 설정된 감도전류 이상일 경우 회로를 차단하게 된다.

$$I_g = 3I_C = 3 \cdot 2\pi f C_S V$$

② 적용설비

㉮ 대지 정전용량이 작아 영상전류가 충분히 발생하지 않는 비접지 설비에 적용

㉯ 소규모 비접지 저압설비, 충전전류가 수 mA 이하로 너무 작아 ELB가 감지하지 못하는 경우

㉰ 접지콘덴서를 통해 의도적으로 감도 향상을 유도

③ 특기사항

정격전압(V)	1상 용량(μF)	지락전류계산치(mA)	ELB 동작전류 규격
440	0.1	28.7	30 mA용
	0.2	57.4	50 mA용
	0.3	86.1	70 mA용
	0.4	114.9	100 mA용
	0.5	143.6	150 mA용
	1.0	287.3	200~250 mA용
	1.5	430.9	500 mA용
	2.0	574.6	500 mA용

※ $\mathrm{Ig} = \sqrt{3} \times 440 \times 2\pi \times 60 \times C$로 계산한 수치이며 실제 ELB 부설용량의 동작상 안전율을 감안하여 1.5~2배를 곱한 값으로 하면 된다.

※ ELB 동작전류의 값은 제작회사을 참조하여 선정하여야 하며 여기서는 참고 값으로 선정하였음.

(6) GPT 1차측 접지측에 ZCT 사용 EOCR(또는 GR)를 이용한 지락차단 방법

이 방식은 비접지 계통에서 GVT 1차측 중성점 접지선에 ZCT를 설치하여, 지락 시 GVT 접지측으로 흐르는 영상전류($3I_0$)를 검출하고, 이를 EOCR(전자식 과전류 계전기) 또는 GR(누전 계전기)가 감지하여 차단기를 트립시키는 방식이다.

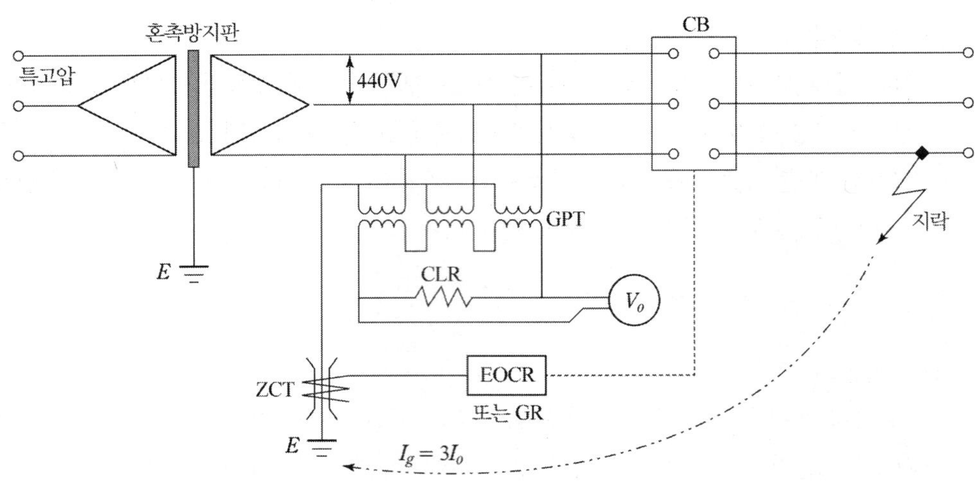

| 그림 7.11 | EOCR(또는 GR)에 의한 지락차단 회로

① 검출방식

지락 발생 시, 건전상에서 흐르는 충전전류는 GVT 중성점 접지선을 통해 귀로를 형성하게 된다. 이때 GVT 1차측의 접지선에 설치된 ZCT가 이 영상전류($3I_0$)를 검출하며, ZCT 2차측 신호는 EOCR 또는 GR로 인가되어, 정정된 감도전류 이상일 경우 차단기 트립이 이루어진다.

※ 접지선의 전류만을 검출하므로 ZCT 설치 위치가 매우 중요하며, 접지선 단일 루프 확보가 필요하다.

② 적용설비

중요도가 높지 않으며, 정확한 지락 위치 판단보다는 단순 보호가 필요한 설비에 적용(예 : 소규모 보조설비, 단순 부하 계통, 가변적 부하가 많은 공장 설비 등)

간단한 구조로 지락전류 보호를 실현하고자 할 때 사용

참고 **지락방향성과전류계전기**(Directional Over Current Ground Relay : DOCGR) 67N

지락방향성과전류계전기는 태양광발전설비(신재생에너지)의 수전반에 설치되는 계전기로 영상전압(또는 일정방향의 영상전류)을 기준으로 지락고장전류의 방향이 일정 범위에 있을 때 작동하는 계전기이며 루프계통의 지락사고 보호용으로 사용된다.

지락방향성과전류계전기의 동작원리 및 정정은 다음과 같다.

1. 배전계통의 배전선로 1선지락시 지락전류의 크기 및 위상 계산

배전계통 변전소로부터 수용가 A까지 거리가 9[km]인 다음과 같은 선로의 1선 지락전류를 완전지락과 지락 고장저항 10[Ω] 대해서 구분하여 지락전류 크기 및 위상에 대해 구하면 다음과 같다.

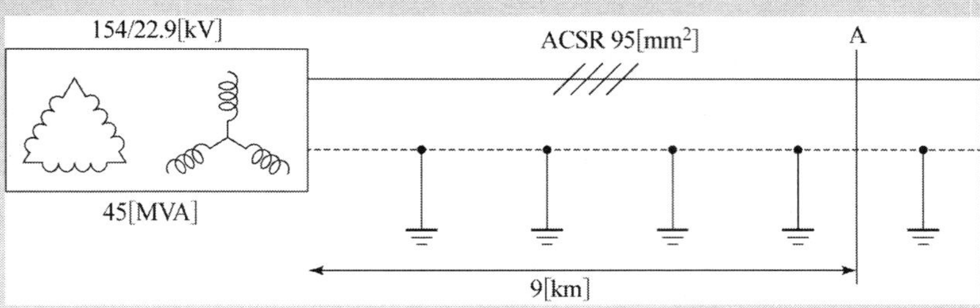

임피던스는 다음과 같다.

전원공급변압기(45[MVA] 154/22.9[kV]) 임피던스 : $Z_{Tr} = 14.5\%$

선로 $Z_{l1} = 5.8 + j8.41$[%/㎞](ACSR 95[㎟], 2,400[㎜] 완금, 1회선)

$Z_{l0} = 14.02 + j32.36$[%/㎞](100 MVA 기준)

지락점 저항은 완전지락과 지락고장저항 10[Ω]

위 임피던스를 기준용량 100[MVA]로 두고 임피던스를 구하면 변압기의 경우는

$$Z_{Tr} = j14.5 \times \frac{100}{45} = j32.2[\%]$$

임피던스의 합산

– 정상분(=역상분) 임피던스

$$\begin{aligned} Z_1 = Z_2 &= Z_{Tr} + Z_{l1} \\ &= j32.2 + (5.8 + j8.41) \times 9 \\ &= 52.2 + j107.9[\%] \end{aligned}$$

– 영상분 임피던스

$$\begin{aligned} Z_0 &= Z_{Tr} + Z_{l0} \\ &= j32.2 + (14.02 + j32.36) \times 9 \\ &= 126.2 + j323.4 \end{aligned}$$

기준전류

– 기준전류 $I_b = \dfrac{100 \times 10^3}{\sqrt{3} \times 22.9} = 2,521[\text{A}]$

1) 완전지락(지락점 고장저항 무시, $R_f = 0$) 일 때 지락전류의 크기 및 위상

완전지락($R_f = 0$) 일 때 1선지락전류 I_g는 다음과 같다.

$$- I_g = \frac{3 \times 100}{Z_0 + Z_1 + Z_2 + 3R_f} \times I_b$$

$$= \frac{3 \times 100}{126.2 + j323.4 + (52.2 + j107.9) \times 2 + 3 \times 0} \times 2,521$$

$$= \frac{3 \times 100}{230.6 + j539.2} \times 2,521$$

$$\therefore I_g = 1284 \angle \text{-}66$$

완전 지락시 지락전류의 크기는 1284[A] 이고 위상은 −66° 이다

2) 불완전 지락(지락점 고장저항, $R_f = 10[\Omega]$) 일 때 지락전류의 크기 및 위상

지락점의 고장저항 $R_f = 10[\Omega]$일 때 1선지락전류 I_g는 다음과 같다.

– 고장점 저항 $R_f = \dfrac{10 \times 100 \times 10^3}{10 \times 22.9^2} = 190.6[\%]$

$$- I_g = \frac{3 \times 100}{Z_0 + Z_1 + Z_2 + 3R_f} \times I_b$$

$$= \frac{3 \times 100}{126.2 + j323.4 + (52.2 + j107.9) \times 2 + 3 \times 190.6} \times 2,521$$

$$= \frac{3 \times 100}{802.4 + j539.2} \times 2,521$$

$$\therefore I_g = 782.3 \angle -33.9$$

지락점의 고장 10[Ω]일 때 지락전류의 크기는 782.3[A] 이고 위상은 −33.9° 이다. 따라서 위 계산에 의해 한전 배전선로 1선 지락시 1선 지락전류의 위상은 항상 전압 보다 뒤진 방향을 발생이 되는 것을 알 수 있다.

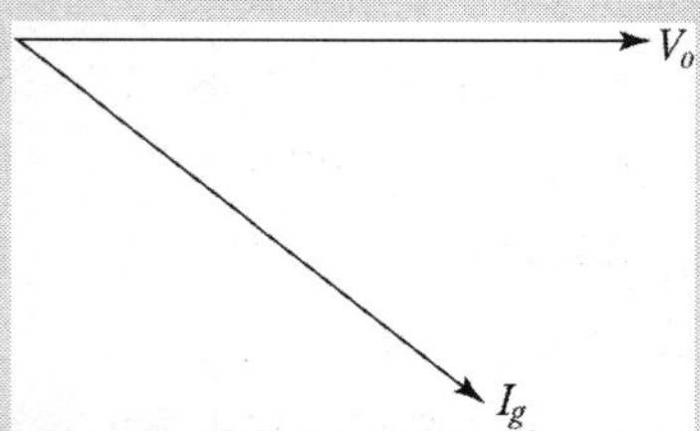

2. 내부사고시 67N 보호계전 위상각 검토

1) CT 정방향 설치시 PV 발전측 지락시 지락전류 검토
(CT 정방향은 태양광발전 측을 K로 한다)

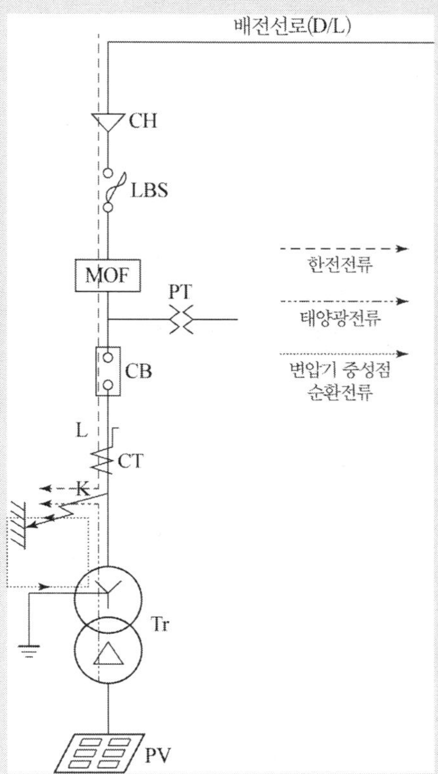

CT 2차 지락사고시 지락점의 지락전류 공급원은 한전측(계통측) 전류, 태양광발전측 전류와 변압기 중성점전류가 흐르게 된다. 이 지락전류중 CT에 검출되는 전류는 한전측 전류만 검출이 되고 태양광발전측 전류는 검출이 되지 않음. (지락시 변압기 중성점으로 흐르는 전류도 검출이 되지 않음)

CT에서 검출되는 지락전류의 방향은 L → K 방향으로 검출이 된다. 따라서 일반적인 지락사고시 전류(지상분 전류) 위상방향의 반대방향(180°)으로 검출이 되므로 보호계전기 정정은 아래와 같이 정정이 된다.

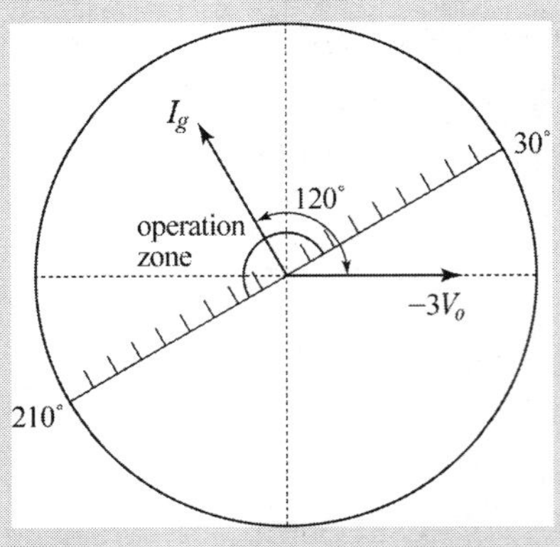

- 영상전류의 기준각 : 120°
- 보호계전기의 동작범위 ±90°
- 동작영역 : 30° ~ 210°

2) CT 역방향 설치시 PV 발전측 지락시 지락전류 검토
(CT 역방향은 태양광발전 측을 L로 한다)

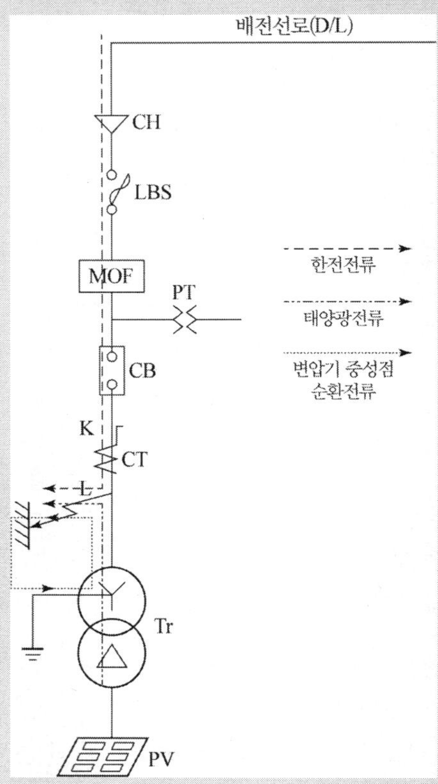

CT 2차 지락사고시 지락점의 지락전류 공급원은 한전측(계통측) 전류, 태양광발전측 전류와 변압기 중성점전류가 흐르게 된다. 이 지락전류중 CT에 검출되는 전류는 한전측 전류만 검출이 되고 태양광발전측 전류는 검출이 되지 않음.
(지락시 변압기 중성점으로 흐르는 전류도 검출이 되지 않음)

CT에서 검출되는 지락전류의 방향은 K → L 방향으로 검출이 된다. 따라서 일반적인 지락사고시 전류(지상분 전류)가 검출이 되므로 보호계전기 정정은 아래와 같이 정정이 된다.

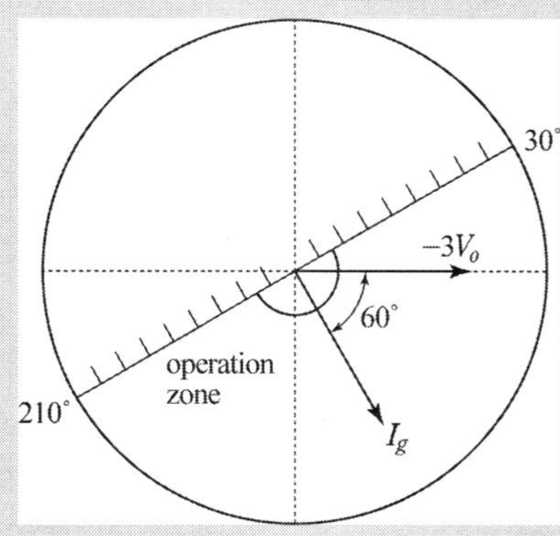

- 영상전류의 기준각 : 60°
- 보호계전기의 동작범위 ±90°
- 동작영역 : 210° ~ 30°

3. 외부사고시 67N 보호계전 위상각 검토

1) CT 정방향 설치시 PV 발전측 지락시 지락전류 검토
(CT 정방향은 태양광발전 측을 K로 한다)

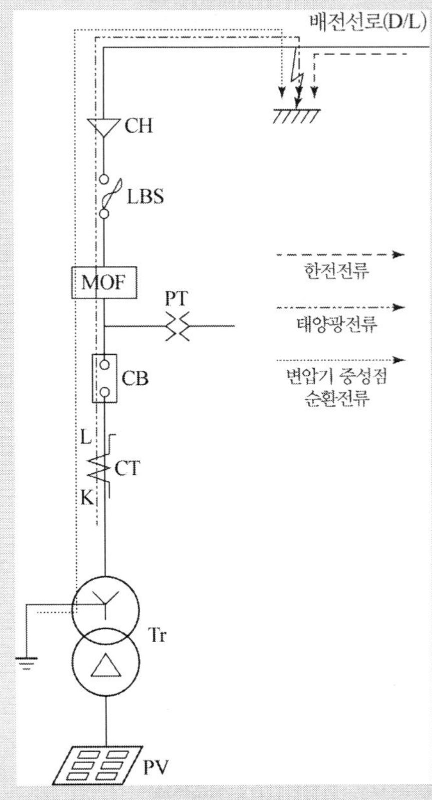

한전 배전선로 지락사고시 지락점의 지락전류 공급원은 한전측(계통측) 전류, 태양광발전측 전류와 변압기 중성점전류가 흐르게 된다. 이 지락전류중 CT에 검출되는 전류는 태양광발전측 전류와 변압기 중성점접지 전류가 검충이 되고 한전측 전류는 검출 되지 않음.

CT에서 검출되는 지락전류의 방향은 K → L 방향으로 검출이 된다. 따라서 일반적인 지락사고시 전류(지상분 전류)가 흘러서 아래와 같이 보호계전기 정정 시에는 보호계전기 정정 범위 밖에서 검출이 되어 한전 지락사고시 태양광 발전측 계전기(67N)는 동작하지 않는다.

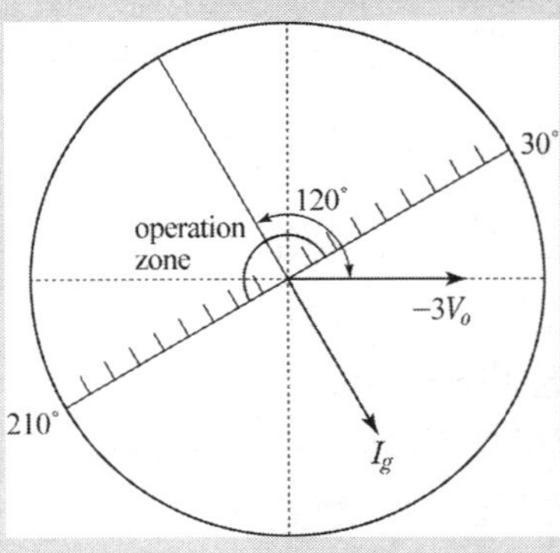

- 영상전류의 기준각 : 120°
- 보호계전기의 동작범위 ±90°
- 동작영역 : 30° ~ 210°

2) CT 역방향 설치시 PV 발전측 지락시 지락전류 검토
(CT 역방향은은 태양광발전 측을 L로 한다)

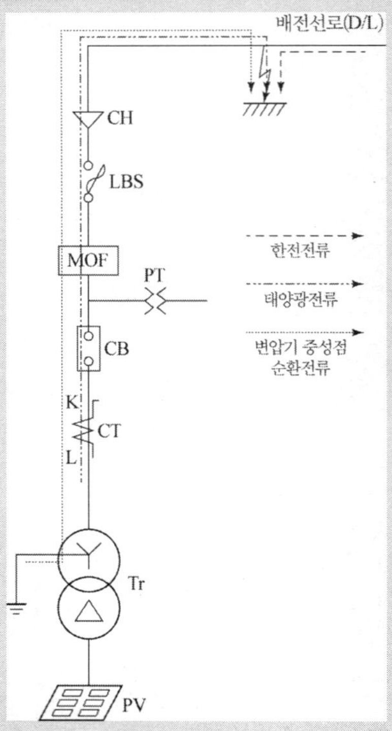

한전 배전선로 지락사고시 지락점의 지락전류 공급원은 한전측(계통측) 전류, 태양광발전측 전류와 변압기 중성점전류가 흐르게 된다. 이 지락전류중 CT에 검출되는 전류는 태양광발전측 전류와 변압기 중성점접지 전류가 검충이 되고 한전측 전류는 검출 되지 않음.

CT에서 검출되는 지락전류의 방향은 L → K 방향으로 검출이 된다. 따라서 일반적인 지락사고시 전류(지상분 전류)가 흘러서 아래와 같이 보호계전기 정정시에는 보호계전기 정정 범위 밖에서 검출이 되어 한전 지락사고시 태양광 발전측 계전기(67N)는 동작하지 않는다.

CT에서 검출되는 지락전류의 방향은 L → K 방향으로 검출이 된다. 따라서 일반적인 지락사고시 전류(지상분 전류) 위상방향의 반대방향(180°)으로 검출이 되므로 아래와 같이 보호계전기 정정시에는 보호계전기 정정 범위 밖에서 검출이 되어 한전 지락사고시 태양광 발전측 계전기(67N)는 동작하지 않는다.

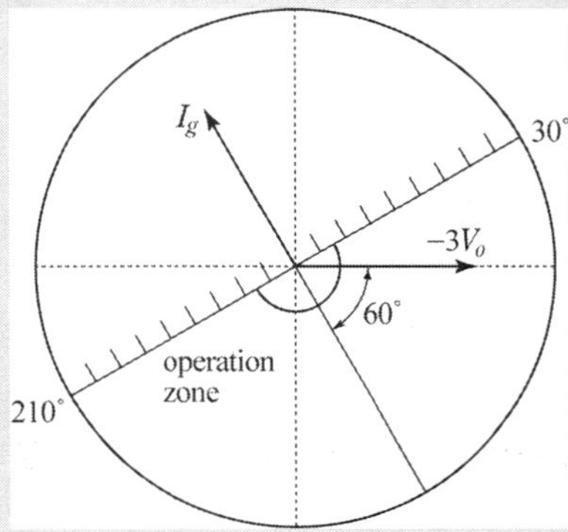

- 영상전류의 기준각 : 60°
- 보호계전기의 동작범위 ±90°
- 동작영역 : 210° ~ 30°

참고 분산형전원의 역전력계전기(32P) 셋팅 및 테스트

1. 32P(역전력계전기) Setting

1) 계약전력 저압 200 ㎾, 태양광발전설비 용량 100 ㎾인 경우

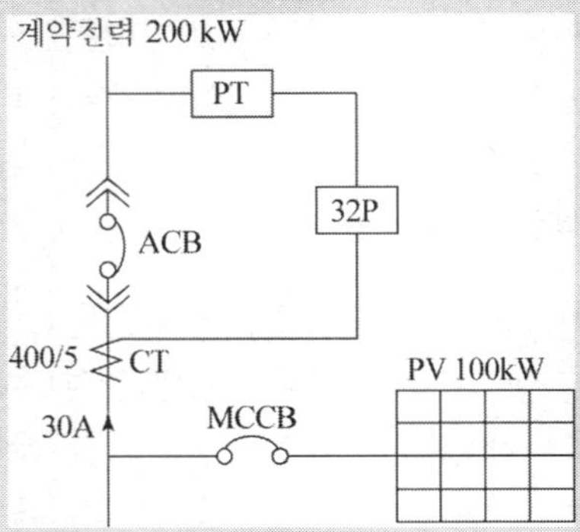

(1) 태양광발전설비 100 kW인 경우 정격전류 150 A이며, 발전용량의 20%(3상기준)는 30 A임

정격전류 $I_n = \dfrac{100\,\mathrm{kW}}{\sqrt{3} \times 0.38\,kV} = 151\,[\mathrm{A}]$

발전용량의 $20\,\% = 151[\mathrm{A}] \times 0.2 = 30[\mathrm{A}]$

(2) 발전설비 용량의 20%의 전류 30 A가 역송전 시 CT 2차측 전류값은

$30\ \mathrm{A} \times (5/400) = 0.375\ \mathrm{A}$

(3) 기준 유효전력은 3상전력인 $P_n = 3 \times V_n \times I_n$ 으로 계산되므로

여기서, $V_n = 110$[V], $I_n = 5$[A]

$P_n = 3 \times 110 \times 5 = 1{,}650$[W]

(4) 태양광 발전설비 3상 전력은

여기서, $V_n = 110$[V], $I_n = 0.375$[A](발전설비 용량의 20%)

$P_{nG} = 3 \times 110 \times 0.375 = 123.75$[W]

(5) $\dfrac{P_{nG}}{P_n} = \dfrac{123.75}{1{,}650} = 0.075$

(6) 동작치는 $0.075P_n$ 으로 설정

(7) 동작지연 시간은 정한시 2[s]로 설정

(8) 방향특성은 역전력(Reverse)

(9) GIPAM-2200 DG의 경우

REV OVER-ACT-POWER

rP > 0.075P_n

Td : 2.00 s

(10) X GIPAM-DG의 경우

조류방향 : REVERSE

동 작 치 : $0.07P_n$

동작지연시간 : 2.00 s

(11) 경보 (GD3-P11)

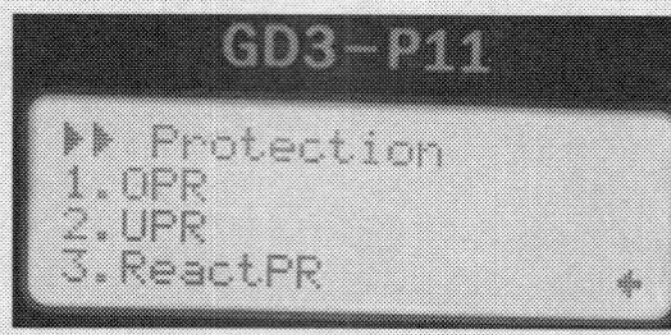

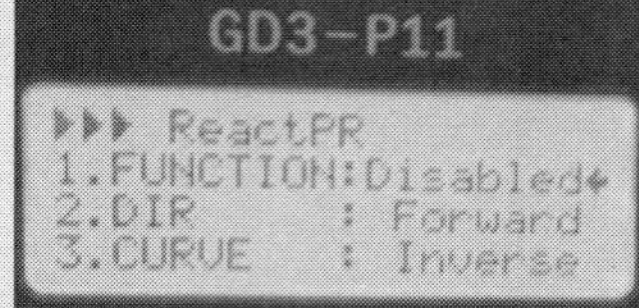

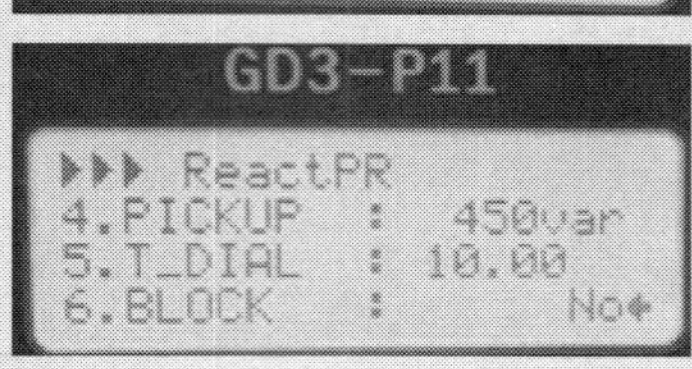

※ 2.DIR : Reverse 3.CURVE : DT 4.PICKUP : 123var 5.T_DIAL : 2.0

2. 32P(역전력계전기) 시험방법

1) 시험방법은 3상전압을 가한 상태에서 3상전류 위상을 반대로 하여 설정 전류값까지 상승시켜 픽업시험과 동작시험을 실시

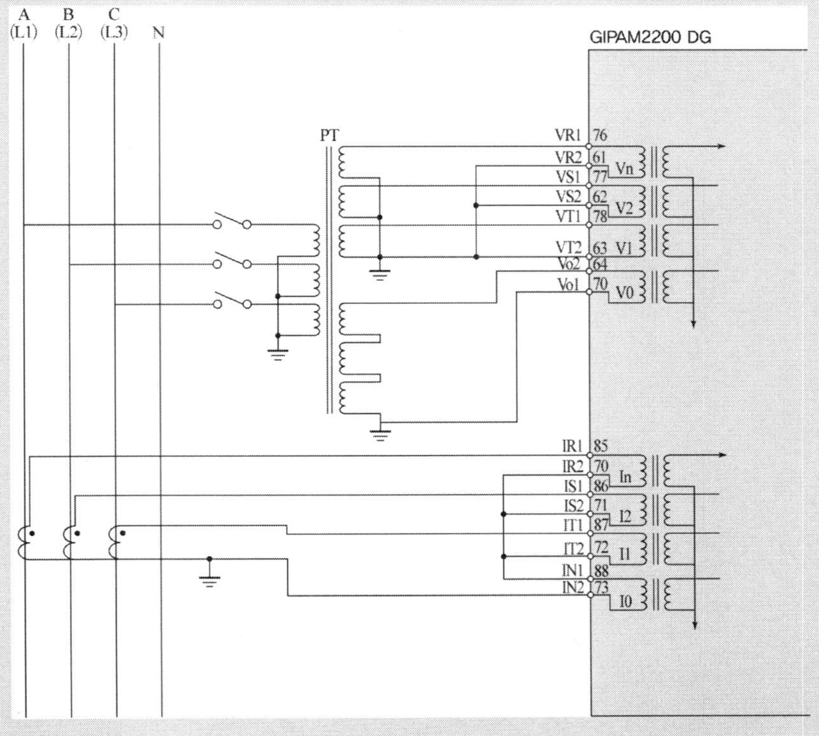

3상 계전기 시험기에서 아래와 같은 값으로 설정 및 인가 함

V_a	110[V]	0도	I_a	0.376[A]	180도
V_b	110[V]	−120도	I_b	0.376[A]	60도
V_c	110[V]	120도	I_c	0.376[A]	300도

Chap. 08

보호계전기 실제 설치 사례

1 보호계전기 정정원리 및 기준

1) 보호계전기 정정 원칙

(1) 보호계전기 Setting은 사고 발생시에 사고의 근원을 신속히 제거하여 건전부의 불필요한 차단을 피하기 위하여 고장시 동작하는 계전기들 상호 간의 협조를 도모하여야 함.

(2) 변성기나 차단기의 특성 또한 본래 동작해야 할 주 보호계전기 혹은 차단기가 오동작할 경우의 후비보호를 포함하여 검토해야 한다.

(3) 사고지점별 단락, 지락전류를 정확히 예측 계산하여 Setting을 하여야 한다.

2) 보호계전기 정정방법

각 기기별 보호계전기 정정방법이 정해져 있는 것은 아니나 기본원칙을 지켜주면서 전체 전력계통을 보고 단계별로 기술자의 수용가에서 가장 합리적인 판단에 의해 정정한다. 일반적으로 한전 및 수용가에서 Setting하고 있는 기기별 주요 계전기 Setting 방법을 기술해 보면 다음과 같다.

(1) 수전회로용 보호계전기 정정

① 단락보호 정정

㉮ 한시 Tap : 수전계약 최대전류의 150%에 정정

㉯ 한시 Lever : 수전변압기중 가장 큰용량의 변압기 2차 3상 단락전류에 0.6sec 이내에 동작하도록 선정

㉰ 순시 Tap : 수전변압기중 가장 큰용량의 변압기 2차 3상 단락전류의 150%~200%에 정정

② 지락보호 정정

㉮ 한시 Tap : 수전계약전력의 30%이하로서 평시 부하불평형전류의 1.5배 이상에 정정

㉯ 한시 Lever : 수전 보호구간 최대 1선 지락 고장전류에서 0.2sec 이하로 선정

㉯ 순시 Tap : 후위 계전기와 협조가 가능하고 최소치에 정정

③ 부족전압보호 정정

㉮ 한시 Tap : 정격전압의 70% 정도에 정정

㉯ 한시 Lever : 정정치 전압에서 3sec 정도로 조정

④ 과전압보호 정정

㉮ 한시 Tap : 정격전압의 120%정도에 정정

㉯ 한시 Lever : 정정치 전압에서 2sec 정도로 조정

(2) 변압기 보호계전기 정정

① 단락보호 정정

㉮ 한시 Tap : 변압기 정격전류의 150%에 정정

㉯ 한시 Lever : 변압기 2 차 3상 단락전류에 0.6 sec 이내에 동작하도록 선정

㉰ 순시 Tap : 변압기 2차 3상 단락전류의 150%~200%에 정정
(돌입전류에 동작하지 않도록 정정)

② 지락보호 정정

㉮ 한시 Tap : 변압기 정격전류의 30% 이하에 정정

㉯ 한시 Lever : 수전 보호구간 최대 1선 지락 고장전류에서 0.2 sec 이하로 선정

㉰ 순시 Tap : 돌입 불평형 전류에 오동작하지 않는 최소치에 정정

(3) 수전변압기 2차 메인 보호계전기 정정

① 단락보호 정정

㉮ 한시 Tap : 변압기 2차 정격전류의 150%에 정정

㉯ 한시 Lever : 변압기 2차 모선 3상 단락전류의 0.4~0.6 sec에 선정

㉰ 순시 Tap : 분기Feeder 사고에 불필요한 오동작을 하지 않도록 순시 제거

② 지락보호 정정

계통접지 방식에 따라 다르며

㉮ 직접접지 계통의 경우

- 한시 Tap : 변압기 2차 정격전류의 30%이하에 정정
- 한시 Lever : 수전 보호구간 최대 1선지락 고장전류에서 0.2sec 이하에 선정
- 순시 Tap : 분기Feeder 사고에 불필요한 오동작을 하지 않도록 순시 제거

㉯ 저항접지 계통의 경우

- 한시 Tap : 동일 계통에서 단계별로 최대 지락전류의 30%, 20%, 10%, 5%

(4) 배전선 보호계전기 정정

① 단락보호 정정

㉮ 한시 Tap : 최대부하전류의 150% 또는 케이블 허용전류의 150% 중 적은 값에 정정

㉯ 한시 Lever : 전 · 후위 계전기와 0.3sec 이상 협조가 가능하도록 선정

㉰ 순시 Tap : 모선 2상 단락전류 값의 1/1.5에 동작하고 연결 TR 2차 단락전류의 150%~200%에 정정 Feeder와 말단에 연결
분기 Feeder가 많은 경우 분기 Feeder 사고에 순시가 동작할 시 순시 제거

② 지락보호 정정

계통접지 방식에 따라 다르며

㉮ 직접접지 계통의 경우

- 한시 Tap : 최대부하전류의 30% 이하에 정정
- 한시 Lever : 전 · 후위 계전기와 0.3sec 이상 협조가 가능하도록 선정
- 순시 Tap : 후단에 다시 분기 Feeder가 있는 경우 순시 제거.
  동일 전압계통에서 말단일 경우 오동작 않는 최소치에 정정

㉯ 저항접지 계통의 경우

- 한시 Tap : 동일 계통에서 단계별로 최대 지락전류의 30%, 20%, 10%, 5%
- 한시 Lever : 동일 전압, 동일 Bank 단계별 협조가 가능하도록 선정
- 순시 Tap : 후단에 다시 분기 Feeder가 있는 경우 순시 제거.
  동일 전압계통에서 말단일 경우 오동작 않는 최소치에 정정

㉰ 비접지계통의 경우

메인반의 OVGR와 분기반의 DGR을 AND조건으로 동작되도록 정정

3) 보호계전기 정정시 고려사항

(1) 변압기 ANSI POINT 및 Thermal Limit Curve

변압기에 대한 Thermal Limit는 일반적으로 ANSI POINT로 표현되며 정격전류 대 시간의 배수로 나타낸다. 일반적으로 변압기 Self Cooled Rating(OA Rating)에서 단위 전류 제곱 초당 1,250배 까지 변압기가 견딜 수 있다.

즉, $I^2t = 1,250$이며 보통 변압기 Impedance 당 다음과 같이 적용할 수 있다.

$\%Z$: 4%인 경우	$I=$ 전부하전류×25 배	For $t=2$ Sec
$\%Z$: 4%~7%인 경우	$I=$ 전부하전류×(100/%Z)	For $t=$%Z−2 Sec
$\%Z$: 7%인 경우	$I=$ 전부하전류×14.3배	For $t=5$ Sec

(2) 변압기 INRUSH CURRENT

I = 전부하전류 × (8 ~ 12배) ≒ 전부하전류 × 10배 For 0.1 Sec

4) 보호장치의 시한협조 기준(ANSI / IEEE Std 242-1986)

(1) 한시요소(Time-Delay Element) : 0.3~0.4 Sec

Coordination Margin = (Breaker Opening Time) + (Relay Operating Time) + (Overtravel) + (Safety Factor)

항목	기입 값	참고 범위	비고
Circuit Breaker Opening Time	0.08 s	0.05~0.08 s	차단기 개방 및 접점 분리 소요
Relay Operating Time (Time Dial 포함)	0.10 s	0.05~0.10 s	계전기 동작 지연 포함
Overtravel	0.02~0.04 s	0.02~0.04 s	기계적 · 자기적 관성
Safety Factor	0.12~0.22 s	0.05~0.15 s	CT 포화, 설정오차 등
합계(권장 여유시간)	0.30~0.40 s	0.30~0.40 s	상 · 하위 보호기기 간 선택동작 확보

(2) 순시요소(Instantaneous Element) : 0.11 ~ 0.15Sec

Coordination Margin = (Instantaneous Reset/Release) + (VCB Opening Time) + (Safety Factor)

항 목	기입 값	참고 범위	비고
Instantaneous Reset/Release	0.03 s	0.02~0.03 s	상위 릴레이 비동작 확보용 복귀/해방 시간
VCB Opening Time	0.05 s	0.04~0.05 s	진공차단기 개방 소요
Safety Factor	0.07 s	0.05~0.07 s	측정/설정 여유
합계(권장 여유시간)	0.15 s	0.11~0.15 s	순시요소 간 선택동작 확보

(3) 반한시성 과전류 계전기 정정

① IEC 60255-3의 동작 특성

IEC 60255-3의 동작 특성식은 다음과 같다

$$t = \frac{K \times \Delta t}{\left(\frac{I}{I_S}\right)^{\alpha} - 1}$$

여기서, t : 계전기의 동작시간[sec]

Δt : time multiplier

K : 계전기 특성상수

I : 입력 전류 값

I_S : 정정 전류 값

α : 특성곡선지수

IEC에서 권고한 계전기 특성상수 K와 특성곡선지수 α의 값은 아래와 같으며 대부분의 제조사 들이 이 값을 표준으로 채택하고 있다.

IEC가 권고한 각 상수

특 성	K	α
반한시	0.14	0.02
강반한시	13.5	1.0
초반한시	80	2.0
장반한시	120	1.0

IEC 규격의 과전류계전기를 특성별로 적용하고자 할 때에는 아래 수식을 적용한다.

㉮ 반한시(SI) $t = \dfrac{0.14 \times \Delta t}{\left(\dfrac{I}{I_S}\right)^{0.02} - 1}$

㉯ 강반한시(VI) $t = \dfrac{13.5 \times \Delta t}{\left(\dfrac{I}{I_S}\right) - 1}$

㉰ 초반한시(EI) $t = \dfrac{80 \times \Delta t}{\left(\dfrac{I}{I_S}\right)^{2} - 1}$

㉱ 장반한시(LI) $t = \dfrac{120 \times \Delta t}{\left(\dfrac{I}{I_S}\right) - 1}$

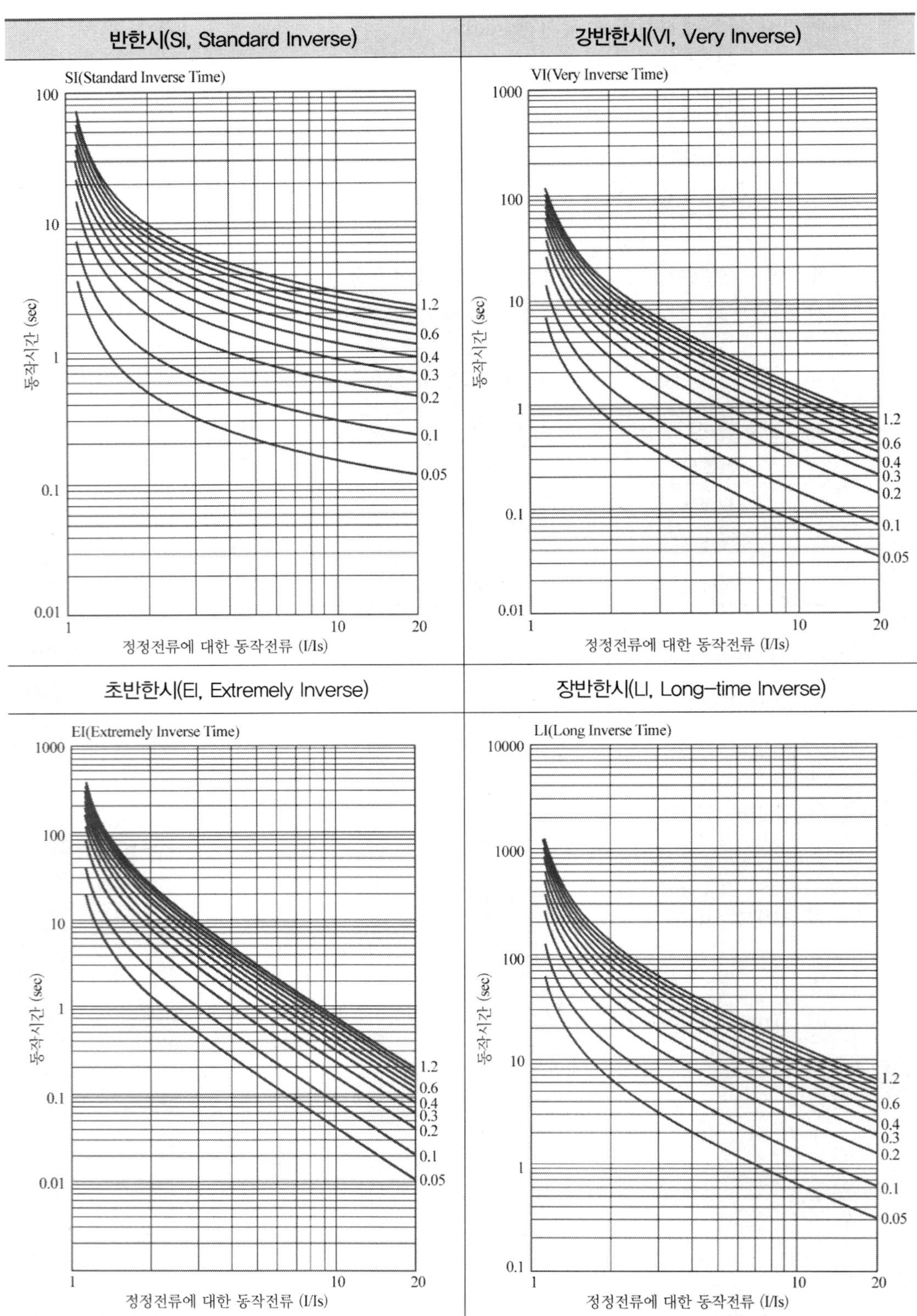
반한시(SI, Standard Inverse)
SI(Standard Inverse Time)
100
10
1
0.1
0.01
1.2
0.6
0.4
0.3
0.2
0.1
0.05
동작시간 (sec)
1
10
20
정정전류에 대한 동작전류 (I/Is)
강반한시(VI, Very Inverse)
VI(Very Inverse Time)
1000
100
10
1
0.1
0.01
1.2
0.6
0.4
0.3
0.2
0.1
0.05
동작시간 (sec)
1
10
20
정정전류에 대한 동작전류 (I/Is)
초반한시(EI, Extremely Inverse)
EI(Extremely Inverse Time)
1000
100
10
1
0.1
0.01
1.2
0.6
0.4
0.3
0.2
0.1
0.05
동작시간 (sec)
1
10
20
정정전류에 대한 동작전류 (I/Is)
장반한시(LI, Long-time Inverse)
LI(Long Inverse Time)
10000
1000
100
10
1
0.1
1.2
0.6
0.4
0.3
0.2
0.1
0.05
동작시간 (sec)
1
10
20
정정전류에 대한 동작전류 (I/Is)

② 한국전력의 동작 특성 식

한국전력이 적용하는 과전류계전기 동작 특성식은 IEC나 ANSI/IEEE와 다른 수식을 적용하며, 한전규정 ES 5945-00014에 규정되어 있음

반한시 $$t = \left\{ \frac{0.11}{\left(\frac{I}{I_P}\right)^{0.02} - 1} + 0.42 \right\} \cdot D$$

강반한시 $$t = \left\{ \frac{39.85}{\left(\frac{I}{I_P}\right)^{1.95} - 1} + 1.084 \right\} \cdot D$$

여기서, t : 계전기 동작시간[sec]

I : 입력전류

I_P : 정정전류 값

D : time multiplier

③ ANSI/IEEE IEC 60255-3의 동작 특성

반한시 $$t = \left\{ \frac{8.9341}{\left(\frac{I}{I_P}\right)^{2.0938} - 1} + 0.17966 \right\} \cdot D$$

강반한시 $$t = \left\{ \frac{3.922}{\left(\frac{I}{I_P}\right)^{2} - 1} + 0.0982 \right\} \cdot D$$

초반한시 $$t = \left\{ \frac{5.64}{\left(\frac{I}{I_P}\right)^{2} - 1} + 0.02434 \right\} \cdot D$$

여기서, t : 계전기 동작시간[sec]

I : 입력전류

I_P : 정정전류 값

D : time multiplier

5) 기중차단기(ACB) 정정 기준

(1) MAIN ACB 정정 기준

① 장한시 동작전류 설정 I_1(Long Time Pickup)

변압기 정격전류의 120%에 정정

② 장한시 동작시간 설정 t_1(Long Time Delay)

장한시 동작전류 I_1의 600%에서 1.25 s 값을 적용

③ 단한시 동작전류 설정 I_2(Short Time Pickup)

최대부하전류의 400%에 설정

④ 단한시 동작시간 설정 t_2(Short Time Delay)

자기모선 삼상단락 고장전류에서 100 ms에 정정

⑤ 순시동작전류 설정 I_3(Instantaneous Pickup)

하위단과의 보호협조를 위해 ∞에 정정

⑥ 지락동작전류 설정 I_G(Ground Pickup)

변압기 정격전류의 30%에 정정

⑦ 지락동작시간 설정 t_3(Ground Time Delay)

자기모선 일선지락 고장전류에서 100 ms에 정정

(2) FEEDER ACB 정정 기준

① 장한시 동작전류 설정 I_1(Long Time Pickup)

ACB 용량의 100%에 정정

② 장한시 동작시간 설정 t_1(Long Time Delay)

장한시 동작전류 I_1의 600%에서 0.5 s 값을 적용

③ 단한시 동작전류 설정 I_2(Short Time Pickup)

ACB용량의 400%에 설정

④ 단한시 동작시간 설정 t_2(Short Time Delay)

자기모선 삼상단락 고장전류에서 50 ms에 정정

⑤ 순시동작전류 설정 I_3(Instantaneous Pickup)

하위 MCCB와의 보호협조를 위해 ∞에 정정

⑥ 지락동작전류 설정 I_G(Ground Pickup)

ACB 용량의 30%에 정정

⑦ 지락동작시간 설정 t_3(Ground Time Delay)

자기모선 일선지락 고장전류에서 50 ms에 정정

(3) ACB 각부 다이얼의 기능 설명

① 기준전류 I_B(Base Current)

기준전류의 설정에 사용되며 CT전류의 50~100% 까지 조정 가능

$$I_B = \text{CT 전류} \times \text{비율}$$

② 장한시 동작전류 설정 I_1(Long Time Pickup)

장한시 동작전류 설정에 사용하며 기준전류 I_B의 80~110%까지 조정 가능

$$I_1 = I_B \times \text{비율}(80 \sim 110\%)$$

③ 장한시 동작시간 설정 t_1(Long Time Delay)

장한시 동작전류 시한 설정에 사용되며 장한시 동작전류의 600%($I_1 \times 6$)에서 0.5초~30초 까지 조정 가능

④ 단한시 동작전류 설정 I_2(Short Time Pickup)

단한시 동작전류 설정에 사용하며 기준전류 I_B의 200~1,000%까지 조정 가능

$$I_2 = I_B \times \text{비율}(200 \sim 1{,}000\%)$$

⑤ 단한시 동작시간 설정 t_2(Short Time Delay)

단한시 동작전류 시한 설정에 사용되며 0.08초~0.56초 까지 조정 가능

⑥ 순시동작전류 설정 I_3(Instantaneous Pickup)

순시 동작전류의 설정에 사용하며 기준전류 I_B의 400~1,600% 까지 조정 가능

$$I_3 = I_B \times \text{비율}(400 \sim 1{,}600\%)$$

동작시간은 20 mS 이내에 동작

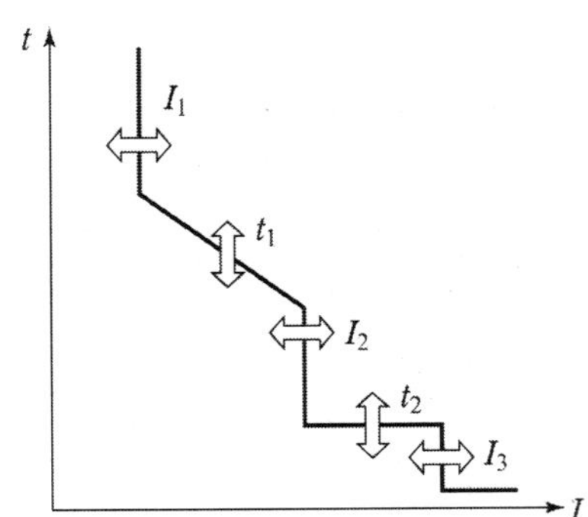

⑦ 지락 동작전류 설정 I_G(Ground Pickup)

지락 동작전류의 설정에 사용하며 기준전류 I_B의 20~100%까지 조정 가능

$$I_1 = I_B \times \text{비율}(20 \sim 100\%)$$

⑧ 지락 동작시간 설정 t_3(Ground Time Delay)

지락 동작전류 시한 설정에 사용되며 0.1초~3.0초 까지 조정 가능

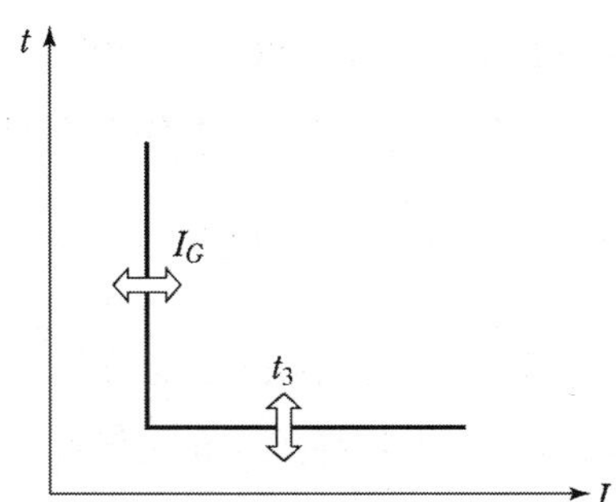

※ 위의 ACB 정정과 관련해서는 단자기호는 제작회사의 표기법에 따라 다르며 또한 전류의 셋팅치와 동작시간의 범위가 다르므로 제조사의 카달로그 참조가 필요함.

6) 모터보호용 EOCR 정정 기준

(1) 과전류(OC)

① 모터 실제 부하전류 × (1.1~1.25)

② 모터 정격전류 × (1.1~1.25)

(2) 특성곡선(Inverse 또는 Definite)

① 반한시(Inverse)

반한시의 동작은 특성곡선에 의함

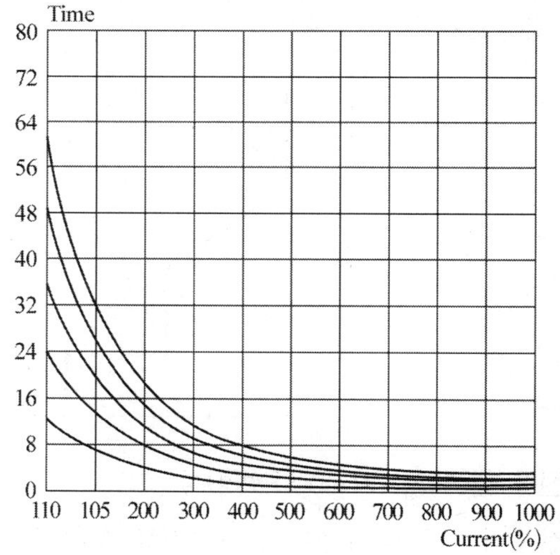

② 정한시(Definite)

㉮ 기동지연시간(D-Time)

모터의 기동전류(일반적으로 정격전류의 6~10배)에 동작하는 시간 동안 EOCR의 동작을 지연시켜주는 시간을 조정하는 것

- 직입기동 방식 : 5~10초
- Y-△기동 방식 : $T+2$초

  (T(Transfer Time) : Y-△기동시 Y에서 △로 전환되는 시간)
- 대용량 FAN 부하 : 실제기동시간 + 2초

㉯ 동작지연시간(O-Time)

부하에 과전류가 흐르기 시작할 때부터 EOCR이 트립될 때까지의 시간을 말함

- 일반적인 부하의 경우 3~6초 정도

③ **경보율(Alert)의 설정치는 모터 부하의 70~95%**

④ **부족전류(Under Current)**

부하가 없는 상태에서 모터가 계속 운전되면 공회전으로 인한 베어링의 마모, 전력 손실 등을 방지하고 수중 모터의 경우 냉각을 물로 하기 때문에 물이 없을 경우에는 부족 전류로 인한 모터가 소손이 되므로 이를 예방하기 하기 위해 부족전류를 셋팅

- 실제 공회전 전류를 측정한 전류를 확인 후 설정이 필요
- 일반적으로는 UC = OC × 1/3 × 1.1 × (1/CT ratio)

⑤ **부족전류 동작시간(Under Current Time)**

부하전류가 부족전류(Under Current) 이하가 되면 차단기가 동작하는 차단시간을 설정

⑥ **결상보호(Open Phase Protection) 동작**

3상 전동기가 결상운전을 하게 되면 1.5~2배의 전류가 증가하고, 시동전에 결상이 되면 구속전류가 흘러서 권선의 과열로 인한 소손이 되므로 이를 보호하기 위해 결상보호 동작을 셋팅 함

3상 불평형율이 90% 이상일 때 차단

⑦ **전류 불평형율(Current Unbalance Factor)**

3상 불평형율이 50% 이상일 때 트립(고정)

$$\text{불평형률} = \frac{\text{최대전류} - \text{최소전류}}{\text{최대전류}} \times 100[\%]$$

불평형율 ON시에 불평형율 50% 이상일 때 동작하며, 동작시간은 8초

⑧ **기동중 구속전류(Lock)**

모터가 기동을 하지 못하는 경우로 기동지연시간(DT) 후 즉시 동작을 하는 것

Lock = OC × (6~8)

⑨ 운전중 구속전류(Stall)

계전기의 OC 값의 1.8배(고정) 이상이 되면 Stall 시간 경과 후 차단된다.

※ 위의 EOCR 정정과 관련해서는 제작회사의 기기마다 특성 및 조작 방법이 다르므로 제조사의 카달로그 참조가 필요함.

2 용량 4,500kVA(TR 1,000kVA, 1,500kVA, 2,000kVA) 22.9kV/380V 수변전설비

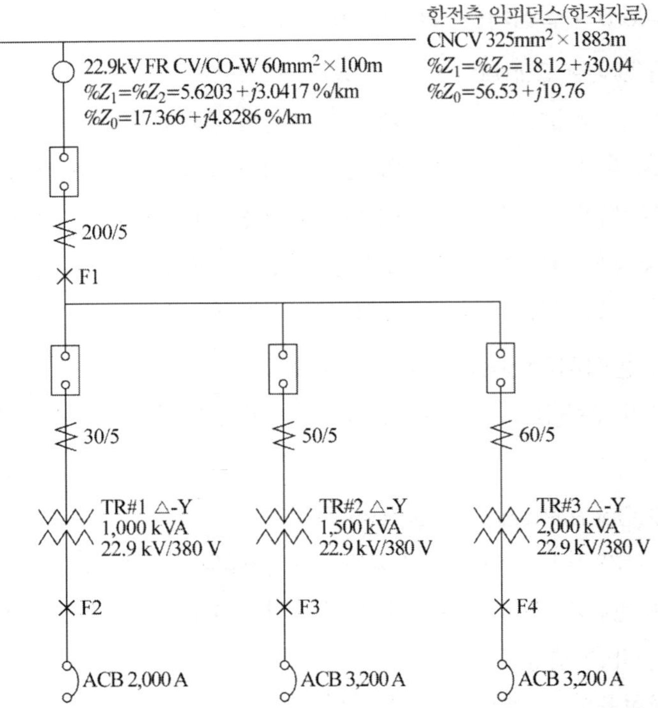

1) 각 임피던스의 계산

(1) 한전측 등가 임피던스(Z_S)

한전측 정상분 및 역상분 임피던스 $\%Z_S$는 다음과 같다.

(임피던스는 한국전력에서 제출 받은 값으로 CNCV 325 mm^2 ×1,883 m임)

$$\%Z_1 = \%Z_2 = 18.12 + j30.04[\%/\text{km}]$$

$$\%Z_0 = 56.53 + j19.76[\%/\text{km}]$$

(2) 인입전선로 임피던스(Z_L)

전기실 인입전선로(22.9 kV FR CV/CO-W 60 mm^2 ×100 m)

① 인입전선로의 정상(역상) 임피던스

$$\%Z_1 = \%Z_2 = (5.6203 + j3.0417) \times \frac{100}{1000} = (0.56203 + j0.30417)[\%]$$

② 인입전선로의 영상 임피던스

$$\%Z_0 = (17.386 + j4.8286) \times \frac{100}{1000} = (1.7386 + j0.48286)[\%]$$

(3) TR#1 1,000 kVA 임피던스 계산

① TR#1 정격 : 22,900/380 V, 3Φ 1,000 kVA(1.0MVA), $\Delta - Y$

② TR#1 %Z : 5.0%(자기용량 기준)

③ TR#1 임피던스 계산[100MVA 기준]

ANSI/IEEE C37.0101에서 X/R비는 6 이므로

$\%Z = \sqrt{R^2 + X^2} = \sqrt{R^2 + \alpha R^2} = \sqrt{R^2 + 6R^2} = 5.0[\%]$ 이므로

$$\%R = \sqrt{\frac{\%Z^2}{\alpha^2}} = \sqrt{\frac{5^2}{6^2}} = 0.83[\%]$$

$$\%X = \sqrt{\%Z^2 - R^2} = \sqrt{5.0^2 - 0.83^2} = 4.93[\%]$$

100 MVA의 기준임피던스로 환산하면

$$\%R_B = \%R \times \frac{\text{기준용량[MVA]}}{\text{자기용량[MVA]}} = 0.83 \times \frac{100}{1.0} = 83[\%]$$

$$\%X_B = \%X \times \frac{\text{기준용량[MVA]}}{\text{자기용량[MVA]}} = 4.93 \times \frac{100}{1.0} = 493[\%]$$

(4) TR#2 1,500kVA 임피던스 계산

① TR#2 정격 : 22,900/380 V, 3Φ 1,500 kVA(1.5MVA), $\Delta - Y$

② TR#2 %Z : 6.0%(자기용량 기준)

③ TR#2 임피던스 계산[100MVA 기준]

ANSI/IEEE C37.0101에서 X/R비는 7이므로

$\%Z = \sqrt{R^2 + X^2} = \sqrt{R^2 + \alpha R^2} = \sqrt{R^2 + 7R^2} = 6.0[\%]$ 이므로

$$\%R = \sqrt{\frac{\%Z^2}{\alpha^2}} = \sqrt{\frac{6^2}{7^2}} = 0.857[\%]$$

$$\%X = \sqrt{\%Z^2 - R^2} = \sqrt{6.0^2 - 0.857^2} = 5.938[\%]$$

100 MVA의 기준임피던스로 환산하면

$$\%R_B = \%R \times \frac{\text{기준용량[MVA]}}{\text{자기용량[MVA]}} = 0.857 \times \frac{100}{1.5} = 57.13[\%]$$

$$\%X_B = \%X \times \frac{\text{기준용량[MVA]}}{\text{자기용량[MVA]}} = 5.938 \times \frac{100}{1.5} = 395.86[\%]$$

(5) TR#3 2,000 kVA 임피던스 계산

① TR#3 정격 : 22,900/380 V, 3Φ 2,000 kVA(2.0MVA), Δ-Y

② TR#3 %Z : 7.0%(자기용량 기준)

③ TR#3 임피던스 계산[100MVA 기준]

ANSI/IEEE C37.0101에서 X/R비는 8이므로

$\%Z = \sqrt{R^2 + X^2} = \sqrt{R^2 + \alpha R^2} = \sqrt{R^2 + 8R^2} = 7.0[\%]$ 이므로

$$\%R = \sqrt{\frac{\%Z^2}{\alpha^2}} = \sqrt{\frac{7^2}{8^2}} = 0.875[\%]$$

$$\%X = \sqrt{\%Z^2 - R^2} = \sqrt{7.0^2 - 0.875^2} = 6.945[\%]$$

100 MVA의 기준임피던스로 환산하면

$$\%R_B = \%R \times \frac{\text{기준용량[MVA]}}{\text{자기용량[MVA]}} = 0.875 \times \frac{100}{2.0} = 43.75[\%]$$

$$\%X_B = \%X \times \frac{\text{기준용량[MVA]}}{\text{자기용량[MVA]}} = 6.945 \times \frac{100}{2.0} = 347.25[\%]$$

참고 **고장전류 계산을 위한 필요한 자료**

1. 인입전선로 임피던스 자료

(1) 22.9 kV-y 배전선의 단위 길이당 %임피던스(100 MVA 기준)

ACSR(동선)[mm^2]		임피던스[%/㎞]	
전력선	중성선	정상(역상) IMP	영상 IMP
160(100)	95(60)	3.86+j7.42	9.87+j22.68
150	95(60)	4.05+j7.46	10.06+j22.72
95(60)	95(60)	7.71+9.24	13.73+j24.50
95(60)	58(38)	7.71+j9.24	15.47+j26.96
58(38)	58(38)	13.27+j9.81	21.03+j57.53
58(38)	32(22)	13.27+j9.81	21.92+j31.04
32(22)	32(22)	23.46+j9.94	31.11+j31.17

(2) 지중전력선의 선로 임피던스(100MVA 기준)

전 압	전력선 종류	정상 임피던스[%/㎞]	영상 임피던스[%/㎞]
345 kV	OF 2,000 mm^2	$0.0047+j0.0520$	$0.0214+j0.0246$
154 kV	OF 2,000 mm^2	$0.0047+j0.0520$	$0.0214+j0.0246$
	CV 2,000 mm^2		
	OF 1,200 mm^2	$0.0102+j0.0723$	$0.0070+j0.0500$
	CV 1,200 mm^2		
	OF 600 mm^2	$0.0953+j0.3697$	$0.2485+j0.1857$
22.9 kV-y	CNCV 325 mm^2	$1.4325+j2.3741$	$4.4678+j1.5617$
	CNCV 250 mm^2	$1.8242+j2.4887$	$5.5122+j1.8134$
	CNCV 200 mm^2	$2.2767+j2.5823$	$7.4178+j2.0651$
	CNCV 150 mm^2	$2.9128+j2.6530$	$9.6775+j2.5666$
	CNCV 100 mm^2	$4.3896+j2.8650$	$13.8822+j3.8004$
	CNCV 60 mm^2	$5.6203+j3.0417$	$17.386+j4.8286$

2. 2권선 변압기의 최소 단락 임피던스 및 TR의 X/R비

(1) 2권선변압기 최소단락 임피던스

정격전류에서의 단락 임피던스	
정격용량[kVA]	최소 단락 임피던스[%]
25 to 630	4.0
631 to 1,250	5.0
1,251 to 2,500	6.0
2,501 to 6,300	7.0
6,301 to 25,000	8.0
25,001 to 40,000	10.0
40,001 to 63,000	11.0
63,001 to 100,000	12.5
100,000 초과	12.5 초과

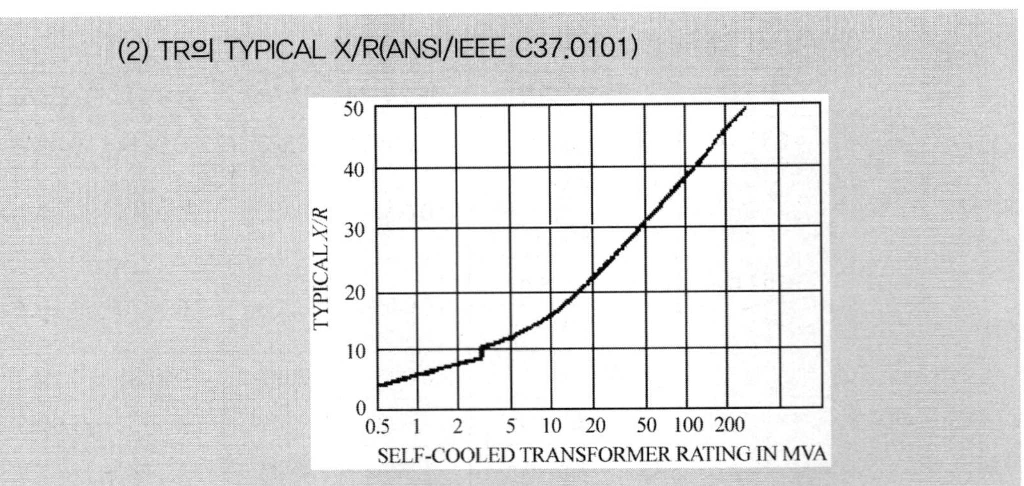

2) 고장점별 %임피던스의 집계

(1) 임피던스 Map

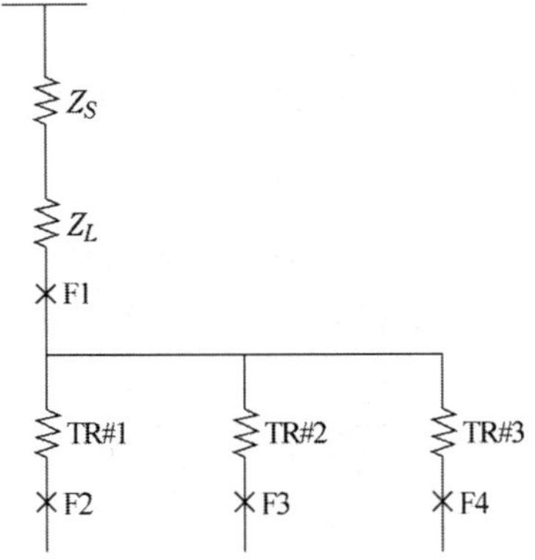

(2) %임피던스 집계

위의 임피던스 Map를 참조하여 %임피던스를 집계하면 다음과 같다.

구분	고장점	정상임피던스 (%Z_1)	역상임피던스 (%Z_2)	영상임피던스 (%Z_0)
한전인입점		18.12+j30.04	18.12+j30.04	56.53+j19.76
인입전선로		0.56203+j0.30417	0.56203+j0.30417	1.7386+j0.48586
수전점 소계	F1	18.682+j30.344	18.682+j30.344	58.268+j20.245
TR#1 2차		83+j493	83+j493	
TR#1 2차 소계	F2	101.682+j523.344	101.682+j523.344	(F1+TR#1)

구분	고장점	정상임피던스 ($\%Z_1$)	역상임피던스 ($\%Z_2$)	영상임피던스 ($\%Z_0$)
TR#2 2차		57.13+j395.86	57.13+j395.86	
TR#2 2차 소계	F3	75.812+j426.204	75.812+j426.204	(F1+TR#2)
TR#3 2차		43.75+j347.25	43.75+j347.25	
TR#3 2차 소계	F4	62.432+j377.594	62.432+j377.594	(F1+TR#3)

3) 고장전류 계산

(1) 수전점(F1)

① 삼상 단락시

$$P_{S1} = \frac{100 \times 100 P_N}{\% Z_1} = \frac{10^4}{18.682 + j30.344} = \frac{10^4}{35.633} = 280.6[\text{MVA}]$$

$$I_{S1} = \frac{P_{S1}}{\sqrt{3}\,V} = \frac{280.6}{\sqrt{3} \times 22.9} = 7.074[\text{kA}]$$

② 일선지락시(지락점 고장 저항 $R_g = 0$)

$$P_{Sg1} = \frac{3 \times 100 P_N}{\% Z_0 + \% Z_1 + \% Z_2}$$

$$= \frac{3 \times 100 \times 100}{(18.682 + j30.344) \times 2 + 58.268 + j20.245}$$

$$= \frac{3 \times 100 \times 100}{95.632 + j80.933} = \frac{3 \times 10^4}{125.282} = 239.45[\text{MVA}]$$

$$I_{Sg1} = \frac{P_{Sg1}}{\sqrt{3}\,V} = \frac{239.45}{\sqrt{3} \times 22.9} = 6.037[\text{kA}]$$

(2) TR#1 2차 단락지점(F2)

$$P_{S2} = \frac{100 \times 100 P_N}{\% Z_1} = \frac{10^4}{101.682 + j523.344} = \frac{10^4}{533.12} = 18.75[\text{MVA}]$$

$$I_{S2} = \frac{P_{S2}}{\sqrt{3}\,V} = \frac{18.75}{\sqrt{3} \times 0.38} = 28.48[\text{kA}]$$

(3) TR#2 2차 단락지점(F3)

$$P_{S2} = \frac{100 \times 100 P_N}{\% Z_1} = \frac{10^4}{75.812 + j426.204} = \frac{10^4}{432.89} = 23.1[\text{MVA}]$$

$$I_{S2} = \frac{P_{S2}}{\sqrt{3}\,V} = \frac{23.1}{\sqrt{3} \times 0.38} = 35.09[\text{kA}]$$

(4) TR#3 2차 단락지점(F4)

$$P_{S2} = \frac{100 \times 100 P_N}{\%Z_1} = \frac{10^4}{64.432 + j377.594} = \frac{10^4}{383.05} = 26.1[\text{MVA}]$$

$$I_{S2} = \frac{P_{S2}}{\sqrt{3}\,V} = \frac{26.1}{\sqrt{3} \times 0.38} = 39.65[\text{kA}]$$

4) 고장전류 계산 종합

구분	고장점	고장점 전압	3상단락전류[kA]	1선지락전류[kA]	비고
수전점	F1	22900[V]	7.074	6.037	
TR#1 2차	F2	380[V]	28.48	–	
TR#2 2차	F3	380[V]	35.09	–	
TR#3 2차	F4	380[V]	39.65	–	

참고 **기준용량으로의 환산 및 %임피던스의 집계**

1. %임피던스의 정의

$$\%Z = \frac{\text{정격주파수인 정격전류에 의한 내부 임피던스강하}}{\text{정격상전압}} \times 100[\%]$$

$$= \frac{Z[\Omega] \times P[\text{kVA}]}{10\,(V[\text{kV}])^2} \propto \frac{P}{V^2}$$

즉, %임피던스는 그 정의식에서 알 수 있듯이 그 회로에 정격주파수인 정격전류가 흘렀을 경우의 임피던스강하의 정격전압에 대한 비율을 의미한다.

Tr_a I_a I_b Tr_b

선로측

P_a V_a V_b P_b

위 그림과 같은 회로에서 두 변압기의 정격용량을 각각

$$P_a = \sqrt{3}\,V_a I_a[\text{kVA}],\ P_b = \sqrt{3}\,V_b I_b[\text{kVA}]$$

선로측 정격전압을 각각 V_a[kV], V_b[kV]

선로측 정격전류를 각각 $I_a = \frac{P_a}{\sqrt{3}\,V_a}$[A], $I_b = \frac{P_b}{\sqrt{3}\,V_b}$[A]

선로측에서의 합성 임피던스를 각각 $Z_a[\Omega]$, $Z_b[\Omega]$라 둔다.

각각의 Ω임피던스 Z_a와 Z_b는 불변이고, 각각의 %임피던스는 다음과 같다.

$$\%Z_a = \frac{Z_a I_a}{E_a} \times 100 = \frac{Z_a \times \dfrac{P_a}{\sqrt{3}\,V_a}}{\dfrac{V_a}{\sqrt{3}} \times 10^3} \times 100 = \frac{Z_a P_a}{10\,V_a^2}\,[\%]$$

$$\%Z_b = \frac{Z_b I_a}{E_b} \times 100 = \frac{Z_b \times \dfrac{P_b}{\sqrt{3}\,V_{ab}}}{\dfrac{V_b}{\sqrt{3}} \times 10^3} \times 100 = \frac{Z_b P_b}{10\,V_b^2}\,[\%]$$

2. 용량이 같을 때

두 변압기의 정격전압이 같고 정격용량이 $P_a = P_b$이라면 두 전류는 당연히 $I_a = I_b$ 이므로(단, 선로 충전전류는 무시) 두 기기의 $\%Z$는 각각 정격전류에 의한 값을 그대로 사용하면 된다.

3. 용량이 다를 때

만약 두 변압기의 정격전압이 같고 $P_a < P_b$일 경우라면, 선로의 전류 I는 같아야 하므로 전류는 둘 중 작은 용량인 A기의 용량에 해당하는 크기가 된다. 즉, $I = I_a < I_b$가 될 것이다. 따라서 A기의 $\%Z$는 정격전류에 의한 원래 값이지만, B기는 전류가 정격전류보다 작으므로 $\%Z$의 크기도 원래 값보다 작아지기 때문에 정격전류 I_b에 의한 값인 $\%Z_b$를 그대로 사용하는 것은 옳지 않다. 이때 B기에서 생기는 실제 임피던스강하는 $Z_b I = Z_b I_a$ 이므로 이것에 의한 %임피던스를 $\%Z_b'$라 하면 다음처럼 나타낼 수 있다.

$$\begin{aligned}\%Z_b' &= \frac{Z_b I_a}{E \times 10^3} \times 100 \\ &= \frac{Z_b \times \dfrac{P_a}{\sqrt{3}\,V}}{10 \times \dfrac{V}{\sqrt{3}}} = \frac{Z_b P_a}{10\,V^2} \\ &= \frac{Z_b P_b}{10\,V^2} \times \frac{P_a}{P_b} = \%Z_b \times \frac{P_a}{P_b}\end{aligned}$$

즉, 위 식의 $\%Z_b' = \%Z_b \times \dfrac{P_a}{P_b}$는 B기에 정격전류 I_b가 아닌 현재의 전류 $I = I_a$가 흐를 때의 $\%Z$로서 지금의 상황에 합치된다.

이처럼 용량이 서로 다를 때는 용량을(지금은 P_a로) 일치시키면 각 부분을 흐르는 전류가 같아지고, 이때의 $\%Z$는 각각의 정격전류에 의한 값이 아니라 현재의 전류에 의한 값에 해당되는데 이를 기준용량으로의 환산이라고 한다. 즉, 지금의 경우에는 P_a가 기준용량, P_b가 자기용량인 셈이다.

위와 같이 %법을 사용할 때는 기준용량으로의 환산이 필요하다는 점을 알 수 있으며, 아울러 기준용량에 대한 명확한 언급이 없는 한 모든 $\%Z$는 각 기기의 자기용량 기준으로 표시되어 있다는 사실을 잊어서는 안 된다.

4. 기준용량으로의 환산

기준용량을 P_{base}[kVA]라 두면 자기용량 P[kVA]인 $\%Z$는 다음처럼 환산된다.

$$\%Z' = \%Z \times \frac{P_{base}}{P} = \%Z \times \frac{\text{기준용량}}{\text{자기용량}}$$

기준용량은 임의로 선택할 수 있는데 그 이유는 $\%Z$가 $\frac{\text{기준용량}}{\text{자기용량}}$배만큼 변화할 때 기준전류 역시 $\frac{\text{기준용량}}{\text{자기용량}}$배만큼 변화하므로 $\frac{100}{\%Z} \times \text{기준전류}$로 계산되는 단락전류는 기준용량을 어떤 값으로 잡는가에 영향을 받지 않기 때문이다. 따라서 기준용량으로는 그 계통의 용량에 어울리는 크기 중에서 계산하기 편한 값을 취하면 된다.

5. 기준전류

3상 단락전류 $I_s = \frac{100}{\%Z} \times I_n = \frac{100}{\%Z} \times \frac{P}{\sqrt{3}\,V}$[A]를 계산할 때 전류 I_n은 일반적으로는 정격용량 P에 의한 정격전류이다.

기준용량으로 환산된 경우에는 기준전류라 하며 기준용량에 의한 값임을 명심할 것. 즉,

$$I_{base} = \frac{P_{base}}{\sqrt{3}\,V} = \frac{P}{\sqrt{3}\,V} \times \frac{P_{base}}{P} = I_n \times \frac{P_{base}}{P}\text{[A]}$$

$$\therefore I_s = \frac{100}{\%Z} \times I_n = \frac{100}{\%Z'} \times I_{base}$$

5) 보호계전기 정정 계산서 및 정정표

(1) 메인 차단기

① CT Data : 200/5

② Relay Data : GIPAM 115FI

③ Caculation Data

- TR 3Φ 22.9 kV/380 V 4,500 kVA(1,000×1, 1,500×1, 2,000×1)

- 정격전류 = 4,500 kVA ÷ ($\sqrt{3}$ × 22.9 kV) = 113.4 A
- I_{INRUSH} = 2,000 kVA ÷ ($\sqrt{3}$ × 22.9 kV) × 10 = 504 A for 0.1Sec
- I_{INRUSH} = 2,000 kVA ÷ ($\sqrt{3}$ × 22.9 kV) × 14.3 = 721 A for 0.1Sec

④ 과전류계전기 50/51 Calculation

㉮ 한시 Tap

- 정격전류의 150%에 Setting
- 113.4 × 1.5 × (5/200) = 4.3 A　　[한시 Tap : 0.8(0.8In=4.0)]
- Pickup Current = 4.0 × (200/5) = 160 A

㉯ 동작곡선

- 강반한시(Very Inverse)

㉰ 한시 시간 Lever

- TR 2차 3Φ 단락전류는 39.65 kA (고장전류 계산 종합 참조)
- TR 2차 3Φ 단락전류를 1차로 환산
  39,650 × (0.38/22.9) = 657.9 A
- TR 2차 3Φ 단락 고장전류에 0.9 Sec에 정정(후위 차단기 0.6 + 여유 0.3)
  657.9 A/160 A = 4.11배에서 0.9 Sec에 정정
  $t = 13.5/(I/IP) - 1 \times Tp$
  $0.9 = 13.5/(4.11 - 1) \times Tp$
  $Tp = 0.20$　　[시간 Lever : 0.20]

㉱ 순시 Tap

- TR 2차 3상 단락전류의 150%에 동작하지 않으며 여자돌입전류에 동작하지 않도록 Setting
- 3상 단락전류 : 657.9 × 1.5 × (5/200) = 24.6 A
- TR 여자돌입전류 : 721 × (5/200) = 18 A　　[순시 Tap : 6(6In=30A)]

㉲ 순시 시간 Lever

- 정한시 동작 50mS 이내 동작　　[시간 Lever : 0.05]

⑤ 지락과전류계전기 50/51G Calculation

㉮ 한시 Tap

- 정격전류의 30%에 Setting
- 113.4 × 0.3 × (5/200) = 0.85 A　　[한시 Tap : 0.18(0.18In=0.9A)]
- Pickup Current = 0.9 × (200/5) = 36 A

㉯ 동작곡선

- 강반한시(Very Inverse)

㉰ 한시 시간 Lever

- 최대 1선 지락전류 = 6,037 A
- 최대 1선 지락전류에 0.2 Sec 이내 동작하도록 선정

6,037 A / 160 A = 37.7(MAX : 20)배에서 0.2S에 정정

$t = 13.5 / (I/IP) - 1 \times Tp$

$0.2 = 13.5/(20-1) \times Tp$

$Tp = 0.28$ 　 **시간 Lever : 0.28**

㉱ 순시 Tap

- 정격전류의 300%에 Setting
- $113.4 \times 3 \times (5/200) = 8.5$ 　 **순시 Tap : 1.7(1.7In=8.5A)**

㉲ 순시 시간 Lever

- 정한시 동작 50 mS 이내 동작 　 **시간 Lever : 0.05**

⑥ 저전압계전기 27 Calculation

㉮ 정정 Tap

- 정격전압의 70%에 Setting
- 110V × 0.7 = 77V 　 **Tap : 0.7 (0.7Vn = 77V)**

㉯ 정정 Lever

- 정정치 전압에서 3초(정한시) 　 **Lever : 3S**

⑦ 과전압계전기 59 Calculation

㉮ 정정 Tap

- 정격전압의 120%에 Setting
- $110\ V \times 1.2 = 132\ V$ 　 **Tap : 1.2 (1.2Vn = 132V)**

㉯ 정정 Lever

- 정정치 전압에서 2초(정한시) 　 **Lever : 2S**

⑧ Setting Table

주변전실		메인 차단기
CT 200/5		계산결과
과전류 50/51	순시 Tap	6.0
	동작곡선	정한시
	순시 시간 Lever	0.05
	한시 Tap	0.8
	동작 곡선	Very Inverse
	한시 시간 Lever	0.2
지락과전류 50/51G	순시 Tap	1.7
	동작곡선	정한시
	순시 시간 Lever	0.05
	한시 Tap	0.18
	동작 곡선	Very Inverse
	한시 시간 Lever	0.28
저전압 27	Tap	77V
	Lever	3S(정한시)
과전압 59	Tap	132V
	Lever	2S(정한시)

(2) TR#1 차단기

① CT Data : 30/5

② Relay Data : GIPAM 115FI

③ Caculation Data

TR 3Φ 22.9 kV/380 V 1,000 kVA

정격전류 $= 1{,}000\ \text{kVA} \div (\sqrt{3} \times 22.9\ \text{kV}) = 25.2\ \text{A}$

$I_{INRUSH} = 1{,}000\ \text{kVA} \div (\sqrt{3} \times 22.9\ \text{kV}) \times 10 = 252\ \text{A}$ for 0.1 Sec

$I_{ANSI\ POINT} = 1{,}000\ \text{kVA} \div (\sqrt{3} \times 22.9\ \text{kV}) \times (100/\%Z) = 504\ \text{A}$ for 3Sec

④ 과전류계전기 50/51 Calculation

㉮ 한시 Tap

- 정격전류의 150%에 Setting
- $25.2 \times 1.5 \times (5/30) = 6.3\ \text{A}$ 　　한시 Tap : 1.2(1.2In=6.0)

- Pickup Current = 6.0 × (30/5) = 36 A

㉯ 동작곡선

- 강반한시(Very Inverse)

㉰ 한시 시간 Lever

- TR 2차 3Φ 단락전류는 28.48 kA(고장전류 계산 종합 참조)
- TR 2차 3Φ 단락전류를 1차로 환산
  28,480 × (0.38/22.9) = 472.5 A
- TR 2차 3Φ 단락 고장전류에 0.6 Sec에 정정
  472.5 A / 36 A = 13.1배에서 0.6 Sec에 정정
  $t = 13.5/(I/IP) - 1 \times Tp$
  $0.6 = 13.5/(13.1 - 1) \times Tp$
  $Tp = 0.53$

시간 Lever : 0.53

㉱ 순시 Tap

- TR 2차 3상 단락전류의 150%에 동작하지 않으며 여자돌입전류에 동작하지 않도록 Setting
- 3상 단락전류 : 472.5 × 1.5 × (5/30) = 118 A
- TR 여자돌입전류 : 252 × (5/30) = 42 A

순시 Tap : 24(24In=120A)

㉲ 순시 시간 Lever

- 정한시 동작 50 mS 이내 동작

시간 Lever : 0.05

⑤ 지락과전류계전기 50/51G Calculation

㉮ 한시 Tap

- 정격전류의 30%에 Setting
- 25.2 × 0.3 × (5/30) = 1.26 A

한시 Tap : 0.24(0.24In=1.2A)

- Pickup Current = 1.2 × (30/5) = 7.2 A

㉯ 동작곡선

- 강반한시(Very Inverse)

㉰ 한시 시간 Lever

- 최대 1선지락전류 = 6,037 A
- 최대 1선 지락전류에 0.2Sec 이내 동작하도록 선정
  6,037 A / 36 A = 167.6(MAX : 20)배에서 0.2S에 정정
  $t = 13.5/(I/IP) - 1 \times Tp$
  $0.2 = 13.5/(20 - 1) \times Tp$

$Tp = 0.28$ 　　　　시간 Lever : 0.28

㉣ 순시 Tap

- 정격전류의 300%에 Setting
- $25.2 \times 3 \times (5/30) = 12.6$ 　　　　순시 Tap : 2.5(2.5In=12.5A)

㉤ 순시 시간 Lever

- 정한시 동작 50 mS 이내 동작 　　　　시간 Lever : 0.05

⑥ Setting Table

주변전실		TR#1 차단기
CT 30/5		계산결과
과전류 50/51	순시 Tap	24
	동작곡선	정한시
	순시 시간 Lever	0.05
	한시 Tap	1.2
	동작 곡선	Very Inverse
	한시 시간 Lever	0.53
지락과전류 50/51G	순시 Tap	2.5
	동작곡선	정한시
	순시 시간 Lever	0.05
	한시 Tap	0.24
	동작 곡선	Very Inverse
	한시 시간 Lever	0.28

(3) TR#2 차단기

① CT Data : 50/5

② Relay Data : GIPAM 115FI

③ Caculation Data

TR 3Φ 22.9kV/380V 1,500kVA

정격전류 $= 1{,}500\ \text{kVA} \div (\sqrt{3} \times 22.9\ \text{kV}) = 37.8\ \text{A}$

$I_{INRUSH} = 1{,}500\ \text{kVA} \div (\sqrt{3} \times 22.9\ \text{kV}) \times 10 = 378\ \text{A}$ for 0.1Sec

$I_{ANSI\ POINT} = 1{,}500\ \text{kVA} \div (\sqrt{3} \times 22.9\ \text{kV}) \times (100/\%Z) = 630\ \text{A}$ for 4Sec

④ 과전류계전기 50/51 Calculation

㉮ 한시 Tap

- 정격전류의 150%에 Setting
- $37.8 \times 1.5 \times (5/50) = 5.67$ A　　한시 Tap : 1.1(1.1In=5.5A)
- Pickup Current $= 5.5 \times (50/5) = 55$ A

㉯ 동작곡선

- 강반한시(Very Inverse)

㉰ 한시 시간 Lever

- TR 2차 3Φ 단락전류는 35.09 kA (고장전류 계산 종합 참조)
- TR 2차 3Φ 단락전류를 1차로 환산
  $35{,}090 \times (0.38/22.9) = 582.2$ A
- TR 2차 3Φ 단락 고장전류에 0.6 Sec에 정정
  582.2 A / 55 A = 10.5배에서 0.6 Sec에 정정
  $t = 13.5/(I/IP) - 1 \times Tp$
  $0.6 = 13.5/(10.5-1) \times Tp$
  $Tp = 0.42$　　시간 Lever : 0.42

㉱ 순시 Tap

- TR 2차 3상 단락전류의 150%에 동작하지 않으며 여자돌입전류에 동작하지 않도록 Setting
- 3상 단락전류 : $582.2 \times 1.5 \times (5/50) = 87.3$ A
- TR 여자돌입전류 : $378 \times (5/50) = 37.8$ A　　순시 Tap : 18(18In=90A)

㉲ 순시 시간 Lever

- 정한시 동작 50 mS 이내 동작　　시간 Lever : 0.05

⑤ 지락과전류계전기 50/51G Calculation

㉮ 한시 Tap

- 정격전류의 30%에 Setting
- $37.8 \times 0.3 \times (5/50) = 1.13$ A　　한시 Tap : 0.22(0.22In=1.1A)
- Pickup Current $= 1.1 \times (50/5) = 11$ A

㉯ 동작곡선

- 강반한시(Very Inverse)

㉰ 한시 시간 Lever

- 최대 1선 지락전류 $= 6{,}037$ A

- 최대 1선 지락전류에 0.2 Sec 이내 동작하도록 선정

  6,037 A / 55 A = 109.7(MAX : 20)배에서 0.2S에 정정

  $t = 13.5 / (I/IP) - 1 \times Tp$

  $0.2 = 13.5/(20-1) \times Tp$

  $Tp = 0.28$ 시간 Lever : 0.28

㉣ 순시 Tap

- 정격전류의 300%에 Setting
- $37.8 \times 3 \times (5/50) = 11.34$ 순시 Tap : 2.0(2.0In=10A)

㉤ 순시 시간 Lever

- 정한시 동작 50 mS 이내 동작 시간 Lever : 0.05

⑥ Setting Table

주변전실		TR#2 차단기
CT 50/5		계산결과
과전류 50/51	순시 Tap	18
	동작곡선	정한시
	순시 시간 Lever	0.05
	한시 Tap	1.1
	동작 곡선	Very Inverse
	한시 시간 Lever	0.42
지락과전류 50/51G	순시 Tap	2.0
	동작곡선	정한시
	순시 시간 Lever	0.05
	한시 Tap	0.22
	동작 곡선	Very Inverse
	한시 시간 Lever	0.28

(4) TR#3 차단기

① CT Data : 60/5

② Relay Data : GIPAM 115FI

③ Caculation Data

TR 3Φ 22.9 kV/380V 2,000 kVA

정격전류 $= 2{,}000\text{ kVA} \div (\sqrt{3} \times 22.9\text{ kV}) = 50.4\text{ A}$

$I_{INRUSH} = 2{,}000\text{ kVA} \div (\sqrt{3} \times 22.9\text{ kV}) \times 10 = 504\text{ A}$ for 0.1 Sec

$I_{ANSI\ POINT} = 2{,}000\text{ kVA} \div (\sqrt{3} \times 22.9\text{ kV}) \times 14.3 = 721\text{ A}$ for 5 Sec

④ 과전류계전기 50/51 Calculation

㉮ 한시 Tap

- 정격전류의 150%에 Setting
- $50.4 \times 1.5 \times (5/60) = 6.3\text{ A}$ 　 **한시 Tap : 1.2(1.2In=6.0)**
- Pickup Current $= 6.0 \times (60/5) = 72\text{ A}$

㉯ 동작곡선

- 강반한시(Very Inverse)

㉰ 한시 시간 Lever

- TR 2차 3Φ 단락전류는 39.67kA (고장전류 계산 종합 참조)
- TR 2차 3Φ 단락전류를 1차로 환산
  $39{,}650 \times (0.38/22.9) = 657.9\text{ A}$
- TR 2차 3Φ 단락 고장전류에 0.6 Sec에 정정
  657.9 A / 72 A = 9.13배에서 0.6 Sec에 정정
  $t = 13.5/(I/IP) - 1 \times Tp$
  $0.6 = 13.5/(9.13 - 1) \times Tp$
  $Tp = 0.36$ 　 **시간 Lever : 0.36**

㉱ 순시 Tap

- TR 2차 3상 단락전류의 150%에 동작하지 않으며 여자돌입전류에 동작하지 않도록 Setting
- 3상 단락전류 : $657.9 \times 1.5 \times (5/60) = 82.2\text{ A}$
- TR 여자돌입전류 : $378 \times (5/60) = 31.5\text{ A}$ 　 **순시 Tap : 17(17In=85A)**

㉲ 순시 시간 Lever

- 정한시 동작 50 mS 이내 동작 　 **시간 Lever : 0.05**

⑤ 지락과전류계전기 50/51G Calculation

㉮ 한시 Tap

- 정격전류의 30%에 Setting
- $50.4 \times 0.3 \times (5/60) = 1.26\text{ A}$ 　 **한시 Tap : 0.24(0.24In=1.2A)**
- Pickup Current $= 1.2 \times (60/5) = 14.4\text{ A}$

㉯ 동작곡선

- 강반한시(Very Inverse)

㉰ 한시 시간 Lever

- 최대 1선지락전류 = 6,037 A
- 최대 1선 지락전류에 0.2 Sec 이내 동작하도록 선정

6,037 A / 72 A = 83.8(MAX : 20)배에서 0.2S에 정정

$t = 13.5 / (I/IP) - 1 \times Tp$

$0.2 = 13.5/(20-1) \times Tp$

$Tp = 0.28$ 　　시간 Lever : 0.28

㉱ 순시 Tap

- 정격전류의 300%에 Setting
- $50.4 \times 3 \times (5/60) = 12.6$ 　　순시 Tap : 2.5(2.5In=12.5A)

㉲ 순시 시간 Lever

- 정한시 동작 50 mS 이내 동작 　　시간 Lever : 0.05

⑥ Setting Table

주변전실		TR#3 차단기
CT 60/5		계산결과
과전류 50/51	순시 Tap	17
	동작곡선	정한시
	순시 시간 Lever	0.05
	한시 Tap	1.2
	동작 곡선	Very Inverse
	한시 시간 Lever	0.36
지락과전류 50/51G	순시 Tap	2.5
	동작곡선	정한시
	순시 시간 Lever	0.05
	한시 Tap	0.24
	동작 곡선	Very Inverse
	한시 시간 Lever	0.28

(5) 저압반 메인 ACB 정정

① TR#1 저압반 Main ACB 2,000 A

㉮ Calculation Data

Tr 3Φ 22.9/0.38[kV] 1,000[kVA]

변압기 정격전류 $= 1{,}000\ \mathrm{kVA} \div (\sqrt{3} \times 0.38\ \mathrm{kV}) = 1{,}519\ \mathrm{A}$

㉯ 기준전류 In

$In = Ict \times 0.9 = 2{,}000 \times 0.9 = 1800[A]$ **In : 0.9**

㉰ 장한시 전류 Ir

변압기 정격전류의 120%에 정정

변압기 정격전류의 120% $= 1{,}519 \times 1.2 = 1822.8[A]$

$Ir = In \times 1.0 = 1{,}800 \times 1.0 = 1800[A]$ **Ir : 1.0**

㉱ 장한시 동작시간 tr

장한시 동작전류 Ir의 600%에서 0.5 s 값을 적용 **tr : 0.5s**

㉲ 단한시 전류 Isd

변압기 정격전류의 400%에 정정

변압기 정격전류의 400% $= 1{,}519 \times 4.0 = 6{,}076[A]$

$Isd = In \times 4.0 = 1{,}800 \times 4.0 = 7{,}200[A]$ **Isd : 4.0**

㉳ 단한시 동작시간 tsd

자기모선 삼상단락 전류에 100ms에 정정 **tsd : 0.1s**

㉴ 순시동작전류 Ii

하위단과의 보호협조를 위하여 non 설정 **Ii : Non**

㉵ 지락전류 Ig

변압기 정격전류의 30%에 정정

변압기 정격전류의 30% $= 1{,}519 \times 0.3 = 455.7[A]$

$Ig = Ict \times 0.3 = 2000 \times 0.3 = 600[A]$ **Ig : 0.3**

㉶ 지락동작시간 tg

자기모선 일선지락 고장전류에 100 ms에 정정 **tg : 0.1s**

㉰ Setting Table

Panel	CT Ratio	Protective Device	Setting	
TR#1 2차 ACB	2,000/5	Long Time	In Ir tr	0.9 1.0 0.5
		Short Time	Isd tsd	4.0 0.1(I^2tON)
		Instantaneous	Ii	Non
		Ground Fault	Ig tg	0.3 0.1

② TR#2 저압반 Main ACB 3,200A

㉮ Calculation Data

Tr 3Φ 22.9/0.38[kV] 1,500[kVA]

변압기 정격전류 = 1,500 kVA ÷ ($\sqrt{3}$ × 0.38 kV) = 2,279 A

㉯ 기준전류 In

In = Ict × 0.9 = 3,200 × 0.9 = 2,880[A] **In : 0.9**

㉰ 장한시 전류 Ir

변압기 정격전류의 120%에 정정

변압기 정격전류의 120% = 2,279 × 1.2 = 2,738[A]

Ir = In × 1.0 = 2,800 × 0.98 = 2,744[A] **Ir : 0.98**

㉱ 장한시 동작시간 tr

장한시 동작전류 Ir의 600%에서 0.5 s 값을 적용 **tr : 0.5s**

㉲ 단한시 전류 Isd

변압기 정격전류의 400%에 정정

변압기 정격전류의 400% = 2,279 × 4.0 = 9,116[A]

Isd = In × 4.0 = 2,800 × 3.0 = 8,400[A] **Isd : 3.0**

㉳ 단한시 동작시간 tsd

자기모선 삼상단락 전류에 100 ms에 정정 **tsd : 0.1s**

㉴ 순시동작전류 Ii

하위단과의 보호협조를 위하여 non 설정 **Ii : Non**

㉵ 지락전류 Ig

변압기 정격전류의 30%에 정정

변압기 정격전류의 30% = 2,279 × 0.3 = 683.7[A]

Ig = Ict × 0.3 = 3,200 × 0.2 = 640[A] **Ig : 0.2**

㉷ 지락동작시간 tg

자기모선 일선지락 고장전류에 100 ms에 정정 **tg : 0.1s**

㉸ Setting Table

Panel	CT Ratio	Protective Device	Setting	
TR#2 2차 ACB	3,200/5	Long Time	In Ir tr	0.9 0.98 0.5
		Short Time	Isd tsd	3.0 0.1(I^2tON)
		Instantaneous	Ii	Non
		Ground Fault	Ig tg	0.2 0.1

③ TR#3 저압반 Main ACB 3,200A

㉮ Calculation Data

Tr 3Φ 22.9/0.38[kV] 2,000[kVA]

변압기 정격전류 = 2,000 kVA ÷ ($\sqrt{3}$ × 0.38 kV) = 3,038 A

㉯ 기준전류 In

In = Ict × 1.0 = 3,200 × 1.0 = 3,200[A] **In : 1.0**

㉰ 장한시 전류 Ir

변압기 정격전류의 120%에 정정

변압기 정격전류의 120%= 3,038 × 1.2 = 3,645[A]

Ir = In × 1.0 = 2,800 × 1.0 = 3,200[A] **Ir : 1.0**

㉱ 장한시 동작시간 tr

장한시 동작전류 Ir의 600%에서 0.5 s 값을 적용 **tr : 0.5s**

㉲ 단한시 전류 Isd

변압기 정격전류의 400%에 정정

변압기 정격전류의 400% = 3,038 × 4.0 = 12,152[A]

Isd = In × 4.0 = 3,200 × 4.0 = 12,800[A] **Isd : 4.0**

㉳ 단한시 동작시간 tsd

자기모선 삼상단락 전류에 100 ms에 정정 **tsd : 0.1s**

㉳ 순시동작전류 Ii

하위단과의 보호협조를 위하여 non 설정 | Ii : Non |

㉴ 지락전류 Ig

변압기 정격전류의 30%에 정정

변압기 정격전류의 30% = 3,038 × 0.3 = 977.4[A]

Ig = Ict × 0.3 = 3,200 × 0.3 = 960[A] | Ig : 0.3 |

㉵ 지락동작시간 tg

자기모선 일선지락 고장전류에 100 ms에 정정 | tg : 0.1s |

㉶ Setting Table

Panel	CT Ratio	Protective Device	Setting	
TR#3 2차 ACB	3,200/5	Long Time	In Ir tr	1.0 1.0 0.5
		Short Time	Isd tsd	4.0 0.1(I^2tON)
		Instantaneous	Ii	Non
		Ground Fault	Ig tg	0.3 0.1

※ 아래의 Power Tools Program을 이용한 고장전류 계산 및 보호계전기 정정 관련 위 계산 데이터를 비교하면 위 계산이 틀리지 않음을 확인할 수 있다.

참고 GIPAM 115FI 계전요소 동작특성

구분	설정모드		화면상	범위	비고
OCR (50/51)	순시전류 (High)	동작전류	I≫	OFF, 2~24In/1step(10~120A)	In = 5A
		동작시간	t	0.04~60.0s/0.01step	0.04:순시, 0.05이상:정한시
	한시전류 (Low)	동작전류	I>	OFF, 0.2~10.0In/0.1step(1~50A)	In = 5A
		동작시간	t	0.05~1.20/0.01step	
		동작특성	Cv	정한시(D2, D4, D8), 반한시(SI, VI, EI, LI)	
OCGR (50/51N)	순시전류 (High)	동작전류	I≫	OFF, 0.5~8.0In/0.5step(2.5~40A)	In = 5A
		동작시간	t	0.04~60.0s/0.01step	0.04:순시, 0.05이상:정한시
	한시전류 (Low)	동작전류	I>	OFF, 0.10~0.50In/0.02step(0.5~2.5A)	In = 5A
		동작시간	t	0.05~1.20/0.01step	
		동작특성	Cv	정한시(D2, D4, D8), 반한시(SI, VI, EI, LI)	
OVR (59)	1차설정 (High)	동작전압	V≫	OFF, 0.80~1.60Vn/0.02step(80~176V)	정한시, Vn=100 or 110V
		동작시간	t	0.1~60.0s/0.01step	
	2차설정 (Low)	동작전압	V>	OFF, 0.80~1.60Vn/0.02step(80~176V)	
		동작시간	t	0.1~60.0s/0.01step	
UVR (27)	1차설정 (High)	동작전압	V≪	OFF, 0.20~0.90Vn/0.02Vn(20~99V)	정한시
		동작시간	t	0.1~60.0s/0.01step	
	2차설정 (Low)	동작전압	V<	OFF, 0.20~0.90Vn/0.02Vn(20~99V)	
		동작시간	t	0.1~60.0s/0.01step	
OVGR (64)	1차설정 (High)	동작전압	Vo≫	OFF, 0.10~0.40Von/0.02step(19~76V)	정한시, Von=190V
		동작시간	t	0.1~60.0s/0.01s	
	2차설정 (Low)	동작전압	Vo>	OFF, 0.10~0.40Von/0.02step(19~76V)	
		동작시간	t	0.1~60.0s/0.01s	
SGR (67G)	영상전류		Io	OFF, 0.6~3.6/0.2step(0.9~5.4mA)	정한시, Ion=1.5mA, Von=190V
	영상전압		Vo	0.1~0.4/0.02step(19~76V)	
	동작시간		t	0.1~60.00s/0.01s	
	GR Mode		–	ON/OFF(ON 선택시 Io 값으로만 동작)	

참고 ACB 내장형 보호계전기 정정범위(LS 산전)

장한시 보호	전류설정(A)	Iu=In×…		0.5 0.6 0.7 0.8 0.9 1.0
		Ir=In×…		0.8 0.83 0.85 0.88 0.9 0.93 0.95 0.98 1.0
	Time Delay(s)	tr@(6.0×Ir)		0.5 1 2 4 8 12 16 20 Off
단한시 보호	전류설정(A)	Isd=Ir×…		1.5 2 3 4 5 6 8 10 Off
	Time Delay(s) @ 10×Ir	tsd	I^2t Off	0.05 0.1 0.2 0.3 0.4
			I^2t On	0.05 0.1 0.2 0.3 0.4
순시 보호	전류설정(A)	Ii=In×…		2 3 4 6 8 10 12 15 Off
지락 보호	Pick-up(A)	Ig=In×…		0.2 0.3 0.4 0.5 0.6 0.7 0.8 0.9 1.0 Off
	Time Delay(s) @ 1×In	tg	I^2t Off	0.05 0.1 0.2 0.3 0.4
			I^2t On	0.1 0.2 0.3 0.4

(6) Power Tools Program으로 고장전류 및 보호계전기 정정

① 기본 단선도 작성

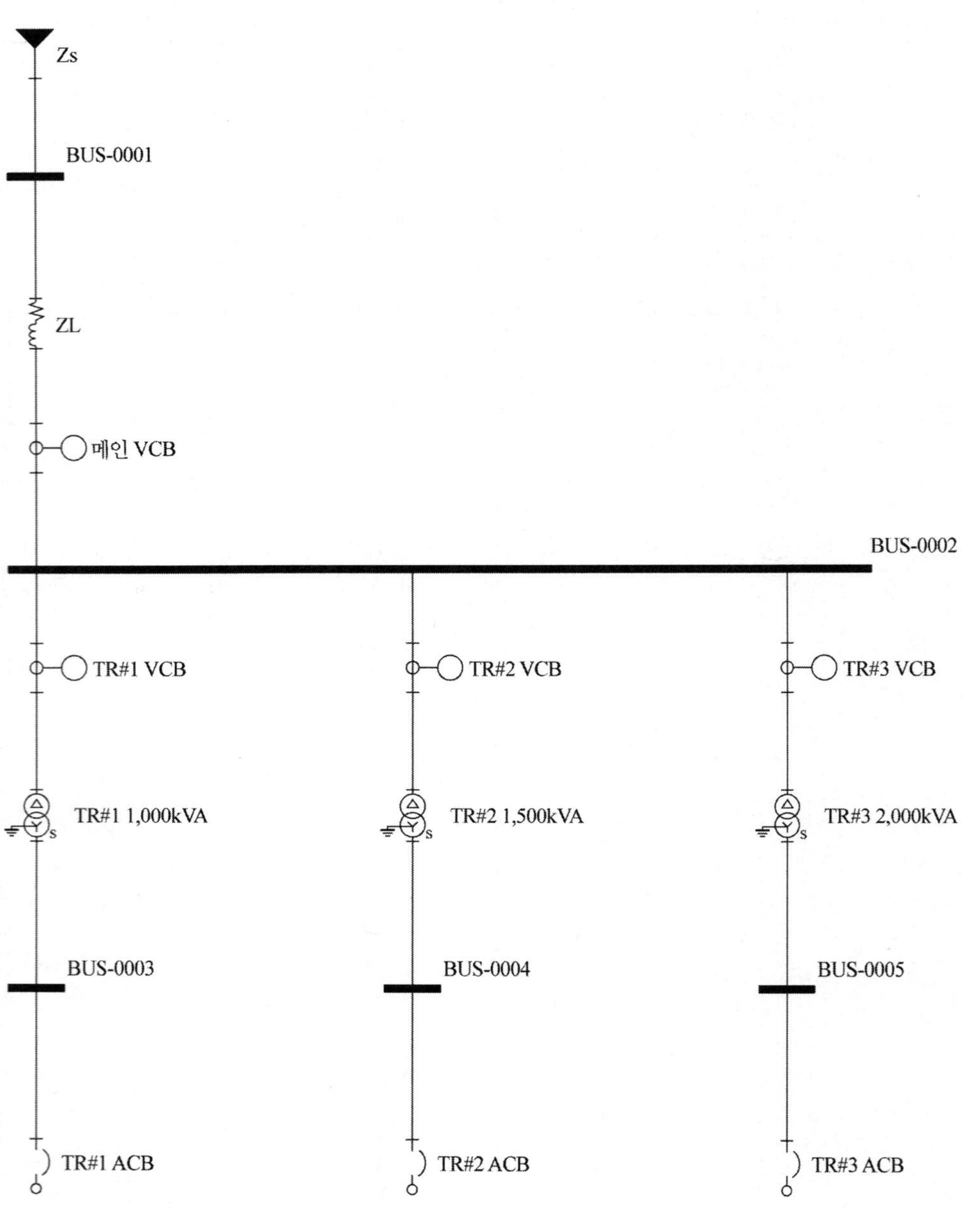

② 고장전류 계산을 위한 데이터 입력

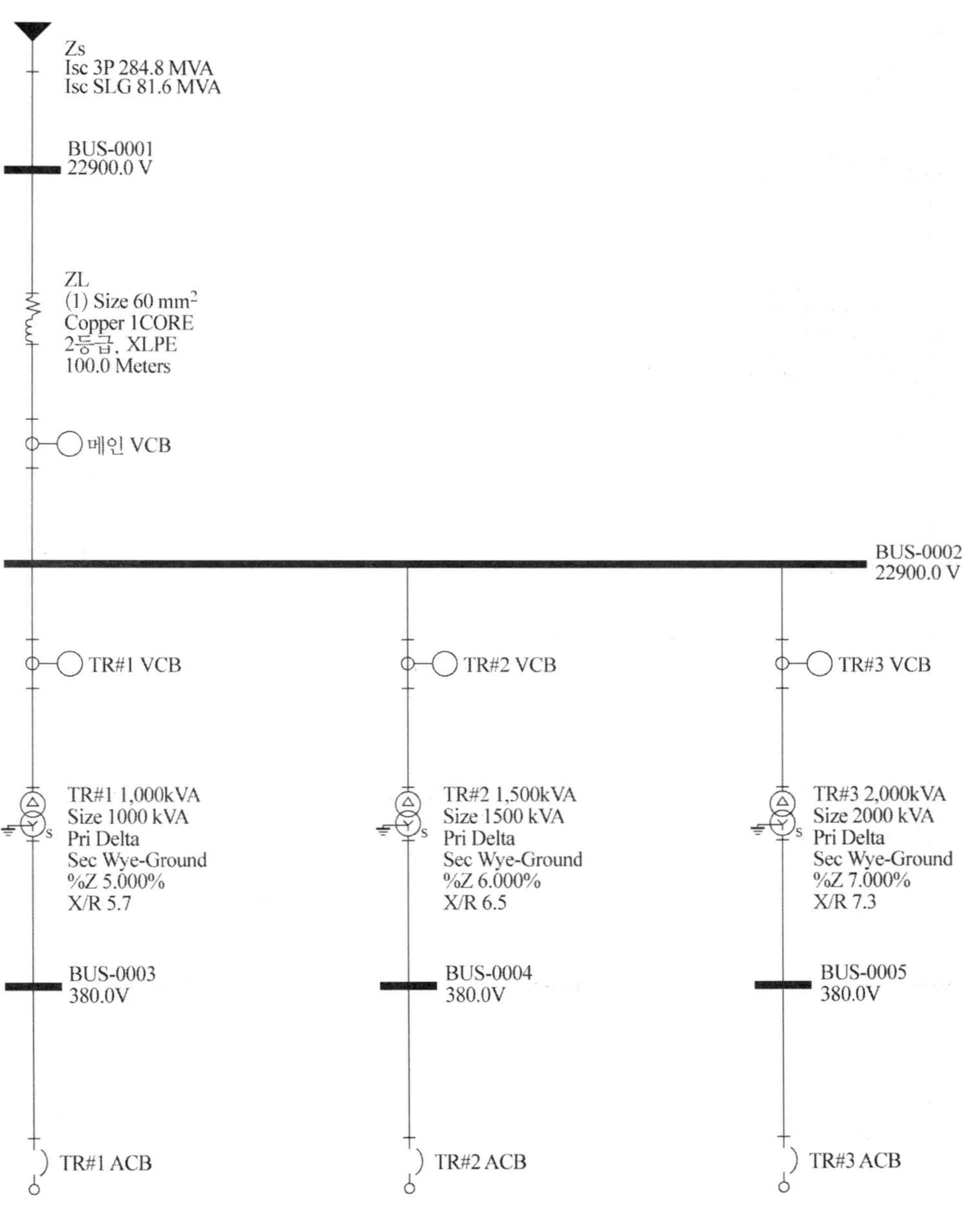

③ 임피던스 데이터

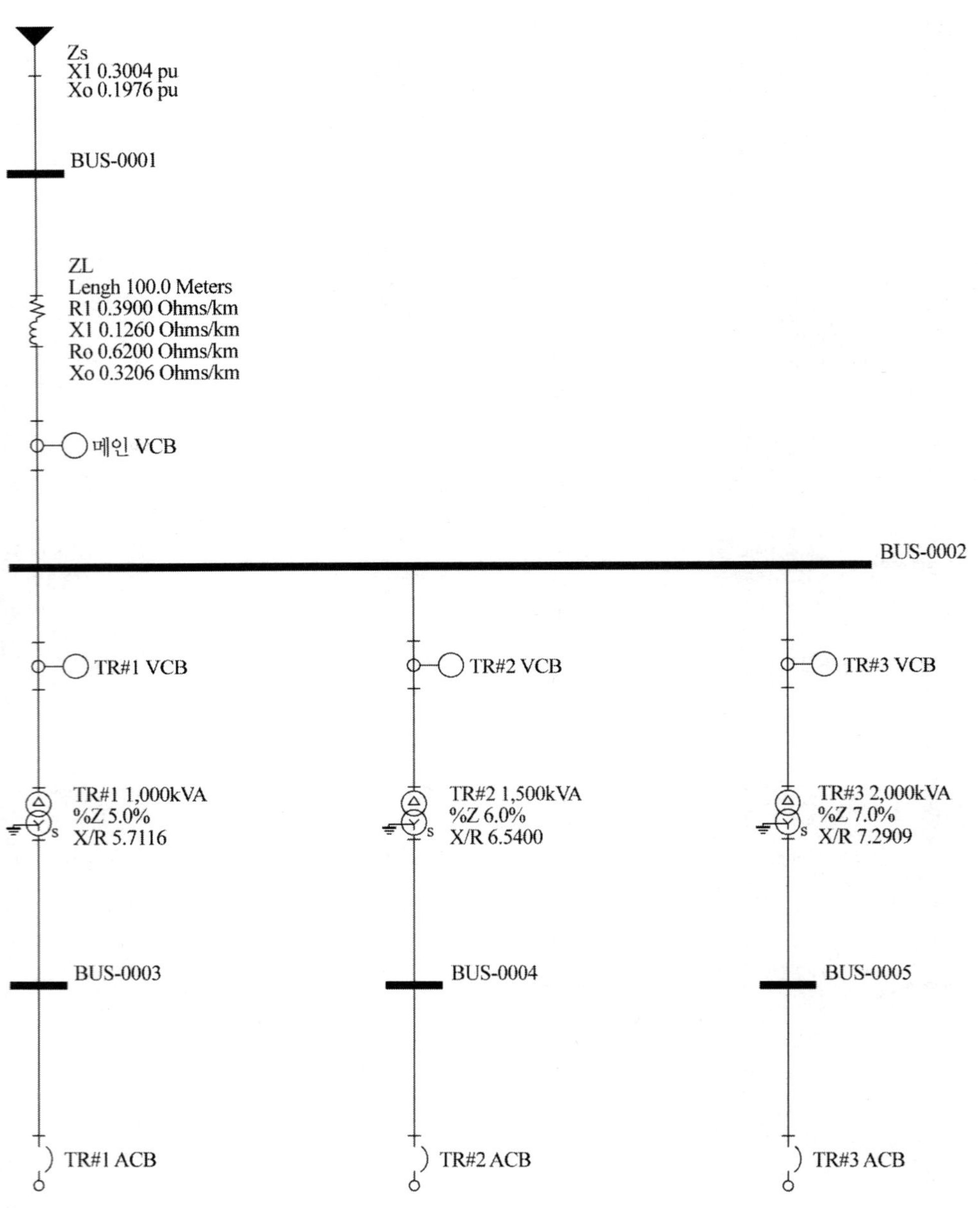
Zs
X1 0.3004 pu
Xo 0.1976 pu
BUS-0001
ZL
Lengh 100.0 Meters
R1 0.3900 Ohms/km
X1 0.1260 Ohms/km
Ro 0.6200 Ohms/km
Xo 0.3206 Ohms/km
메인 VCB
BUS-0002
TR#1 VCB
TR#2 VCB
TR#3 VCB
TR#1 1,000kVA
%Z 5.0%
X/R 5.7116
TR#2 1,500kVA
%Z 6.0%
X/R 6.5400
TR#3 2,000kVA
%Z 7.0%
X/R 7.2909
BUS-0003
BUS-0004
BUS-0005
TR#1 ACB
TR#2 ACB
TR#3 ACB

④ 고장전류 단선선결선도

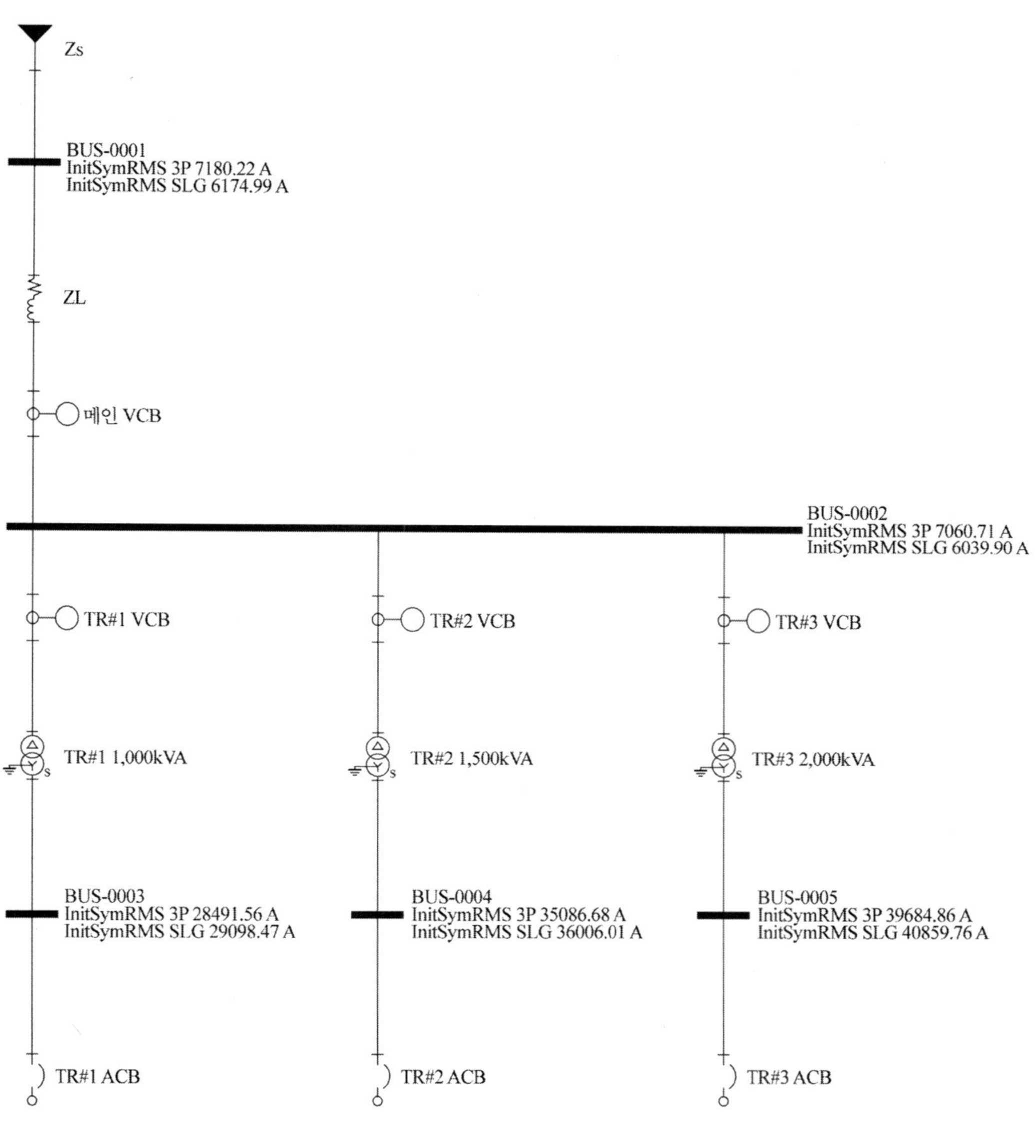

⑤ 고장전류 Report

DAPPER Fault Contribution Brief Report

Comprehensive Short Circuit Study Settings

Three Phase Fault	Yes	Faulted Bus	All Buses
Single Line to Ground	Yes	Bus Voltages	First Bus From Fault
Line to Line Fault	No	Branch Currents	First Branch From Fault
Line to Line to Ground	No	Phase or Sequence	Report phase quantities
Motor Contribution	Yes	Fault Current Calculation	Asymmetrical RMS(with DC offset and Decay)
Transformer Tap	Yes	Asym Fault Current at Time	0.50 Cycles
Xformer Phase Shift	Yes		

Bus Name	--------Contributions--------			Initial Symmetrical Amps				Asymmetrical Amps			
				3 Phase	SLG	LLG	LL	3 Phase	SLG	LLG	LL
Bus-0001				**7,180**	**6,175**	**0**	**0**	**7,339**	**6,179**	**0**	**0**
	ZL	CABLE	In	0	0	0	0	0	0	0	0
	Zs	UTILITY	In	7,180	6,175	0	0	7,339	6,179	0	0
Bus-0002				**7,061**	**6,040**	**0**	**0**	**7,199**	**6,044**	**0**	**0**
	TR #1 1000 kVA	2W-XFMR	In	0	0	0	0	0	0	0	0
	TR #2 1500 kVA	2W-XFMR	In	0	0	0	0	0	0	0	0
	TR #3 2000 kVA	2W-XFMR	In	0	0	0	0	0	0	0	0
	ZL	CABLE	In	7,061	6,040	0	0	7,199	6,044	0	0
Bus-0003				**28,492**	**29,098**	**0**	**0**	**35,645**	**36,756**	**0**	**0**
	TR #1 1000 kVA	2W-XFMR	In	28,492	29,098	0	0	35,645	36,756	0	0
Bus-0004				**35,087**	**36,006**	**0**	**0**	**44,654**	**46,426**	**0**	**0**
	TR #2 1500 kVA	2W-XFMR	In	35,087	36006	0	0	44,654	46,426	0	0
Bus-0005				**39,685**	**408,60**	**0**	**0**	**51,138**	**53,489**	**0**	**0**
	TR #3 2000 kVA	2W-XFMR	In	39,685	408,60	0	0	51,138	53,489	0	0

⑥ 보호계전기 입력 데이터 단선도

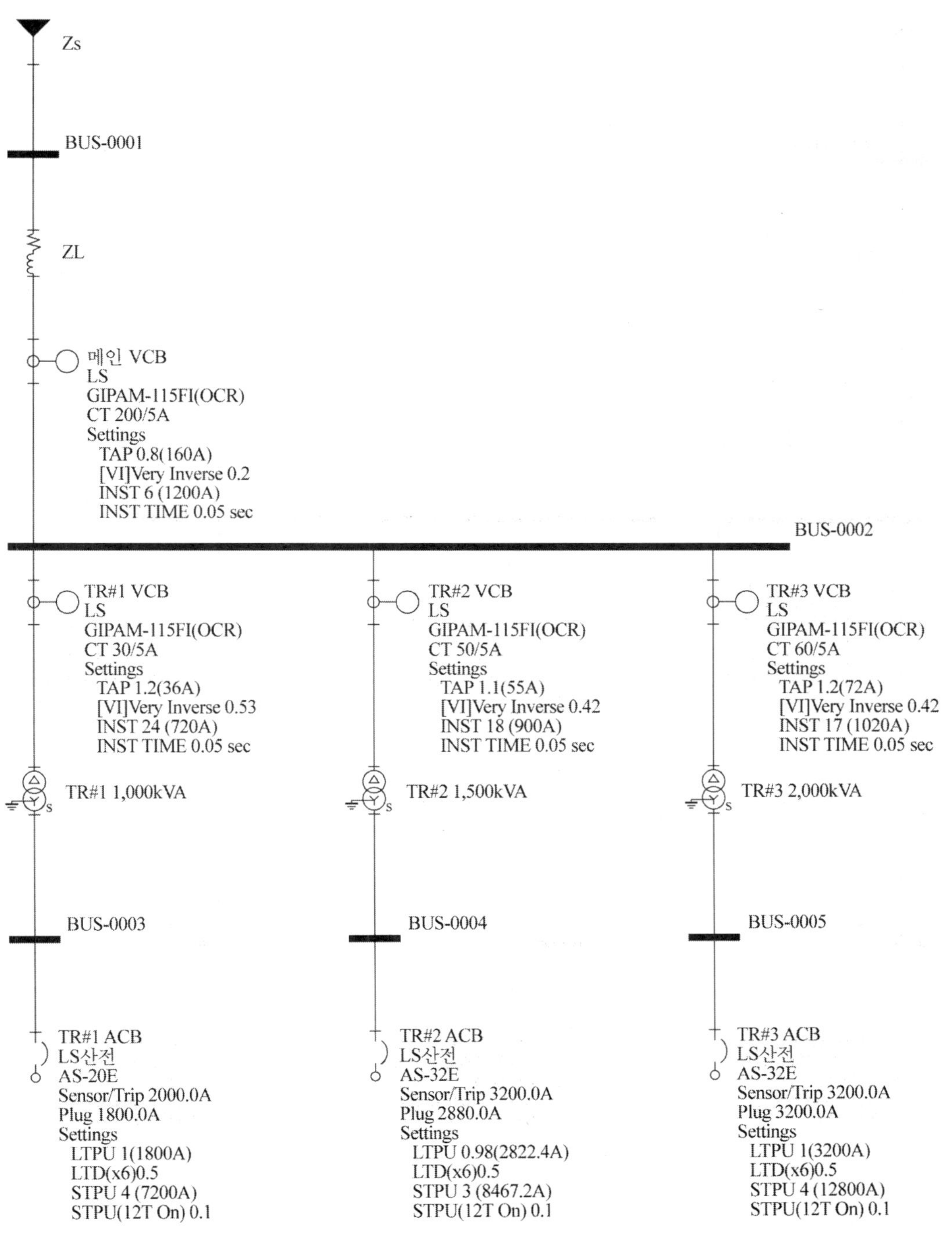

⑦ 보호계전기 셋팅 데이터 단선도

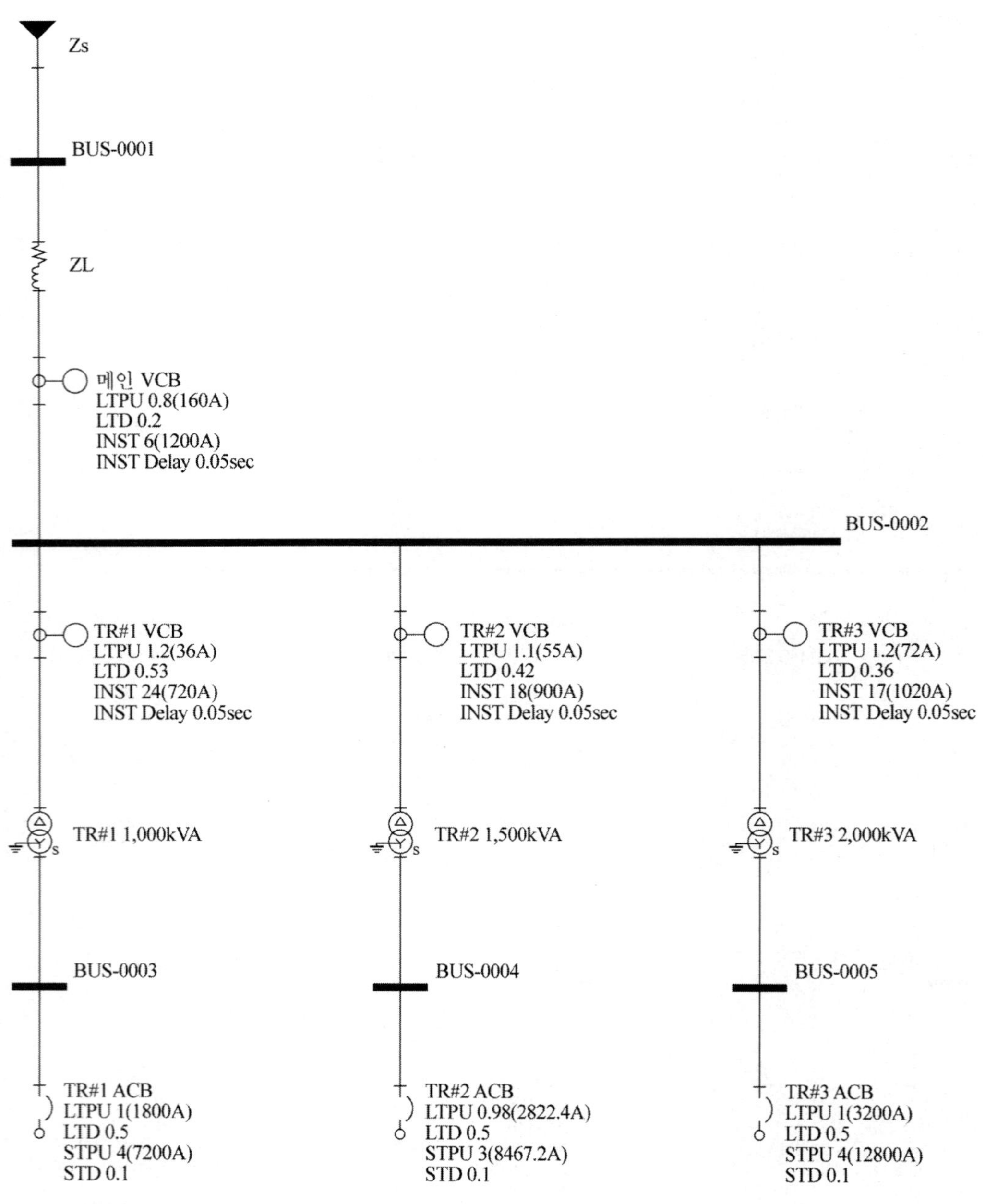

⑧ 메인 VCB와 TR#1 간의 보호협조 곡선

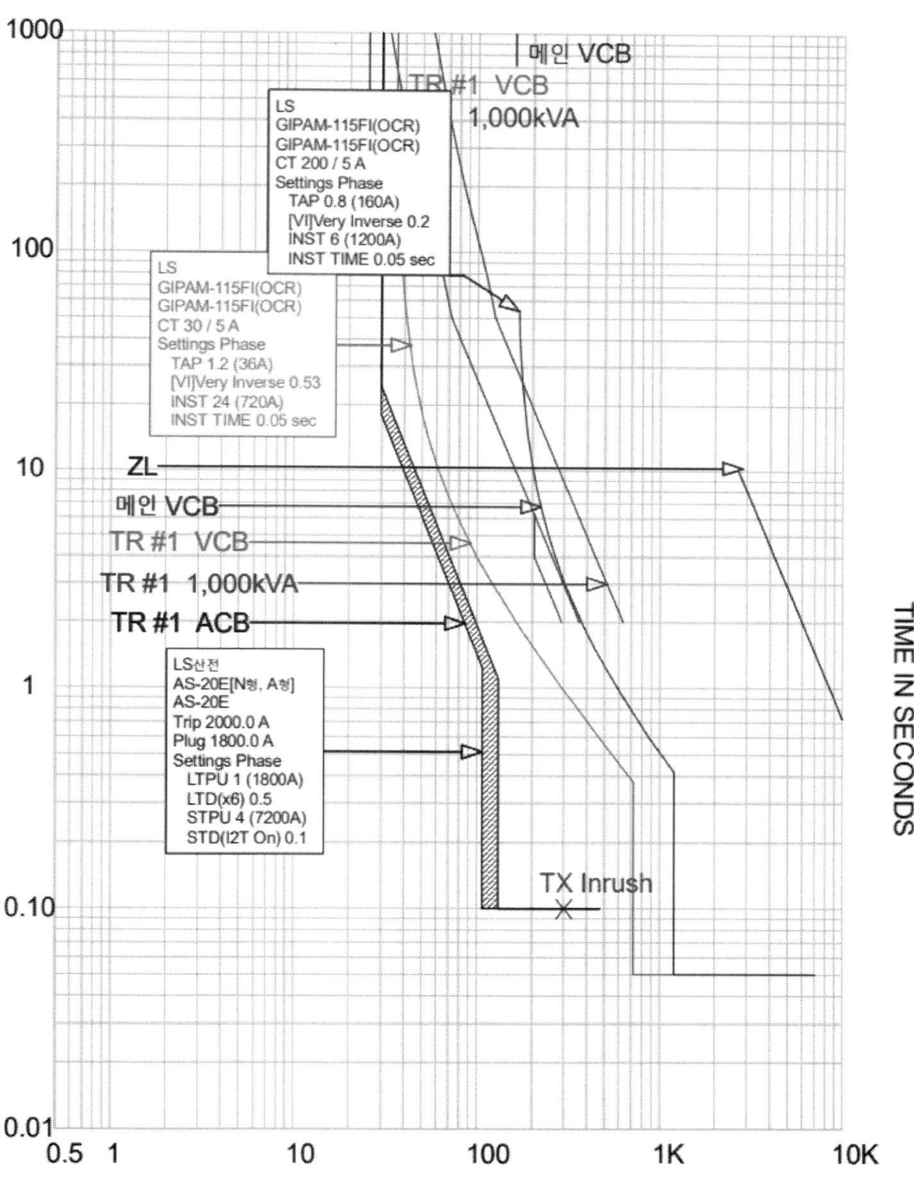

tcc1.tcc Ref. Voltage: 22900V Current in Amps x 1

⑨ 메인 VCB와 TR#2 간의 보호협조 곡선

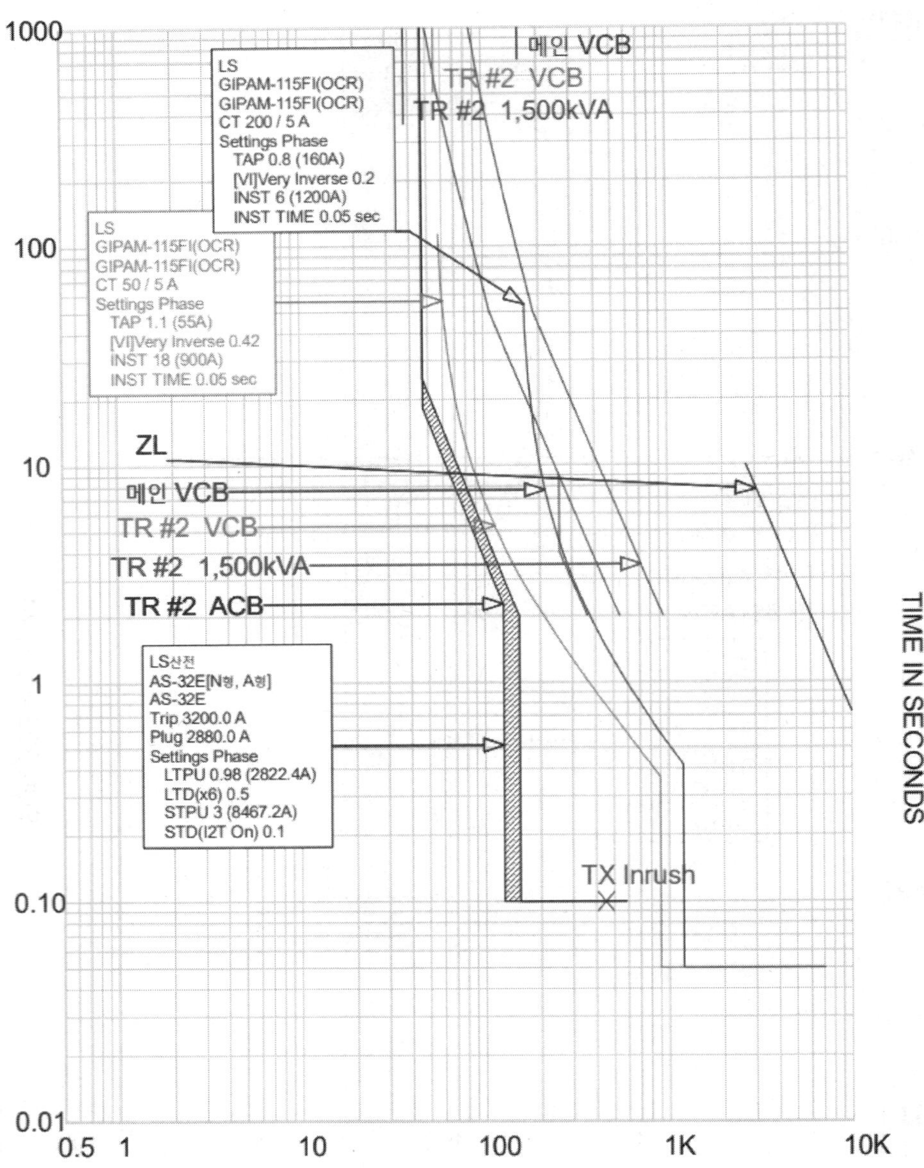

⑩ 메인 VCB와 TR#3 간의 보호협조 곡선

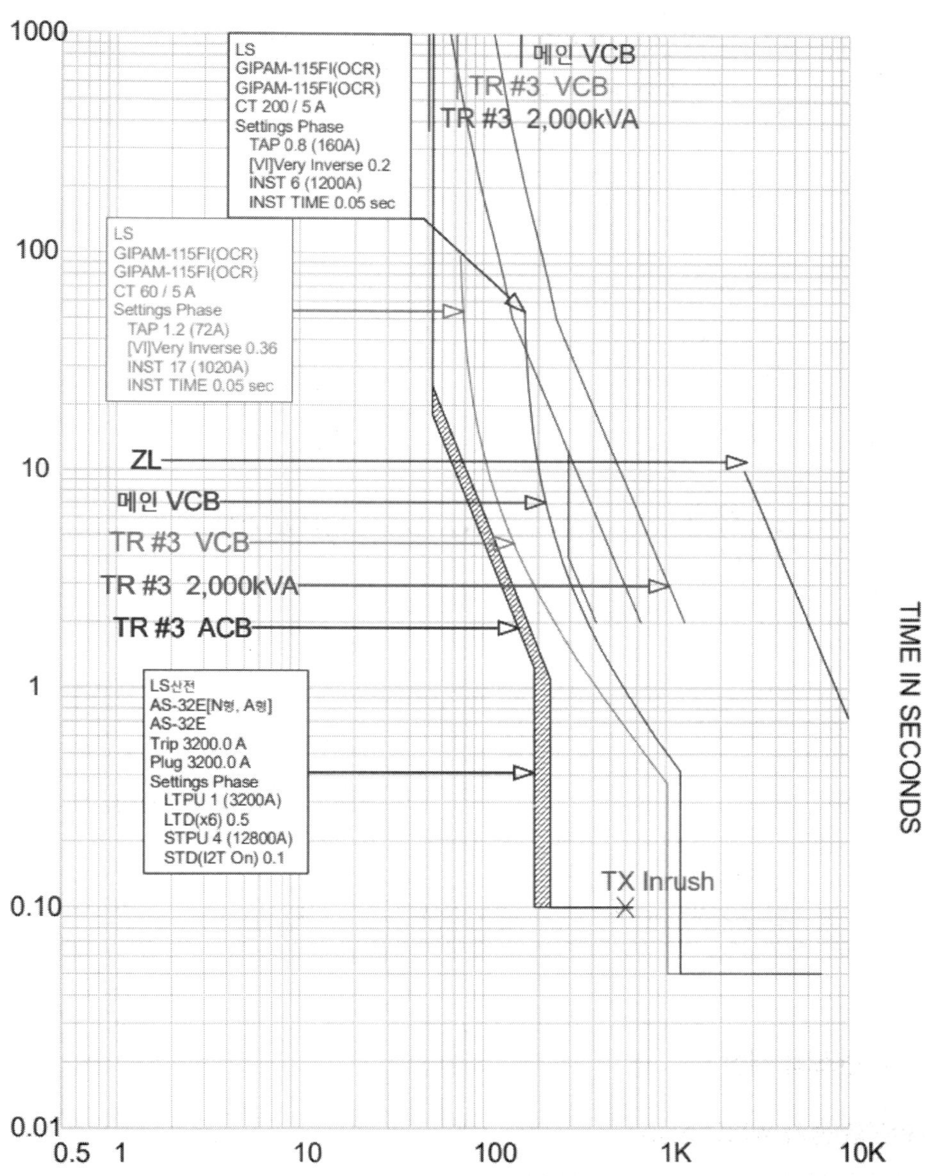

tcc3.tcc Ref. Voltage: 22900V Current in Amps x 1

3 용량 1,350kVA(TR 1,250kVA, 100kVA) 22.9kV/3.3kV, 22.9kV/380V 수변전설비

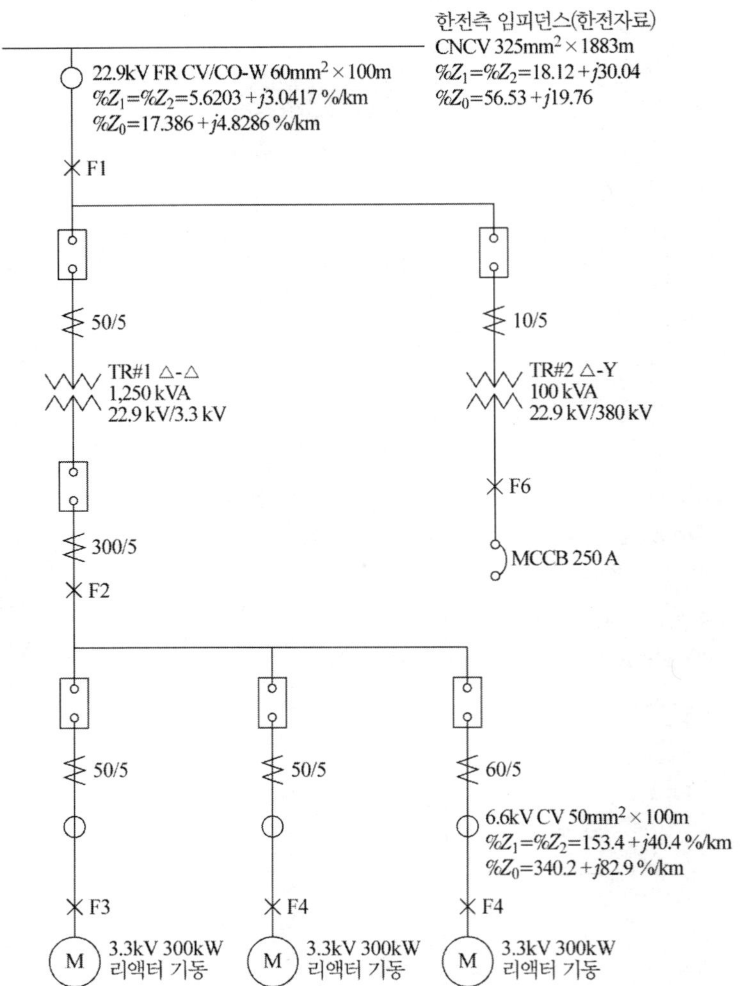

1) 각 임피던스의 계산

(1) 한전측 등가 임피던스(Z_S)

한전측 정상분 및 역상분 임피던스 $\%Z_S$는 다음과 같다.

(임피던스는 한국전력에서 제출 받은 값으로 CNCV 325 mm^2×1,883 m 임)

$$\%Z_1 = \%Z_2 = 18.12 + j30.04[\%/\text{km}]$$

$$\%Z_0 = 56.53 + j19.76[\%/\text{km}]$$

(2) 인입전선로 임피던스(Z_{L1})

전기실 인입전선로(22.9 kV FR CV/CO-W 60mm^2×100 m)

① 인입전선로의 정상(역상) 임피던스

$$\%Z_1 = \%Z_2 = (5.6203 + j3.0417) \times \frac{100}{1000}$$

$$= (0.56203 + j0.30417)[\%]$$

② 인입전선로의 영상 임피던스

$$\%Z_0 = (17.386 + j4.8286) \times \frac{100}{1000} = (1.7386 + j0.48286)[\%]$$

(3) TR#1 1,250 kVA 임피던스 계산

① TR#1 정격 : 22,900/380 V, 3Φ 1,250 kVA(1.25 MVA), $\Delta-\Delta$

② TR#1 $\%Z$: 6.0%(자기용량 기준)

③ TR#1 임피던스 계산[100MVA 기준]

ANSI/IEEE C37.0101에서 X/R비는 7이므로

$$\%Z = \sqrt{R^2+X^2} = \sqrt{R^2+\alpha R^2} = \sqrt{R^2+7R^2} = 6.0[\%] \text{ 이므로}$$

$$\%R = \sqrt{\frac{\%Z^2}{\alpha^2}} = \sqrt{\frac{6^2}{7^2}} = 0.857[\%]$$

$$\%X = \sqrt{\%Z^2 - R^2} = \sqrt{6.0^2 - 0.857^2} = 5.938[\%]$$

100 MVA의 기준임피던스로 환산하면

$$\%R_B = \%R \times \frac{\text{기준용량[MVA]}}{\text{자기용량[MVA]}} = 0.857 \times \frac{100}{1.25} = 68.08[\%]$$

$$\%X_B = \%X \times \frac{\text{기준용량[MVA]}}{\text{자기용량[MVA]}} = 5.938 \times \frac{100}{1.25} = 475.04[\%]$$

(4) TR#2 100kVA 임피던스 계산

① TR#2 정격 : 22,900/380 V, 3Φ 100 kVA(0.1 MVA), Δ-Y

② TR#2 %Z : 4.0%(자기용량 기준)

③ TR#2 임피던스 계산[100MVA 기준]

ANSI/IEEE C37.0101에서 X/R비는 5이므로

$$\%Z = \sqrt{R^2+X^2} = \sqrt{R^2+\alpha R^2} = \sqrt{R^2+5R^2} = 4.0[\%] \text{ 이므로}$$

$$\%R = \sqrt{\frac{\%Z^2}{\alpha^2}} = \sqrt{\frac{4^2}{5^2}} = 0.8[\%]$$

$$\%X = \sqrt{\%Z^2 - R^2} = \sqrt{4.0^2 - 0.8^2} = 3.92[\%]$$

100 MVA의 기준임피던스로 환산하면

$$\%R_B = \%R \times \frac{\text{기준용량[MVA]}}{\text{자기용량[MVA]}} = 0.8 \times \frac{100}{0.1} = 800[\%]$$

$$\%X_B = \%X \times \frac{\text{기준용량[MVA]}}{\text{자기용량[MVA]}} = 3.92 \times \frac{100}{0.1} = 3{,}920[\%]$$

(5) 고압모터 전원케이블 임피던스(Z_{L2}, Z_{L3}, Z_{L4})

고압모터 전원 케이블(6.6 kV CV 50 $mm^2 \times 100$ m)

① 고압케이블의 정상(역상) 임피던스

$$\%Z_1 = \%Z_2 = (153.4 + j40.4) \times \frac{100}{1000} = (15.34 + j4.04)[\%]$$

② 고압케이블의 영상 임피던스

$$\%Z_0 = (340.2 + j82.9) \times \frac{100}{1000} = (34.02 + j8.29)[\%]$$

2) 고장점별 %임피던스의 집계

(1) 임피던스 Map

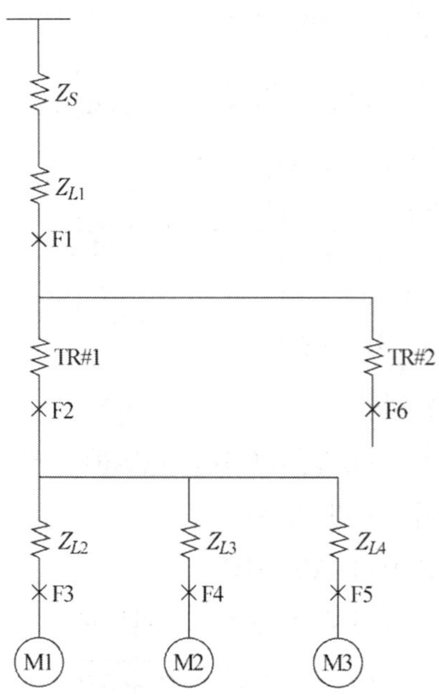

(2) %임피던스 집계

위의 임피던스 Map를 참조하여 %임피던스를 집계하면 다음과 같다.

구분	고장점	정상임피던스 ($\%Z_1$)	역상임피던스 ($\%Z_2$)	영상임피던스 ($\%Z_0$)	비고
한전인입점		$18.12+j30.04$	$18.12+j30.04$	$56.53+j19.76$	
인입전선로		$0.56203+j0.30417$	$0.56203+j0.30417$	$1.7386+j0.48586$	
수전점 소계	F1	$18.682+j30.344$	$18.682+j30.344$	$58.268+j20.245$	
TR#1 2차		$68.08+j475.04$	$68.08+j475.04$		
TR#1 2차 소계	F2	$86.762+j505.384$	$86.762+j505.384$		(F1+TR#1)
고압케이블		$15.34+j4.04$	$15.34+j4.04$	$34.02+j8.29$	
고압전동기 M1 소계	F3	$102.102+j509.424$	$102.102+j509.424$	$34.02+j8.29$	(F2+M1케이블)
TR#3 2차		$15.34+j4.04$	$15.34+j4.04$	$34.02+j8.29$	
고압전동기 M2 소계	F4	$102.102+j509.424$	$102.102+j509.424$	$34.02+j8.29$	(F2+M2케이블)
TR#3 2차		$15.34+j4.04$	$15.34+j4.04$	$34.02+j8.29$	
고압전동기 M2 소계	F5	$102.102+j509.424$	$102.102+j509.424$	$34.02+j8.29$	(F2+M3케이블)
TR#2 2차		$800+j3,920$	$800+j3,920$		
TR#2 2차 소계	F6	$818.682+j3950.34$	$818.682+j3950.34$		(F1+TR#2)

3) 고장전류 계산

(1) 고압 유도전동기의 기여전류 계산

① 모터의 정격

유도전동기 3.3 kV, 300 kW(402HP), PF : 0.8, η : 0.93

② 모터의 정격전류 I_N

$$I_N = \frac{P[\text{kV}]}{\sqrt{3}\cdot V[\text{kV}]\cdot\eta\cdot\cos\theta} = \frac{300}{\sqrt{3}\times 3.3\times 0.93\times 0.8} = 70.5[\text{A}]$$

③ 기여전류의 계산

$$250[\text{HP}]\ \text{초과} : I_s = \frac{100}{X''\times MF} I_n = \frac{100}{17\times 1.0} I_n = \frac{100}{17}\times 70.5 = 415[\text{A}]$$

| 표 | Typical X/R, X″ and multiplying factor(MF) for ANSI fault calculation based on ANSI/IEEE standards

Motor Type			1st Cycle Fault			Interrupting Duty			Minimum Fault		
			X/R	X″	MF	X/R	X″	MF	X/R	X″	MF
Generator		G	29/45	9	1	29/45	9	1	29/45	9	
Synchronous Motor		S	30	20	1	30	20	1.5	30	20	∞
Induction Motor	Less than 50[HP]	I < 50H	9	17	1.67	9	17	∞ (무시)	9	17	∞
	50 to 250 [HP]	I=50~250H	9	17	1.2	9	17	3	9	17	∞
	Over 250 [HP]	I > 250H	9	17	1	9	17	1.5	9	17	∞
	Over 1000 [HP]	I > 1000H	30	17	1	30	17	1.5	30	17	∞

|예| 유도전동기의 기여전류 계산

- 50[HP] 미만 : $I_s = 0$(무시)
- 50~250[HP] : $I_s = \dfrac{100}{17 \times 1.2} I_n$
- 250[HP] 초과 : $I_s = \dfrac{100}{X'' \times MF} I_n = \dfrac{100}{17 \times 1.0} I_n$

참고 **단락전류 공급원(Sources of Short Circuit Current)**

단락사고시 단락전류를 공급하는 계통설비를 말하며, 전원이나 발전기 외에 전동기가 회전체의 관성에 의해 발전작용을 함으로써 공급하는 단락전류를 전동기 기여전류(Motor Contribution Current)라 한다.

단락전류 공급원별 특징은 다음과 같다.

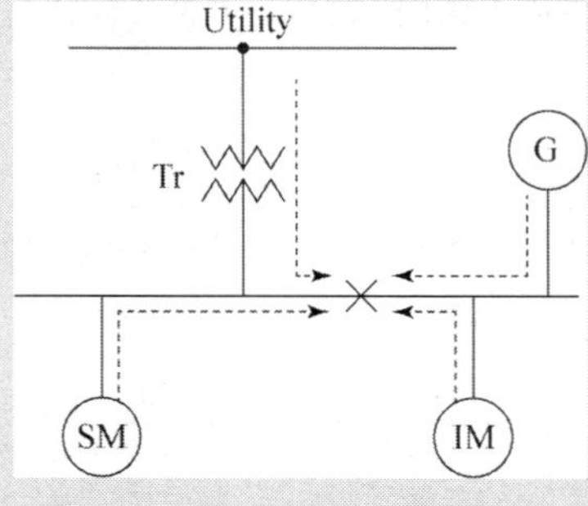

① 전원측(Utility)
정격전압과 기준용량에 의한 공급전류
② 동기발전기
보통 임피던스는 9[%]를 적용하므로 대략 정격전류의 11배 정도의 단락전류를 공급한다.
③ 동기전동기
임피던스는 일반적으로 10[%]를 적용한다. 타여자 방식이므로 감쇠가 느리므로 발전작용은 약 25[Hz] 정도
④ 유도전동기
임피던스는 전압, 용량 및 극수에 따라 다르지만 대체로 저압 모터는 20~30[%](대략 25[%]), 고압 대용량은 17~25[%] 정도(대략 20[%])로 본다.
계통 단락시 여자가 상실되고 잔류자속만 영향을 미치므로 감쇠가 빠르기 때문에 발전작용은 약 4[Hz] 정도가 된다. 즉, 일반적으로 전동기는 5[Hz] 정도가 지난 이후에는 더 이상 고장전류원으로서 작용하지 않는다고 보면 된다.
⑤ 직류전동기
발전작용은 약 20[Hz]
⑥ 기타
축전지, UPS 등

(2) 수전점(F1)

① 삼상 단락시 전원측 고장전류

$$P_{S1} = \frac{100 \times 100 P_N}{\%Z_1} = \frac{10^4}{18.682 + j30.344} = \frac{10^4}{35.633} = 280.6[\text{MVA}]$$

$$I_{S1} = \frac{P_{S1}}{\sqrt{3}\,V} = \frac{280.6}{\sqrt{3} \times 22.9} = 7.074[\text{kA}]$$

② 고압 유도전동기의 기여전류

고압 300 kW 유도전동기 3대에 의한 기여전류의 합산이므로

$$415[\text{A}] \times 3 = 1{,}245[\text{A}] = 1.245[\text{kA}]$$

이를 변압기 1차측으로 환산을 하면

$$a = \frac{I_2}{I_1}\text{에서, } I_1 = \frac{I_2}{a} = \frac{1.245}{6.94} = 0.18[\text{kA}]$$

(변압기 누설리액턴스 및 계통임피던스에 의한 제한된 전류 무시)

③ 고장전류의 합산

I_{S1} + 모터의 기여전류 $= 7.047 + 0.18 = 7.227[\text{kA}]$

④ 일선지락시(지락점 고장 저항 $R_g = 0$)

$$P_{Sg1} = \frac{3 \times 100 P_N}{\%Z_0 + \%Z_1 + \%Z_2}$$

$$= \frac{3 \times 100 \times 100}{(18.682 + j30.344) \times 2 + 58.268 + j20.245}$$

$$= \frac{3 \times 100 \times 100}{95.632 + j80.933} = \frac{3 \times 10^4}{125.282}$$

$$= 239.45[\text{MVA}]$$

$$I_{Sg1} = \frac{P_{Sg1}}{\sqrt{3}\ V} = \frac{239.45}{\sqrt{3} \times 22.9} = 6.037[\text{kA}]$$

(3) TR#1 2차 단락지점(F2)

① 삼상 단락시 전원측 고장전류

$$P_{S2} = \frac{100 \times 100 P_N}{\%Z_1} = \frac{10^4}{86.762 + j505.384} = \frac{10^4}{512.77} = 19.5[\text{MVA}]$$

$$I_{S2} = \frac{P_{S2}}{\sqrt{3}\ V} = \frac{19.5}{\sqrt{3} \times 3.3} = 3.4[\text{kA}]$$

② 고압 유도전동기의 기여전류

고압 300[kW] 유도전동기 3대에 의한 기여전류의 합산이므로

$415[\text{A}] \times 3 = 1{,}245[\text{A}] = 1.245[\text{kA}]$

③ 고장전류의 합산

I_{S2} + 모터의 기여전류 $= 3.4 + 1.245 = 4.645[\text{kA}]$

(4) 고압 유도전동기 부하측 단락지점(F3, F4, F5)

① 삼상 단락시 전원측 고장전류

$$P_{S3} = \frac{100 \times 100 P_N}{\%Z_1} = \frac{10^4}{102.102 + j509.424} = \frac{10^4}{519.55} = 19.2[\text{MVA}]$$

$$I_{S3} = \frac{P_{S3}}{\sqrt{3}\ V} = \frac{19.2}{\sqrt{3} \times 3.3} = 3.36[\text{kA}]$$

② 고압 유도전동기의 기여전류

고압 300[kW] 유도전동기 3대에 의한 기여전류의 합산이므로

$415[\text{A}] \times 3 = 1{,}245[\text{A}] = 1.245[\text{kA}]$

③ 고장전류의 합산

I_{S3} + 모터의 기여전류 = 3.36 + 1.245 = 4.605[kA]

(5) TR#2 2차 단락지점(F6)

$$P_{S2} = \frac{100 \times 100 P_N}{\% Z_1} = \frac{10^4}{818.682 + j3950.34} = \frac{10^4}{4034.2} = 2.48[\text{MVA}]$$

$$I_{S2} = \frac{P_{S2}}{\sqrt{3}\,V} = \frac{2.48}{\sqrt{3} \times 0.38} = 3.77[\text{kA}]$$

4) 고장전류 계산 종합

구분	고장점	고장점 전압	3상단락전류[kA]	1선지락전류[kA]	비고
수전점	F1	22900[V]	7.227	6.037	
TR#1 2차	F2	3300[V]	4.645	–	
M1 부하측	F3	3300[V]	4.605	–	
M2 부하측	F4	3300[V]	4.605	–	
M3 부하측	F5	3300[V]	4.605	–	
TR#2 2차	F6	380[V]	3.77	–	

5) 보호계전기 정정 계산서 및 정정표

(1) 동력 메인 차단기

① CT Data : 50/5

② Relay Data : GIPAM 115FI

③ Caculation Data

TR 3Φ 22.9 kV / 3.3 kV 1,250 kVA

정격전류 = 1,250 kVA ÷ ($\sqrt{3}$ × 22.9 kV) = 31.5 A

I_{INRUSH} = 1,250 kVA ÷ ($\sqrt{3}$ × 22.9 kV) × 10 = 315 A for 0.1 Sec

$I_{ANSI\ POINT}$ = 1,250 kVA ÷ ($\sqrt{3}$ × 22.9 kV) × 14.3 = 450.5 A for 5 Sec

④ 과전류계전기 50/51 Calculation

㉮ 한시 Tap

- 정격전류의 150%에 Setting
- 31.5 × 1.5 × (5/50) = 4.7 A 　　한시 Tap : 0.9(0.9In=4.5)
- Pickup Current = 4.5 × (50/5) = 45 A

㉯ 동작곡선

- 강반한시(Very Inverse)

㉰ 한시 시간 Lever

- TR 2차 3Φ 단락전류는 4.645kA (고장전류 계산 종합 참조)
- TR 2차 3Φ 단락전류를 1차로 환산

  $4,645 \times (3.3/22.9) = 669.3$ A
- TR 2차 3Φ 단락 고장전류에 0.6 Sec에 정정

  669.3 A / 45 A = 14.8배에서 0.6 Sec에 정정

  $t = 13.5/(I/IP) - 1 \times Tp$

  $0.6 = 13.5/(14.8 - 1) \times Tp$

  $Tp = 0.6$ | 시간 Lever : 0.6 |

㉱ 순시 Tap

- TR 2차 3상 단락전류의 150%에 동작하지 않으며 여자돌입전류에 동작하지 않도록 Setting
- 3상 단락전류 : $669.3 \times 1.5 \times (5/50) = 100$ A
- TR 여자돌입전류 : $315 \times (5/50) = 31.5$ A | 순시 Tap : 21 (21In=105A) |

㉲ 순시 시간 Lever

- 정한시 동작 50 mS 이내 동작 | 시간 Lever : 0.05 |

⑤ 지락과전류계전기 50/51G Calculation

㉮ 한시 Tap

- 정격전류의 30%에 Setting
- $31.5 \times 0.3 \times (5/50) = 0.945$ A | 한시 Tap : 0.18 (0.18In=0.9A) |
- Pickup Current $= 0.9 \times (50/5) = 9$ A

㉯ 동작곡선

- 강반한시(Very Inverse)

㉰ 한시 시간 Lever

- 최대 1선지락전류 = 6,037 A
- 최대 1선 지락전류에 0.2 Sec 이내 동작하도록 선정

  6,037 A / 50 A = 120.7(MAX : 20)배에서 0.2S에 정정

  $t = 13.5/(I/IP) - 1 \times Tp$

  $0.2 = 13.5/(20 - 1) \times Tp$

  $Tp = 0.28$ | 시간 Lever : 0.28 |

㉱ 순시 Tap

- 정격전류의 300%에 Setting
- 31.5 × 3 × (5/50) = 9.45 　　순시 Tap : 1.5 (1.5In=7.5A)

㉲ 순시 시간 Lever

- 정한시 동작 50 mS 이내 동작 　　시간 Lever : 0.05

⑥ 저전압계전기 27 Calculation

㉮ 정정 Tap

- 정격전압의 70%에 Setting
- 110 V × 0.7 = 77 V 　　Tap : 0.7 (0.7In=77V)

㉯ 정정 Lever

- 정정치 전압에서 3초(정한시) 　　Lever : 3S

⑦ 과전압계전기 59 Calculation

㉮ 정정 Tap

- 정격전압의 120%에 Setting
- 110 V × 1.2 = 132 V 　　Tap : 1.2 (1.2In=132V)

㉯ 정정 Lever

- 정정치 전압에서 2초(정한시) 　　Lever : 2S

⑧ Setting Table

주변전실		동력 메인 차단기
CT 50/5		계산결과
과전류 50/51	순시 Tap	21
	동작곡선	정한시
	순시 시간 Lever	0.05
	한시 Tap	0.9
	동작 곡선	Very Inverse
	한시 시간 Lever	0.6
지락과전류 50/51G	순시 Tap	1.5
	동작곡선	정한시
	순시 시간 Lever	0.05
	한시 Tap	0.18
	동작 곡선	Very Inverse
	한시 시간 Lever	0.28
저전압 27	Tap	0.7
	Lever	3S(정한시)
과전압 59	Tap	1.2
	Lever	2S(정한시)

(2) 동력 전원 메인 차단기

① CT Data : 300/5[A]

GPT DATA : 3,300/ $\sqrt{3}$, 110/ $\sqrt{3}$, 190/3[V]

② Relay Data : GIPAM 115FI

③ Caculation Data

TR 3Φ 22.9 kV/3.3 kV 1,250 kVA

정격전류 $= 1{,}250\ \text{kVA} \div (\sqrt{3} \times 3.3\ \text{kV}) = 218.7\ \text{A}$

④ 과전류계전기 50/51 Calculation

㉮ 한시 Tap

- 정격전류의 150%에 Setting
- $218.7 \times 1.5 \times (5/300) = 5.46\ \text{A}$ 　　한시 Tap : 1.1 (1.1In=5.5)
- Pickup Current $= 5.5 \times (300/5) = 330\ \text{A}$

㉯ 동작곡선

- 강반한시(Very Inverse)

㉰ 한시 시간 Lever

- TR 2차 3Φ 모선 단락전류는 4,645 A (고장전류 계산 종합 참조)
- 메인반(22.9 kV) 목표 동작시간 = 0.6 s

  고압반 메인 목표 동작시간 $= 0.6 - \triangle t$

  $\triangle t$를 0.3 s면 고압반의 목표 동작시간 $t = 0.3$ s

  ($\triangle t = 0.3$ s 근거 : 릴레이동작 + 차단기 개방시간, CT 포화/공차 여유 포함)

  전류비 $I = 4{,}645$ A, $IP = 330$ A에서 $\dfrac{I}{Ip} = \dfrac{4{,}645}{330} = 14.07$

  $t = 13.5/(I/IP) - 1 \times Tp$

  $0.3 = 13.5/(14.07 - 1) \times Tp$

  $Tp = 0.29$ 　　시간 Lever : 0.29

㉱ 순시 Tap

- 불필요한 동작방지를 위해 순시제거 　　순시 Tap : Block

⑤ 지락과전압계전기 64G Calculation

㉮ 한시 Tap(Pick-up Voltage는 영상전압의 30%에 Setting)

㉯ 정격전압 $\times 30\ \% = 190 \times 0.3 = 57$[V] 　　정한시 Tap : 0.3 (0.3Vo=57)

㉰ 동작시간

• 정한시 특성으로 2초에 동작하도록 선정 | 시간 Lever : 2s |

㉣ 동작모드

• 고압모터의 67G(선택지락계전기)와의 동작협조를 위해 경보용으로 사용

⑥ Setting Table

주변전실		TR#2 2차 차단기
CT 300/5		계산결과
과전류 50/51	순시 Tap	Block
	동작곡선	–
	순시 시간 Lever	–
	한시 Tap	1.1
	동작 곡선	Very Inverse
	한시 시간 Lever	0.29
지락과전압 64G	한시 Tap	0.3Vo
	동작곡선	정한시
	동작시간	2s(경보, AL)

(3) M1, M2, M3 동력 차단기

① CT Data : 100/5[A]

GPT DATA : 3,300/ $\sqrt{3}$, 110/ $\sqrt{3}$, 190/3[V]

② Relay Data : GIPAM 115FI

③ Caculation Data

유도전동기 3.3 kV, 300 kW(402HP), PF : 0.8, η : 0.93

리액터 80%

$$정격전류\ I_N = \frac{P[\text{kV}]}{\sqrt{3}\cdot V[\text{kV}]\cdot\eta\cdot\cos\theta} = \frac{300}{\sqrt{3}\times 3.3\times 0.93\times 0.8} = 70.5[\text{A}]$$

기동전류 $= 70.5[\text{A}]\times 6\times 0.8 = 338.8[\text{A}]$

(기동시간= 10 sec, 기동전류 배수 : 6배 적용)

④ 과전류계전기 50/51 Calculation

㉮ 한시 Tap

• 모터의 정격전류의 115%에 Setting

• $70.5\times 1.15\times(5/100) = 4.05$ A | 한시 Tap : 0.8 (0.8In=4.0) |

- Pickup Current $= 4.0 \times (100/5) = 80$ A

㉯ 동작곡선

- 장반한시(Long Inverse)

㉰ 한시 시간 Lever

- TR 2차 3Φ 모선 단락전류는 4,645 A (고장전류 계산 종합 참조)
- 고압 메인반(3.3 kV) 목표 동작시간 $= 0.6$ s
  고압반 메인 목표 동작시간 $= 0.6 - \triangle t$
  $\triangle t$를 0.3 s면 전동기 전원 목표 동작시간 $t = 0.3$ s
  ($\triangle t = 0.3$ s 근거 : 릴레이동작 + 차단기 개방시간, CT 포화/공차 여유 포함)
  전류비 $I = 4,645$ A, IP=80 A에서 $\frac{I}{Ip} = \frac{4,645}{80} = 58$
  $t = 120/(I/IP) - 1 \times Tp$
  $0.3 = 120/(58-1) \times Tp$
  $Tp = 0.14$ 　　시간 Lever : 0.14

㉱ 순시 Tap

- 모터 기동전류에는 동작하지 않으며, 모선의 3상 단락전류 보다 작은 값에서 동작하도록 Setting
- 모터의 기동전류×1.2~1.3(여유)$= 338.8[A] \times 1.2 = 406.5[A]$
  $406.5 \times \frac{5}{100} = 20.3$ A
- 모선의 단락전류$\times 0.8 = 4,645[A] \times 0.8 = 3,716[A]$ 이지만 근접 고장에 대해 즉시 동작하기 위해 800 A로 Setting
  $900 \times \frac{5}{100} = 45$ A 　　순시 Tap : 9 (9In=45A)

㉲ 순시 시간 Lever

- 정한시 동작 50 mS 이내 동작 　　시간 Lever : 0.05

⑤ 선택지락계전기 67G Calculation

㉮ 전압 Tap

- 지락사고 발생시 최대영상전압의 30%에 Setting
- 정격전압 $\times 30\% = 190 \times 0.3 = 57[V]$ 　　전압 Tap : 0.3 (0.3Vo=57)

㉯ 전류 Tap

- 지락전류의 30~40% 에 정정
- 지락전류 $\times 0.3 = 437[mA] \times 0.3 = 131[mA]$

• $131 \times \frac{1.5}{200} = 0.98$ 　　전류 Tap : 0.98 (0.98Io=1.47mA)

㉰ 위상 Tap

• 최대 감도각에 설정 　　위상 Tap : 45°

※ GIPAM 115FI의 경우 계전기 특성각(RCA, Relay Characteristic Angle)이 45°로 고정. GIPAM 3000FI 등의 계전기는 계전기 특성각 조정이 가능하여 아래 계산에 의한 지락시 위상각 29.2°를 입력할 수 있다.

㉱ 시간 Lever

• 정정치에서 2초(정한시) 　　시간 Lever : 2S

⑥ Setting Table

주변전실		M1, M2, M3 차단기
CT 100/5		계산결과
과전류 50/51	순시 Tap	9
	동작곡선	정한시
	순시 시간 Lever	0.05
	한시 Tap	0.8
	동작 곡선	Long Inverse
	한시 시간 Lever	0.14
선택지락 67G	전압 Tap	0.3Vo
	전류 Tap	정한시
	위상 Tap	45°
	동작시간	2s

참고 **고압선로의 지락전류 계산**

3.3/6 kV, 3심, XLPE, 50 mm^2 케이블의 정전용량은 약 0.33 μF/km 이므로 60 Hz, 3.3 kV(상전압 1.905 kV)에서 충전전류 I_C는

$$I_{C1} = 2\pi f CV$$
$$= 2\pi \times 60 \times 0.33 \times 10^{-6} \times 1{,}905$$
$$= 0.237[\text{A/km}](1상)$$

100 mΩ당 약 23.7 mA/상, 1선지락 시 영상전류 크기(위상 무시 단순 합산)는 대략 $3I_{C1} = 0.711$[A/km], 100 m당 약 71 mA임

동일한 100 m 피더가 3가닥(300 m)이므로 총 충전전류는

$$I_C = 3 \times 71[\text{mA}] = 213[\text{mA}]$$

지락전류 $I_g = I_N + jI_C = 0.381 + j0.213 = \sqrt{0.381^2 + 0.213^2} = 0.436[\text{A}]$

지락시 위상각 $\theta = \tan^{-1}\left(\frac{I_C}{I_N}\right) = \tan^{-1}\left(\frac{0.213}{0.381}\right) = 29.2°$

I_N은 CLR에 의한 GPT 중성점에 흐르는 유효분전류로 381[mA]임

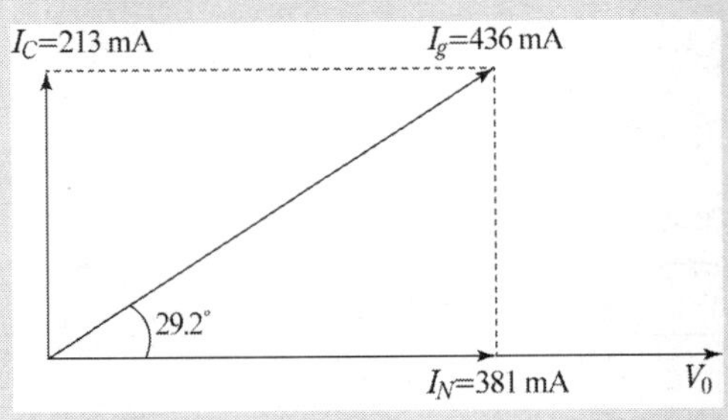

(4) 전등, 전열 메인 차단기

① CT Data : 10/5

② Relay Data : GIPAM 115FI

③ Caculation Data

TR 3Φ 22.9 kV/0.38 kV 100 kVA

정격전류 $= 100\,\text{kVA} \div (\sqrt{3} \times 22.9\,\text{kV}) = 2.52\,\text{A}$

$I_{INRUSH} = 100\,\text{kVA} \div (\sqrt{3} \times 22.9\,\text{kV}) \times 10 = 25.2\,\text{A}$ for 0.1 Sec

$I_{ANSI\ POINT} = 100\,\text{kVA} \div (\sqrt{3} \times 22.9\,\text{kV}) \times 14.3 = 36\,\text{A}$ for 5 Sec

④ 과전류계전기 50/51 Calculation

㉮ 한시 Tap

- 정격전류의 150%에 Setting
- $2.52 \times 1.5 \times (5/10) = 1.89\,\text{A}$ 　　한시 Tap : 0.4 (0.4In=2.0)
- Pickup Current $= 2.0 \times (10/5) = 4\,\text{A}$

㉯ 동작곡선

- 강반한시(Very Inverse)

㉰ 한시 시간 Lever

- TR 2차 3Φ 단락전류는 3.77 kA (고장전류 계산 종합 참조)

- TR 2차 3Φ 단락전류를 1차로 환산

  $3,770 \times (0.38/22.9) = 62.5$ A
- TR 2차 3Φ 단락 고장전류에 0.6 Sec에 정정

  62.5 A / 4 A = 15.6배에서 0.6 Sec에 정정

  $t = 13.5/(I/IP) - 1 \times Tp$

  $0.6 = 13.5/(15.6 - 1) \times Tp$

  $Tp = 0.64$ 　　시간 Lever : 0.64

㉱ 순시 Tap

- TR 2차 3상 단락전류의 150%에 동작하지 않으며 여자돌입전류에 동작하지 않도록 Setting
- 3상 단락전류 : $62.5 \times 1.5 \times (5/10) = 46.8$ A
- TR 여자돌입전류 : $25.2 \times (5/10) = 12.6$ A

순시 Tap : 10 (10In=50A)

㉲ 순시 시간 Lever

- 정한시 동작 50mS 이내 동작 　　시간 Lever : 0.05

⑤ 지락과전류계전기 50/51G Calculation

㉮ 한시 Tap

- 정격전류의 30%에 Setting
- $2.52 \times 0.3 \times (5/10) = 0.38$ A 　　한시 Tap : 0.1 (0.1In=0.5A)
- Pickup Current $= 0.5 \times (10/5) = 1$ A

㉯ 동작곡선

- 강반한시(Very Inverse)

㉰ 한시 시간 Lever

- 최대 1선지락전류 = 6,037 A
- 최대 1선 지락전류에 0.2 Sec 이내 동작하도록 선정

  6,037 A / 10 A = 603.7(MAX : 20)배에서 0.2 S에 정정

  $t = 13.5/(I/IP) - 1 \times Tp$

  $0.2 = 13.5/(20 - 1) \times Tp$

  $Tp = 0.28$ 　　시간 Lever : 0.28

㉱ 순시 Tap

- 정격전류의 300%에 Setting
- $2.52 \times 3 \times (5/10) = 3.78$ 　　순시 Tap : 0.8 (0.8In=4.0A)

㉱ 순시 시간 Lever

• 정한시 동작 50 mS 이내 동작 　　시간 Lever : 0.05

⑥ 저전압계전기 27 Calculation

㉮ 정정 Tap

• 정격전압의 70%에 Setting

• 110 V × 0.7 = 77 V 　　Tap : 0.7 (0.7Vn=77V)

㉯ 정정 Lever

• 정정치 전압에서 3초(정한시) 　　Lever : 3S

⑦ 과전압계전기 59 Calculation

㉮ 정정 Tap

• 정격전압의 120%에 Setting

• 110 V × 1.2 = 132 V 　　Tap : 1.2 (1.2Vn=132V)

㉯ 정정 Lever

• 정정치 전압에서 2초(정한시) 　　Lever : 2S

⑧ Setting Table

주변전실		전등, 전열 메인 차단기
CT 10/5		계산결과
과전류 50/51	순시 Tap	10
	동작곡선	정한시
	순시 시간 Lever	0.05
	한시 Tap	0.4
	동작 곡선	Very Inverse
	한시 시간 Lever	0.64
지락과전류 50/51G	순시 Tap	0.8
	동작곡선	정한시
	순시 시간 Lever	0.05
	한시 Tap	0.1
	동작 곡선	Very Inverse
	한시 시간 Lever	0.28
저전압 27	Tap	0.7
	Lever	3S(정한시)
과전압 59	Tap	1.2
	Lever	2S(정한시)

(5) Power Tools Program으로 고장전류 및 보호계전기 정정

① 기본 단선도 작성

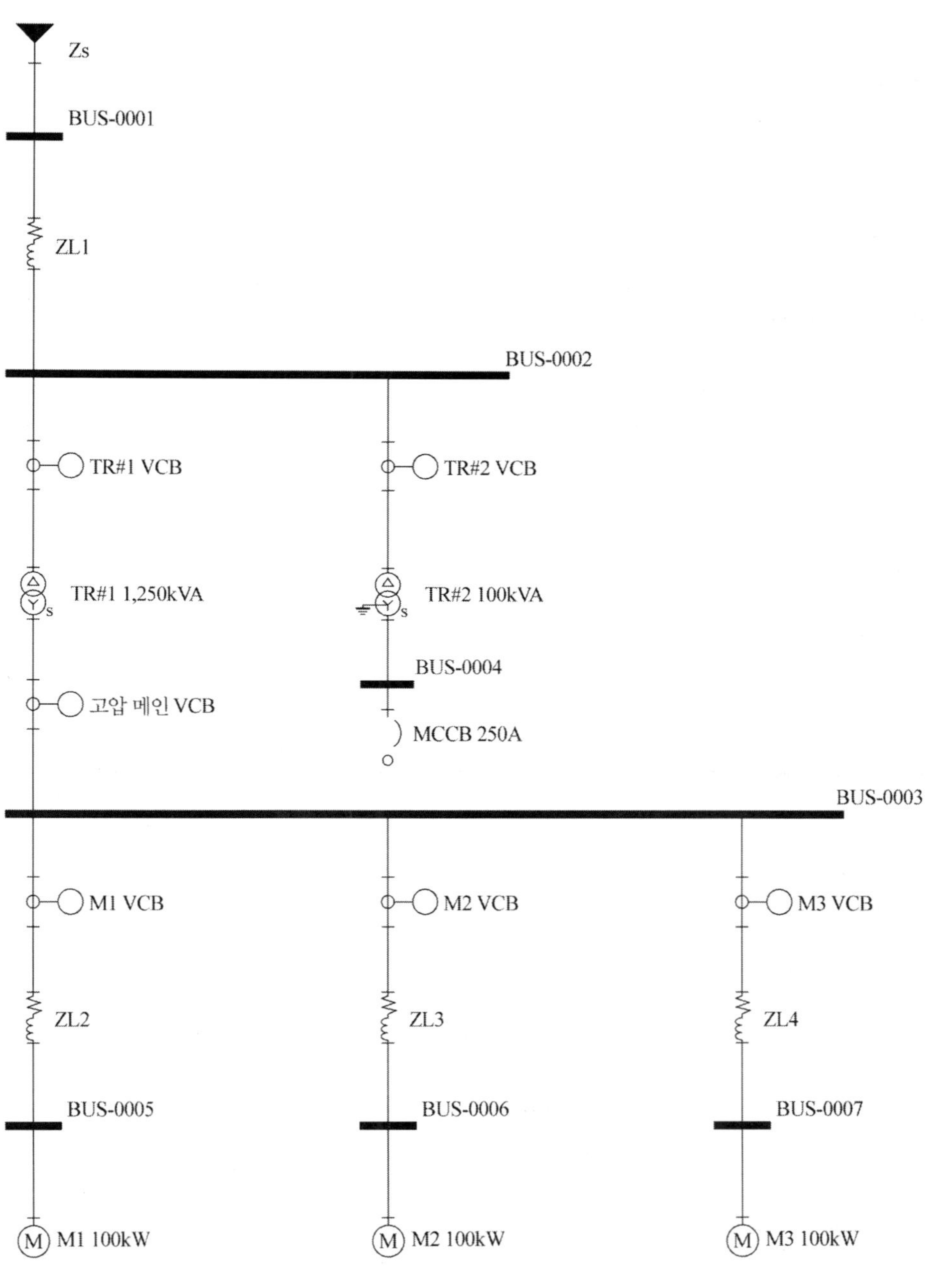

② 고장전류 계산을 위한 데이터 입력

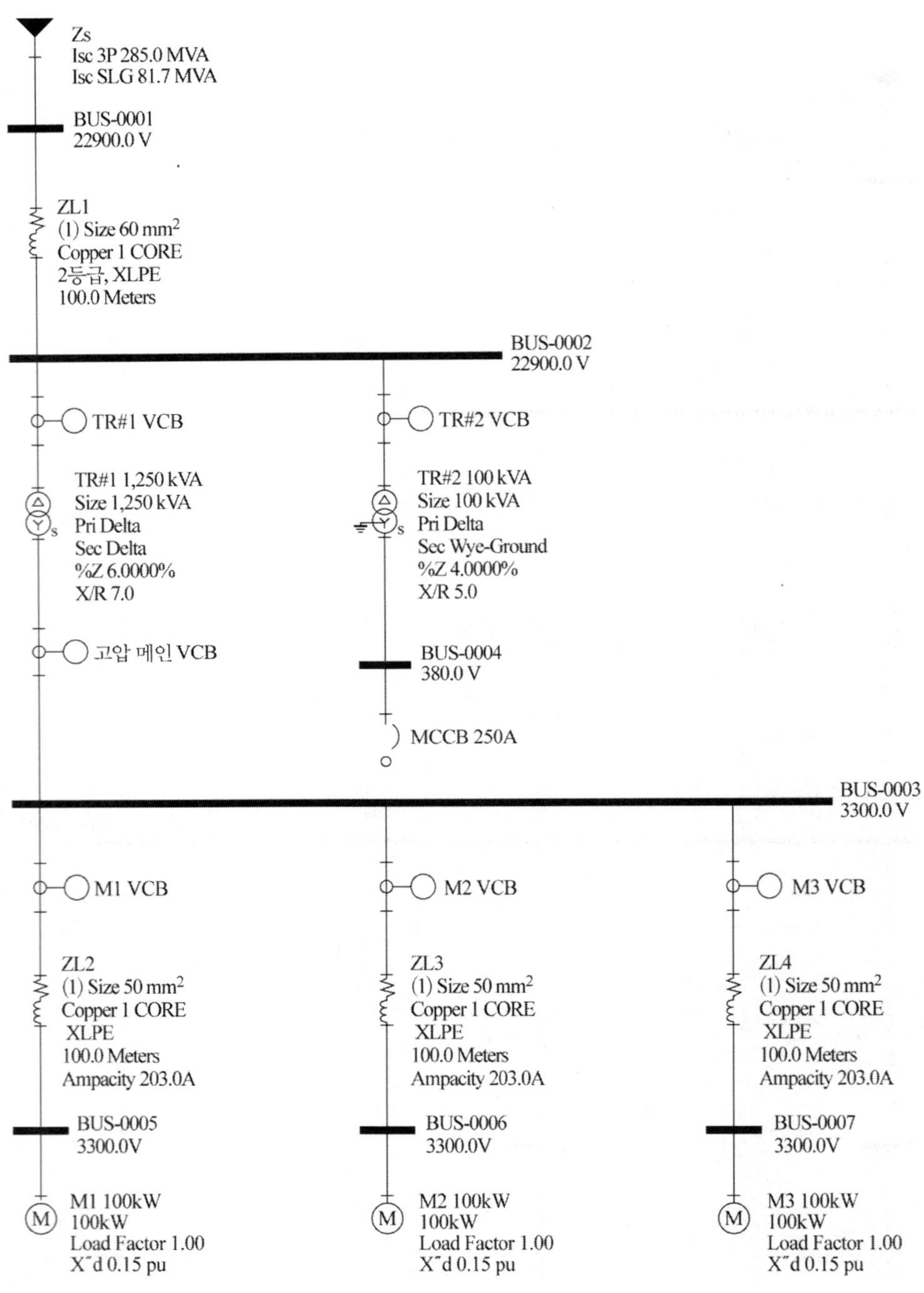

③ 임피던스 데이터

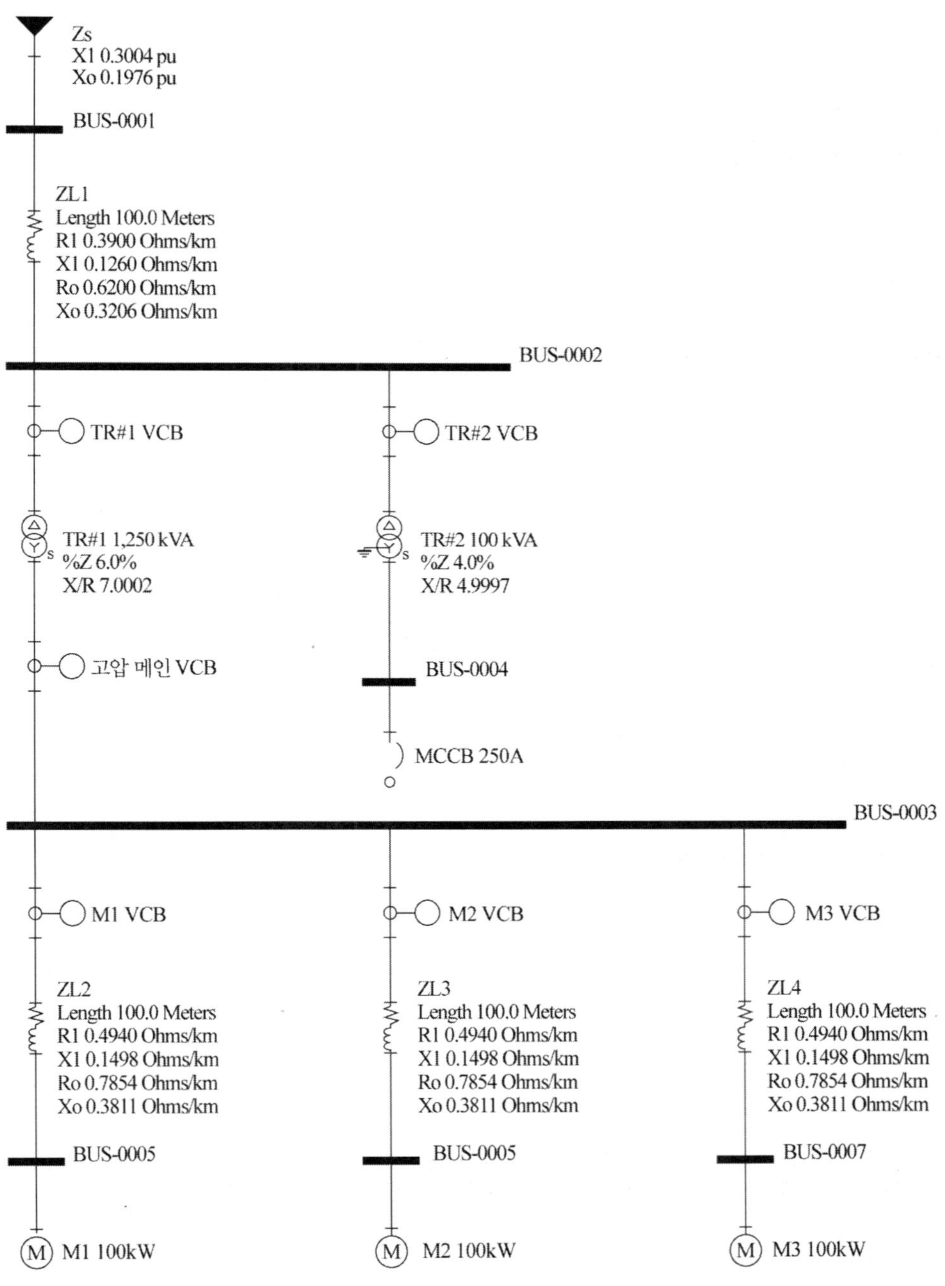
Zs
X1 0.3004 pu
Xo 0.1976 pu
BUS-0001
ZL1
Length 100.0 Meters
R1 0.3900 Ohms/km
X1 0.1260 Ohms/km
Ro 0.6200 Ohms/km
Xo 0.3206 Ohms/km
BUS-0002
TR#1 VCB
TR#2 VCB
TR#1 1,250 kVA
%Z 6.0%
X/R 7.0002
TR#2 100 kVA
%Z 4.0%
X/R 4.9997
고압 메인 VCB
BUS-0004
MCCB 250A
BUS-0003
M1 VCB
M2 VCB
M3 VCB
ZL2
Length 100.0 Meters
R1 0.4940 Ohms/km
X1 0.1498 Ohms/km
Ro 0.7854 Ohms/km
Xo 0.3811 Ohms/km
ZL3
Length 100.0 Meters
R1 0.4940 Ohms/km
X1 0.1498 Ohms/km
Ro 0.7854 Ohms/km
Xo 0.3811 Ohms/km
ZL4
Length 100.0 Meters
R1 0.4940 Ohms/km
X1 0.1498 Ohms/km
Ro 0.7854 Ohms/km
Xo 0.3811 Ohms/km
BUS-0005
BUS-0005
BUS-0007
M1 100kW
M2 100kW
M3 100kW

④ 고장전류 단선결선도

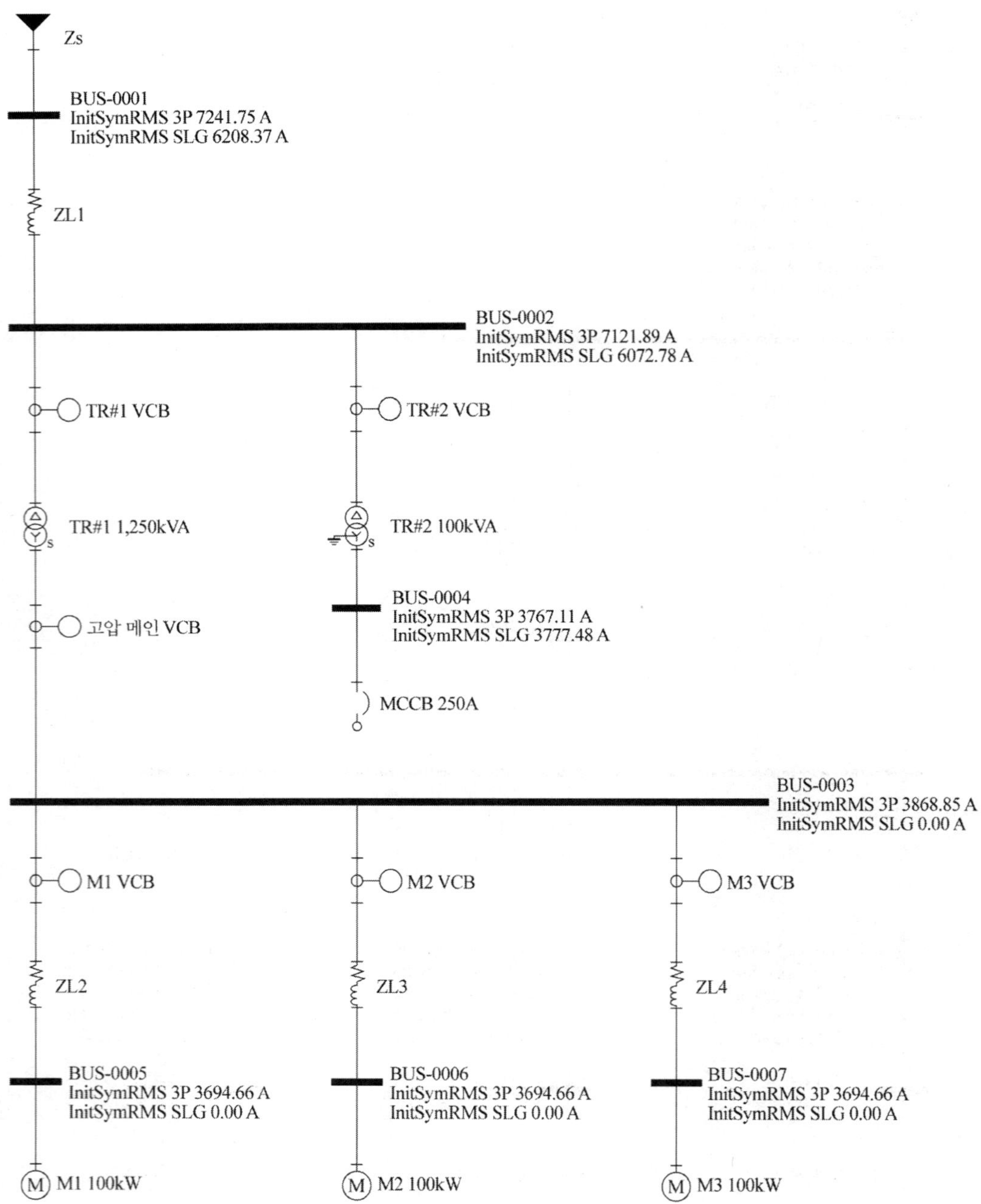
Zs
BUS-0001
InitSymRMS 3P 7241.75 A
InitSymRMS SLG 6208.37 A
ZL1
BUS-0002
InitSymRMS 3P 7121.89 A
InitSymRMS SLG 6072.78 A
TR#1 VCB
TR#2 VCB
TR#1 1,250kVA
TR#2 100kVA
BUS-0004
InitSymRMS 3P 3767.11 A
InitSymRMS SLG 3777.48 A
고압 메인 VCB
MCCB 250A
BUS-0003
InitSymRMS 3P 3868.85 A
InitSymRMS SLG 0.00 A
M1 VCB
M2 VCB
M3 VCB
ZL2
ZL3
ZL4
BUS-0005
InitSymRMS 3P 3694.66 A
InitSymRMS SLG 0.00 A
BUS-0006
InitSymRMS 3P 3694.66 A
InitSymRMS SLG 0.00 A
BUS-0007
InitSymRMS 3P 3694.66 A
InitSymRMS SLG 0.00 A
M1 100kW
M2 100kW
M3 100kW

⑤ 고장전류 Report

DAPPER Fault Contribution Brief Report

Comprehensive Short Circuit Study Settings

Three Phase Fault	Yes	Faulted Bus	All Buses
Single Line to Ground	Yes	Bus Voltages	First Bus From Fault
Line to Line Fault	No	Branch Currents	First Branch From Fault
Line to Line to Ground	No	Phase or Sequence	Report phase quantities
Motor Contribution	Yes	Fault Current Calculation	Asymmetrical RMS(with DC offset and Decay)
Transformer Tap	Yes	Asym Fault Current at Time	0.50 Cycles
Xformer Phase Shift	Yes		

	Contributions			Initial Symmetrical Amps				Asymmetrical Amps			
Bus Name				3 Phase	SLG	LLG	LL	3 Phase	SLG	LLG	LL
Bus-0001				**7,242**	**6,208**	**0**	**0**	**7,407**	**6,213**	**0**	**0**
	ZL	CABLE	In	59	33	0	0	60	34	0	0
	Zs	UTILITY	In	7,187	6,177	0	0	7,351	6,181	0	0
Bus-0002				**7,122**	**6,073**	**0**	**0**	**7,266**	**6,076**	**0**	**0**
	TR #1 1000 kVA	2W-XFMR	In	59	33	0	0	60	33	0	0
	TR #2 100 kVA	2W-XFMR	In	0	0	0	0	0	0	0	0
	ZL1	CABLE	In	7,067	6,042	0	0	7,210	6,045	0	0
Bus-0003				**3,869**	**0**	**0**	**0**	**4,988**	**0**	**0**	**0**
	TR #1 1250 kVA	2W-XFMR	In	3,411	0	0	0	4,398	0	0	0
	ZL2	CABLE	In	153	0	0	0	197	0	0	0
	ZL3	CABLE	In	153	0	0	0	197	0	0	0
	ZL4	CABLE	In	153	0	0	0	197	0	0	0
Bus-0004				**3,767**	**3,777**	**0**	**0**	**4,702**	**4,721**	**0**	**0**
	TR #2 100 kVA	2W-XFMR	In	3,767	3,777	0	0	4,702	4,721	0	0
Bus-0005				**3,695**	**0**	**0**	**0**	**4,349**	**0**	**0**	**0**
	M1 100 kVA	IND-MTR	In	153	0	0	0	180	0	0	0
	ZL2	CABLE	In	3,542	0	0	0	4,169	0	0	0
Bus-0006				**3,695**	**0**	**0**	**0**	**4,349**	**0**	**0**	**0**
	M2 100 kVA	IND-MTR	In	153	0	0	0	180	0	0	0
	ZL3	CABLE	In	3,542	0	0	0	4,169	0	0	0
Bus-0007				**3,695**	**0**	**0**	**0**	**4,349**	**0**	**0**	**0**
	M3 100 kVA	IND-MTR	In	153	0	0	0	180	0	0	0
	ZL4	CABLE	In	3,542	0	0	0	4,169	0	0	0

⑥ 보호계전기 입력 데이터 단선도

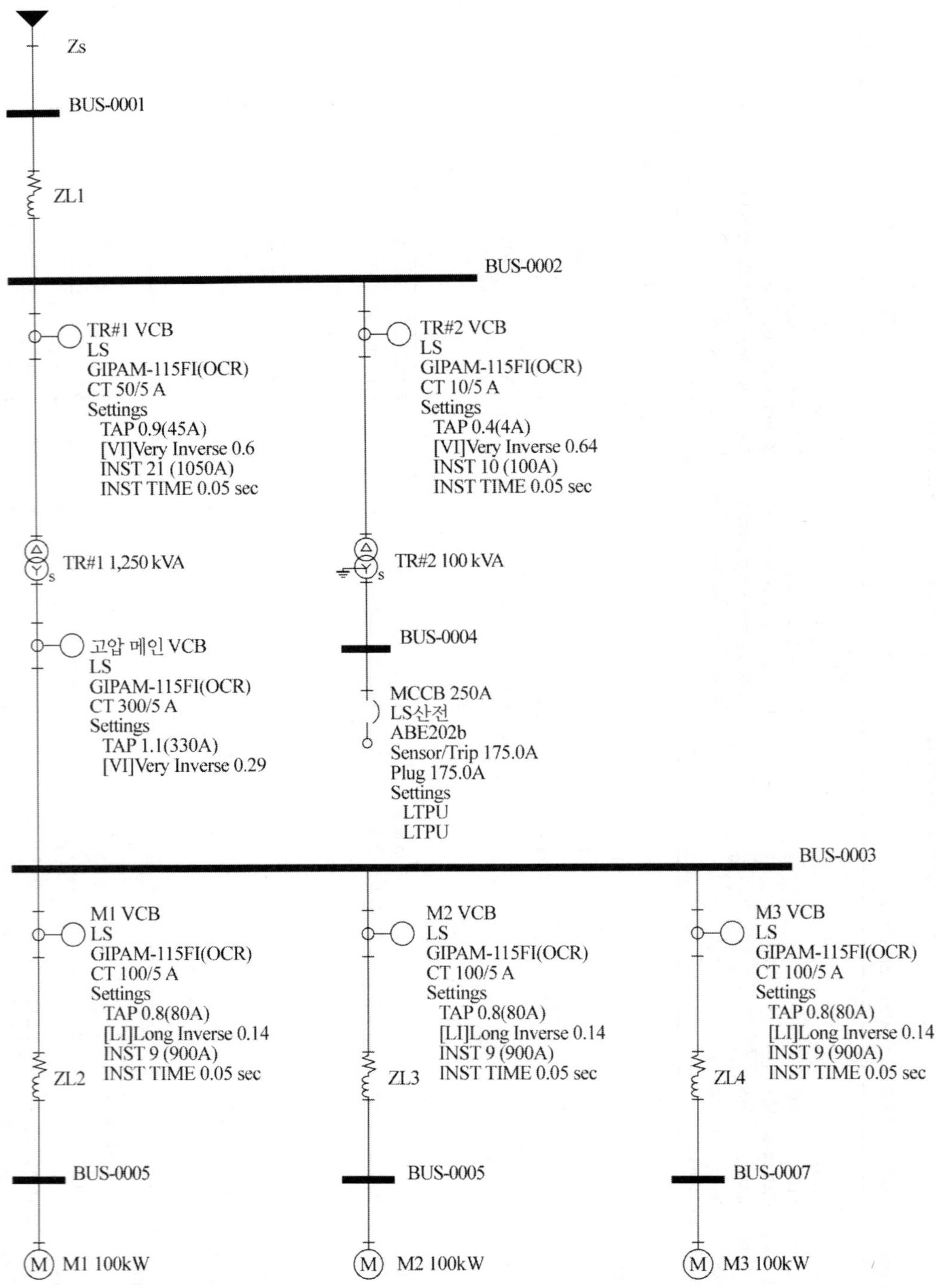

⑦ 보호계전기 셋팅 데이터 단선도

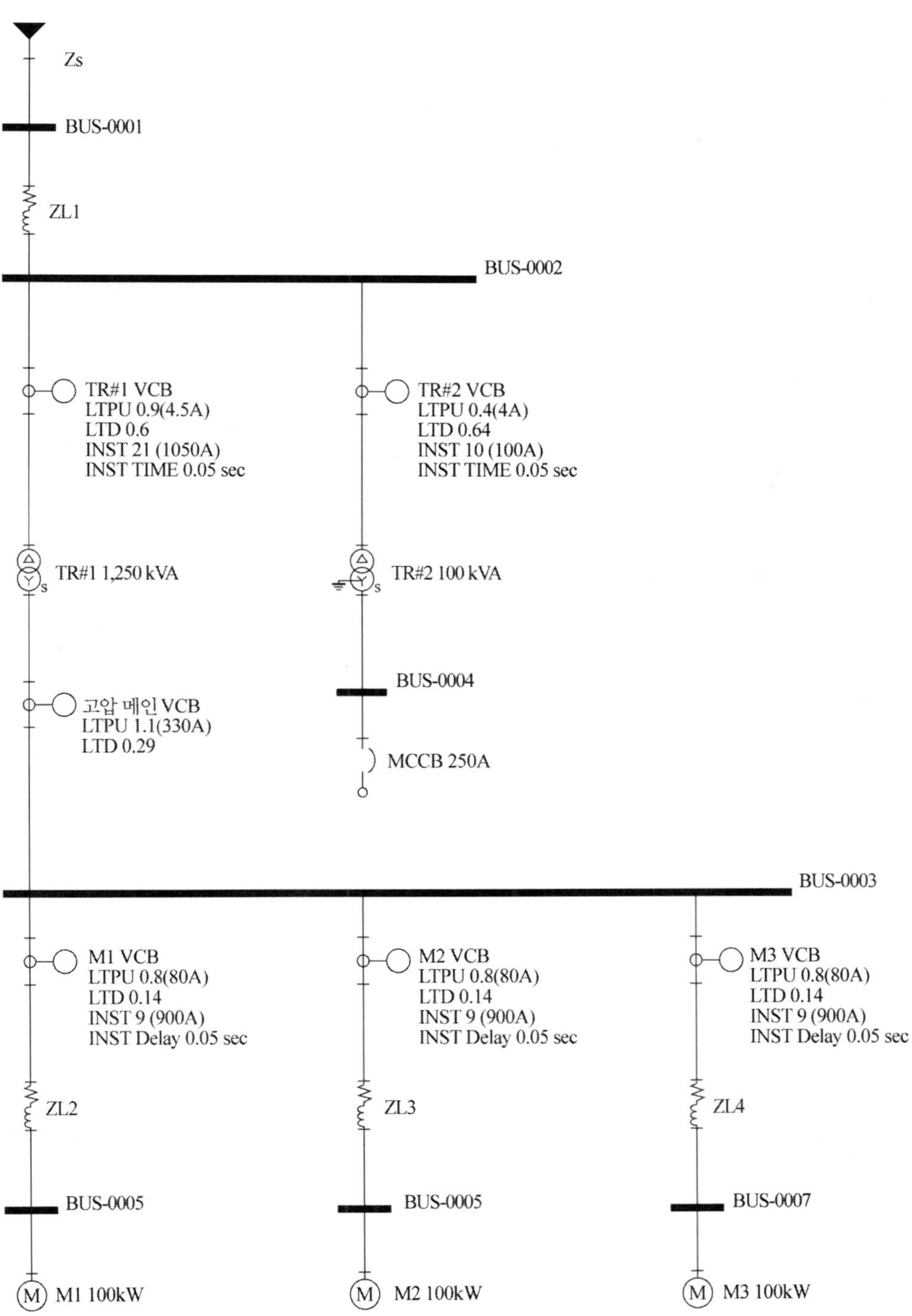

⑧ TR#1 VCB와 고압모터(M1) 간의 보호협조 곡선(M2, M3 동일)

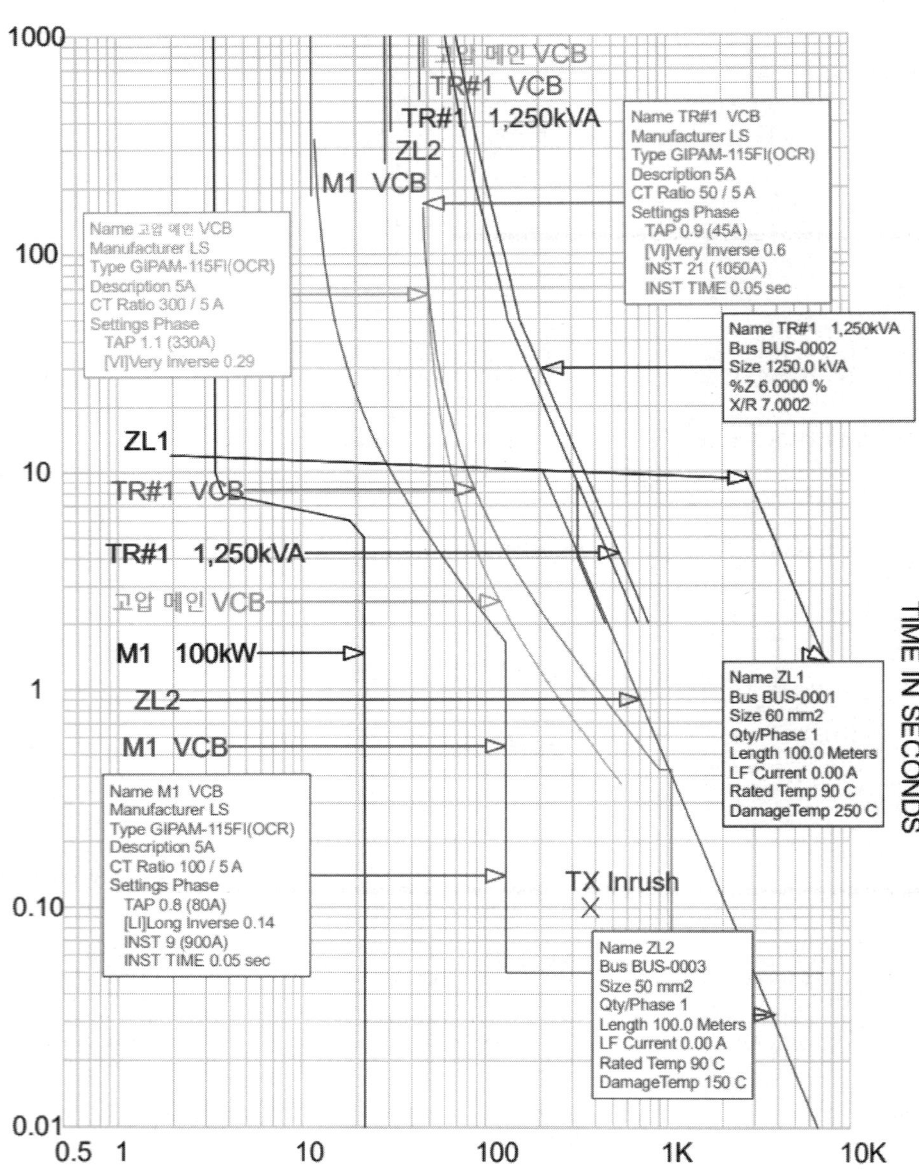

tcc4.tcc Ref. Voltage: 22900V Current in Amps x 1

⑨ TR#2 VCB 보호협조 곡선

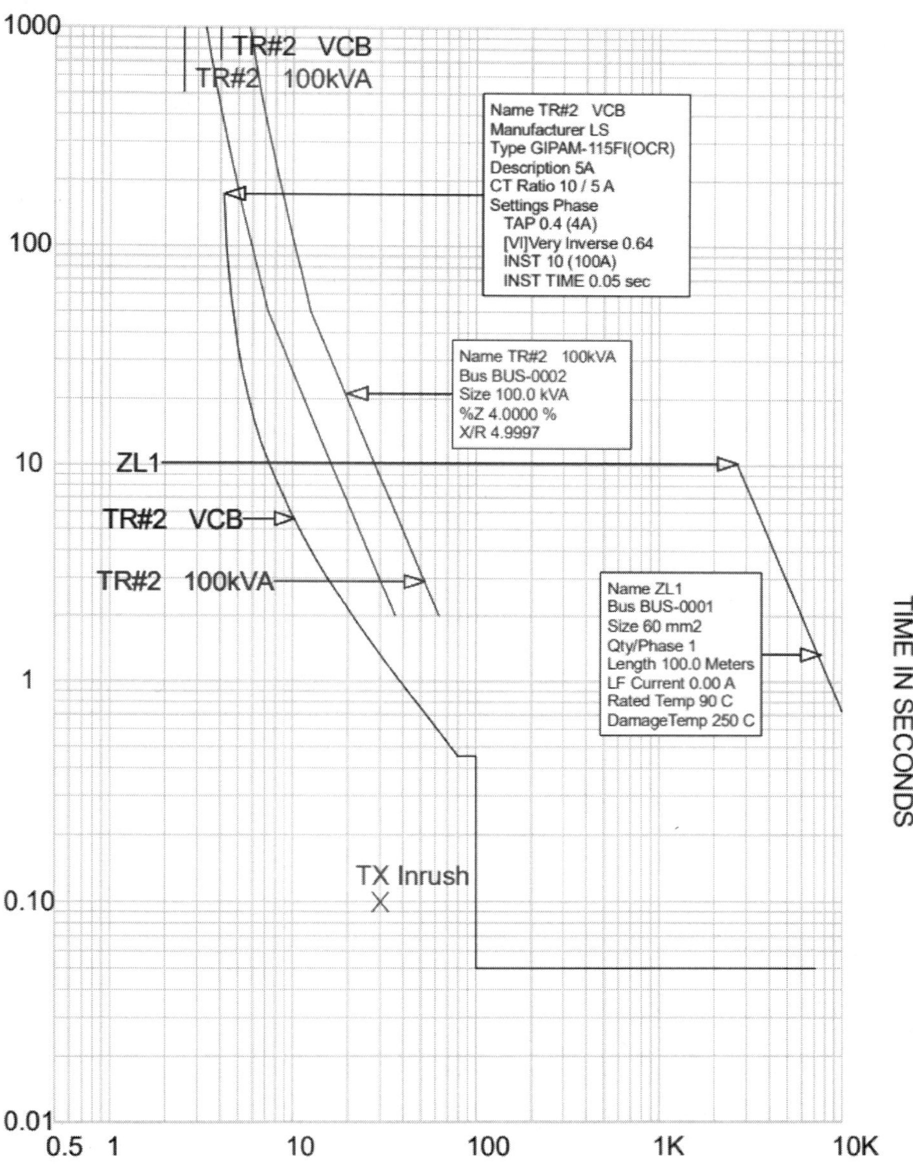

tcc5.tcc Ref. Voltage: 22900V Current in Amps x 1

4 용량 1,000 kVA 0.38 kV/22.9 kV 태양광발전 수변전설비

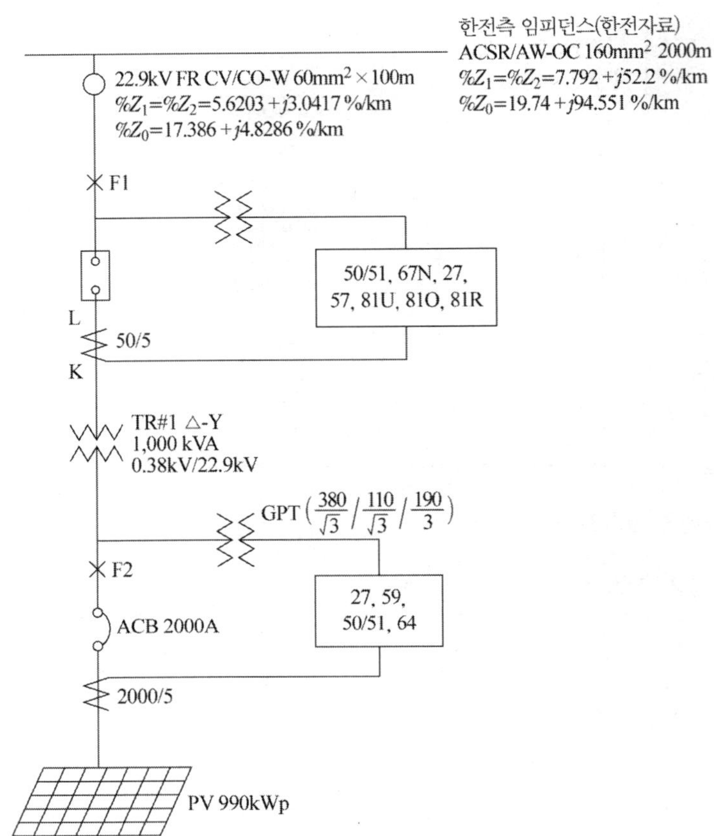

1) 각 임피던스의 계산

(1) 한전측 등가 임피던스(Z_S)

한전측 정상분 및 역상분 임피던스 $\%Z_S$는 다음과 같다.

(임피던스는 한국전력에서 제출 받은 값으로 ACSR/AW−OC 160 mm^2×2,000 m 임)

$$\%Z_1 = \%Z_2 = 7.792 + j52.2[\%/\text{km}]$$

$$\%Z_0 = 19.74 + j94.551[\%/\text{km}]$$

(2) 인입전선로 임피던스(Z_{L1})

전기실 인입전선로(22.9 kV FR CV/CO-W 60 mm^2 × 100 m)

① 인입전선로의 정상(역상) 임피던스

$$\%Z_1 = \%Z_2 = (5.6203 + j3.0417) \times \frac{100}{1000} = (0.56203 + j0.30417)[\%]$$

② 인입전선로의 영상 임피던스

$$\%Z_0 = (17.386 + j4.8286) \times \frac{100}{1000} = (1.7386 + j0.48286)[\%]$$

(3) TR#1 1,000 kVA 임피던스 계산

① TR#1 정격 : 380/22,900 V, 3Φ 1,000 kVA(1.0 MVA), Δ-Y

② TR#1 %Z : 5.0%(자기용량 기준)

③ TR#1 임피던스 계산[100MVA 기준]

ANSI/IEEE C37.0101에서 X/R비는 6이므로

$\%Z = \sqrt{R^2+X^2} = \sqrt{R^2+\alpha R^2} = \sqrt{R^2+6R^2} = 5.0[\%]$ 이므로

$$\%R = \sqrt{\frac{\%Z^2}{\alpha^2}} = \sqrt{\frac{5^2}{6^2}} = 0.83[\%]$$

$$\%X = \sqrt{\%Z^2 - R^2} = \sqrt{5.0^2 - 0.83^2} = 4.93[\%]$$

100 MVA의 기준임피던스로 환산하면

$$\%R_B = \%R \times \frac{\text{기준용량[MVA]}}{\text{자기용량[MVA]}} = 0.83 \times \frac{100}{1.0} = 83[\%]$$

$$\%X_B = \%X \times \frac{\text{기준용량[MVA]}}{\text{자기용량[MVA]}} = 4.93 \times \frac{100}{1.0} = 493[\%]$$

2) 고장점별 %임피던스의 집계

(1) 임피던스 Map

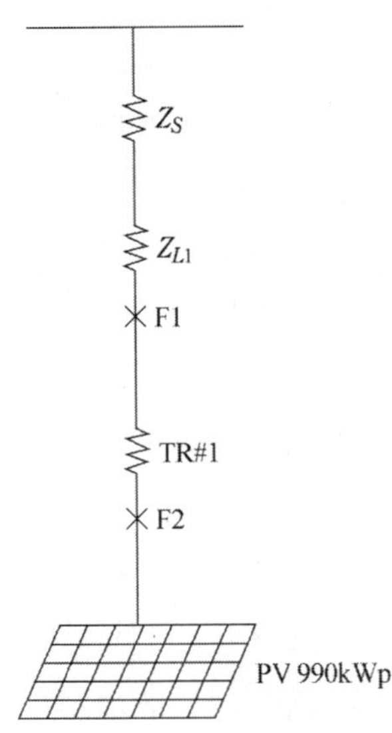

(2) %임피던스 집계

위의 임피던스 Map를 참조하여 %임피던스를 집계하면 다음과 같다.

구분	고장점	정상임피던스 ($\%Z_1$)	역상임피던스 ($\%Z_2$)	영상임피던스 ($\%Z_0$)	비고
한전인입점		7.792+j52.2	7.792+j52.2	19.74+j94.551	
인입전선로		0.56203+j0.30417	0.56203+j0.30417	1.7386+j0.48586	
수전점 소계	F1	8.354+j52.504	8.354+j52.504	21.4786+j95.036	
TR#1 2차		83+j493	83+j493		
TR#1 2차 소계	F2	91.354+j545.504	91.354+j545.504		

3) 고장전류 계산

(1) 수전점(F1)

① 삼상 단락시

$$P_{S1} = \frac{100 \times 100 P_N}{\% Z_1} = \frac{10^4}{8.345 + j52.504} = \frac{10^4}{53.198} = 187.9[\text{MVA}]$$

$$I_{S1} = \frac{P_{S1}}{\sqrt{3}\ V} = \frac{187.9}{\sqrt{3} \times 22.9} = 4.73[\text{kA}]$$

② 일선지락시(지락점 고장 저항 $R_g = 0$)

$$P_{Sg1} = \frac{3 \times 100 P_N}{\%Z_0 + \%Z_1 + \%Z_2}$$

$$= \frac{3 \times 100 \times 100}{(8.345 + j52.504) \times 2 + 51.478 + j95.036}$$

$$= \frac{3 \times 100 \times 100}{68.168 + j200.044} = \frac{3 \times 10^4}{211.339} = 141.95[\text{MVA}]$$

$$I_{Sg1} = \frac{P_{Sg1}}{\sqrt{3}\ V} = \frac{141.95}{\sqrt{3} \times 22.9} = 3.578[\text{kA}]$$

(2) TR#1 2차 단락지점(F2)

$$P_{S2} = \frac{100 \times 100 P_N}{\%Z_1} = \frac{10^4}{91.354 + j545.504} = \frac{10^4}{553.1} = 18.07[\text{MVA}]$$

$$I_{S2} = \frac{P_{S2}}{\sqrt{3}\ V} = \frac{18.07}{\sqrt{3} \times 0.38} = 27.45[\text{kA}]$$

4) 고장전류 계산 종합

구분	고장점	고장점 전압	3상단락전류[kA]	1선지락전류[kA]	비고
수전점	F1	22900[V]	4.73	3.578	
TR#1 2차	F2	380[V]	27.45	–	

※ 한전계통에 태양광발전 등 인버터 기반 분산형전원만 연계되는 경우에는 저압 계통 연계시와 마찬가지로 단락전류 값이 억제되어 단락용량에 대한 검토를 생략할 수 있다. 그러나, 열병합 발전이나 소수력 발전(동기기 유형) 등 비교적 용량이 큰 회전기 형태의 분산형전원이 연계되는 경우에는 단락용량에 대한 검토가 필요하다.(분산형전원 배전계통 연계 기술 Guideline)

5) 보호계전기 정정 계산서 및 정정표

(1) 메인 차단기

① CT Data : 50/5

② Relay Data : GIPAM 2200DG

③ Caculation Data

TR 3Φ 22.9 kV/380V 1,000 kVA(1,000×1)

정격전류 $= 1{,}000\ \text{kVA} \div (\sqrt{3} \times 22.9\ \text{kV}) = 25.2\ \text{A}$

$I_{INRUSH} = 1{,}000\ \mathrm{kVA} \div (\sqrt{3} \times 22.9\ \mathrm{kV}) \times 10 = 252\ \mathrm{A}$ for 0.1 Sec

$I_{ANSI\ POINT} = 1{,}000\ \mathrm{kVA} \div (\sqrt{3} \times 22.9\ \mathrm{kV}) \times (100/\%Z) = 504\ \mathrm{A}$ for 3 Sec

④ 과전류계전기 50/51 Calculation

㉮ 한시 Tap

- 정격전류의 150%에 Setting
- $25.2 \times 1.5 \times (5/50) = 3.78\ \mathrm{A}$ 　　한시 Tap : 0.75 (0.75In=3.75)
- Pickup Current $= 3.75 \times (50/5) = 37.5\ \mathrm{A}$

㉯ 동작곡선

- 강반한시(Very Inverse)

㉰ 한시 시간 Lever

- TR 2차 3Φ 단락전류는 27.45 kA (고장전류 계산 종합 참조)
- TR 2차 3Φ 단락전류를 1차로 환산
  $27{,}450 \times (0.38/22.9) = 455.5\ \mathrm{A}$
- TR 2차 3Φ 단락 고장전류에 0.6 Sec에 정정
  455.5 A / 50 A = 9.11배에서 0.6 Sec에 정정
  $t = 13.5/(I/IP) - 1 \times Tp$
  $0.9 = 13.5/(9.11 - 1) \times Tp$
  $Tp = 0.36$ 　　시간 Lever : 0.36

㉱ 순시 Tap

- TR 2차 3상 단락전류의 150%에 동작하지 않으며 여자돌입전류에 동작하지 않도록 Setting
- 3상 단락전류 : $455.5 \times 1.5 \times (5/50) = 68.3\ \mathrm{A}$
- TR 여자돌입전류 : $252 \times (5/50) = 25.2\ \mathrm{A}$ 　　순시 Tap : 14 (14In=70A)

㉲ 순시 시간 Lever

- 정한시 동작 50 mS 이내 동작 　　시간 Lever : 0.05

⑤ 방향성 지락과전류계전기 67N(DOCGR) Calculation

㉮ Operation Value

- 영상전압을 기준으로 지락고장전류의 방향이 일정범위 안에 있을 때 동작하는 계전기
- DOCGR 의 계전기 Pick-up 되는 범위
  RCA − Op Ang $\leq \angle V_o - \angle I_o \leq$ RCA + Op Ang

(RCA = 0~359/1°, Op Ang = 50~90/5°)

|예| ※ RCA(Reference Connection Angle, 기준 접속각)
전압(V_o)과 전류(I_o) 사이의 기준 위상각을 의미
※ Op Ang(Operating Angle, 동작각)
보호장치가 위상차를 허용하는 범위(허용각)

㉯ 한시 Tap

- 정격전류의 30%에 Setting
- $25.2 \times 0.3 \times (5/50) = 0.75\,\text{A}$ 　　한시 Tap : 0.15 (0.15In=0.75A)
- Pickup Current $= 0.75 \times (50/5) = 7.5\,\text{A}$

㉰ 동작곡선

- 강반한시(Very Inverse)

㉱ 한시 시간 Lever

- 최대 1선지락전류 = 3,578A
- 최대 1선 지락전류에 0.2Sec 이내 동작하도록 선정

3,578 A/50 A = 75.1(MAX : 20)배에서 0.2S에 정정

$t = 13.5/(I/IP) - 1 \times Tp$

$0.2 = 13.5/(20-1) \times Tp$

$Tp = 0.28$ 　　시간 Lever : 0.28

㉲ 순시 Tap

- 정격전류의 300%에 Setting
- $25.2 \times 3 \times (5/50) = 7.56$ 　　순시 Tap : 1.51 (1.51In=7.55A)

㉳ 순시 시간 Lever

- 정한시 동작 50 mS 이내 동작 　　시간 Lever : 0.05

㉴ 방향특성

- 계전기 특성각(Relay Characteristic Angle)

0~359도 일 때 120도 설정

- 동작특성각(Op Angle)

Op Ang = 50~90/5°에서 Op Ang = 85도

⑥ 저전압계전기 27 Calculation

㉮ 정정 Tap

• 정격전압의 70%에 Setting

• 110 V×0.7 = 77 V Tap : 0.7 (0.7Vn=77V)

㉯ 정정 Lever

• 정정치 전압에서 1초(정한시) Lever : 1S

⑦ 과전압계전기 59 Calculation

㉮ 정정 Tap

• 정격전압의 115%에 Setting

• 110 V×1.15 = 126.5 V Tap : 1.2 (1.2Vn=132V)

㉯ 정정 Lever

• 정정치 전압에서 1초(정한시) Lever : 1S

⑧ 저주파계전기 81U Calculation

㉮ 정정 Tap

• 계통 전압의 변동폭과 지속시간을 고려하여 오동작하지 않도록 해야 하나 상세한 검토가 곤란하므로 비정상 주파수에 대한 분산형전원 분리시간(분산형전원 배전계통 연계 기술기준)에 의거 동작치 정정은 57cycle(Hz)에 정정

Tap : 57Hz

㉯ 정정 Lever

• 비정상 주파수에 대한 분산형전원 분리시간(분산형전원 배전계통 연계 기술기준)에 의거 0.16sec에 정정 Lever : 0.16S

⑨ 고주파계전기 81O Calculation

㉮ 정정 Tap

• 계통 전압의 변동폭과 지속시간을 고려하여 오동작하지 않도록 해야 하나 상세한 검토가 곤란하므로 비정상 주파수에 대한 분산형전원 분리시간(분산형전원 배전계통 연계 기술기준)에 의거 동작치 정정은 62cycle(Hz)에 정정

Tap : 62Hz

㉯ 정정 Lever

• 비정상 주파수에 대한 분산형전원 분리시간(분산형전원 배전계통 연계 기술기준)에 의거 0.16 sec에 정정 Lever : 0.16S

⑩ 주파수변화율(df/dt, ROCOF, Rate of Change of Frequency) 81R Calculation

㉮ 정정 Tap

• KEPCO/KPX 연계 기준에서 df/dt 계전기 설정은 보통 ±0.5~1.0 Hz/s 범

위이므로 작은 계통 연계시 상한값 1 Hz/s으로 정정 | Tap : 1 Hz/s |

㉯ 정정 Lever

• 지연시간(200～500 ms)을 부여하여 불필요 트립 감소를 위해 0.3 sec에 정정

| Lever : 0.3S |

⑪ Setting Table

주변전실		메인 차단기
CT 50/5		계산결과
과전류 50/51	순시 Tap	14
	동작곡선	정한시
	순시 시간 Lever	0.05
	한시 Tap	0.75
	동작 곡선	Very Inverse
	한시 시간 Lever	0.36
방향서 지락과전류 67N	순시 Tap	1.15
	동작곡선	정한시
	순시 시간 Lever	0.05
	한시 Tap	0.15
	동작 곡선	Very Inverse
	한시 시간 Lever	0.28
	동작특성	RCA = 120°
		Op Ang = 85°
저전압 27	Tap	0.7
	Lever	1S(정한시)
과전압 59	Tap	1.2
	Lever	1S(정한시)
저주파 81U	Tap	57 Hz
	Lever	0.16S(정한시)
고주파 81O	Tap	62 Hz
	Lever	0.16S(정한시)
주파수변화률 81R(df/dt)	Tap	1 Hz/s
	Lever	0.3S(정한시)

(2) 저압 메인 차단기

① CT Data : 2000/5

② Relay Data : GIPAM 115FI

③ Caculation Data

TR 3Φ 22.9 kV /0.38 kV 1,000 kVA

태양광 모듈출력의 합이 990 kWp일 때

정격전류 $= 990\text{ kW} \div (\sqrt{3} \times 0.38\text{ kV}) = 1{,}504\text{ A}$

변압기 2차 3상단락전류 27,450 A

④ 과전류계전기 50/51 Calculation

㉮ 한시 Tap

- 정격전류의 150%에 Setting
- $1{,}504 \times 1.5 \times (5/2000) = 5.64\text{ A}$ **한시 Tap : 1.1 (1.1In=5.5)**
- Pickup Current $= 5.5 \times (2000/5) = 2200\text{ A}$

㉯ 동작곡선

- 강반한시(Very Inverse)

㉰ 한시 시간 Lever

- TR 2차 3Φ 단락전류는 27.45 kA (고장전류 계산 종합 참조)
- TR 2차 3Φ 단락 고장전류에 0.6 Sec에 정정(릴레이 설치점 단락전류)

27450 A / 2200 A = 12.4배에서 0.6 Sec에 정정

$t = 13.5/(I/IP) - 1 \times Tp$

$0.6 = 13.5/(12.4 - 1) \times Tp$

Tp = 0.5 **시간 Lever : 0.5**

㉱ 순시 Tap

- TR 2차 3상 단락전류의 150%에 Setting
- 3상 단락전류 : $27450 \times 1.5 \times (5/2000) = 102\text{ A}$

순시 Tap : 20 (20In=100A)

㉲ 순시 시간 Lever

- 정한시 동작 50 mS 이내 동작 **시간 Lever : 0.05**

⑤ 지락과전압계전기 64G Calculation

㉮ 한시 Tap(Pick-up Voltage는 영상전압의 30%에 Setting)

㉯ 정격전압$\times 30\% = 190 \times 0.3 = 57$[V] **정한시 Tap : 0.3 (0.3Vo=57)**

㉰ 동작시간

• 정한시 특성으로 2초에 동작하도록 선정 | 시간 Lever : 2s

⑥ 저전압계전기 27 Calculation

㉮ 정정 Tap

• 정격전압의 70%에 Setting

• 110 V × 0.7 = 77 V | Tap : 0.7 (0.7Vn=77V)

㉯ 정정 Lever

• 정정치 전압에서 1초(정한시) | Lever : 1S

⑦ 과전압계전기 59 Calculation

㉮ 정정 Tap

• 정격전압의 115%에 Setting

• 110 V × 1.15 = 126.5 V | Tap : 1.2 (1.2Vn=132V)

㉯ 정정 Lever

• 정정치 전압에서 1초(정한시) | Lever : 1S

⑧ Setting Table

주변전실		저압 메인 차단기
CT 2000/5		계산결과
과전류 50/51	순시 Tap	20
	동작곡선	정한시
	순시 시간 Lever	0.05
	한시 Tap	1.1
	동작 곡선	Very Inverse
	한시 시간 Lever	0.5
지락과전류 64G	한시 Tap	0.3Vo
	동작곡선	정한시
	동작시간	2s
저전압 27	Tap	0.7
	Lever	1S(정한시)
과전압 59	Tap	1.2
	Lever	1S(정한시)

참고 **분산형전원(DG, Distributed Generation) 배전계통 연계기술기준**

제7조(한전계통 접지와의 협조)

역송병렬 형태의 분산형전원 연계시 그 접지방식은 해당 한전계통에 연결되어 있는 타 설비의 정격을 초과하는 과전압을 유발하거나 한전계통의 지락고장 보호협조를 방해해서는 안 된다. 단, 분산형전원 설치자가 비접지방식을 사용하는 경우 한전계통 접지와의 협조를 만족하여야 하며, 만족할 수 없는 경우 별도의 대책을 수립해야 한다.

1. 배경

분산형전원을 특고압 한전계통에 연계할 때, 연계 변압기의 결선 및 접지방식에 따라 분산형전원이 계통에 미치는 영향은 달라진다. 연계 변압기의 결선방식은 다양하게 적용할 수 있으나 특고압측(한전계통측)이 유효접지되어 있는지 여부에 따라 지락고장 발생시 전압 및 보호협조 특성이 크게 달라진다.

3상 4선식 다중접지 방식으로서 유효접지 기준을 만족하는 한전계통에 유효접지 기준을 만족하지 않는 결선방식의 연계 변압기(특고압측 △결선)로 분산형전원을 연계하면 한전계통에 지락고장 발생시 한전계통 전원으로부터 분리된 단독계통(power island, 분산형전원에 의해 단독운전 상태에 놓이게 된 한전계통 선로구간을 말한다. 이하 같다.)이 과전압으로 인한 피해를 입을 수 있다.

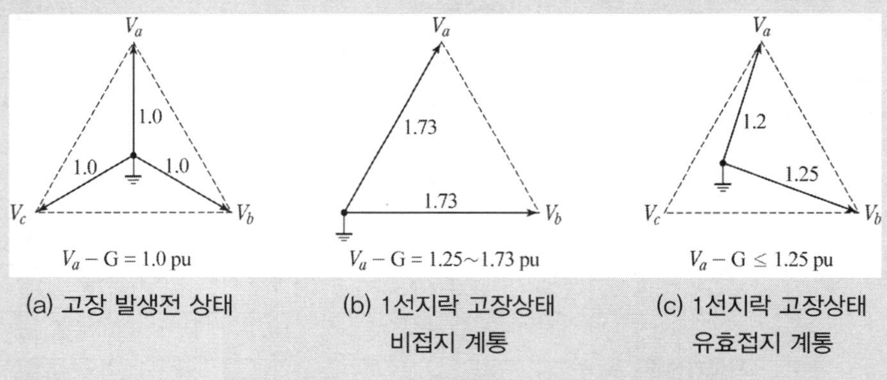

(a) 고장 발생전 상태 (b) 1선지락 고장상태 비접지 계통 (c) 1선지락 고장상태 유효접지 계통

| 그림 8.1 | 1선 지락고장 발생시 중성점 이동

위 그림은 분산형전원 연계 변압기 특고압측이 유효접지가 아닌 경우와 유효접지 조건을 만족하는 경우 1선 지락고장 발생시 각 상 전압의 크기를 보여 준다. (a)는 고장 발생 전의 상태를 나타내고, (b)는 분산형전원이 유효접지되지 않은 경우 한전 계통측 C상에서 1선 지락고장 발생시를 나타내며 또한 (C)는 분산형전원 연계 변압기의 특고압측이 유효접지된 경우 1선 지락고장 발생시를 나타낸다.

(b)는 한전계통측 C상에서 1선 지락시 연계 변압기의 중성점이 접지가 안 되어 있는 상태에서 한전계통의 임의 지점에 지락고장이 발생하고 고장 제거를 위해 한전계통측 보호기기(CB, 리클로저(recloser) 등)가 동작하여 한전계통측 전원이 차단되면 분산 형전원은 단독운전 상태(고장 지속)가 되고 단독계통에는 비접지 전원(접지되 지 않은 분산형전원)만 존재하게 된다. 이때, 그림 (b)와 같이 건전상에는 선간전압이 걸리게 되어 과전압에 노출되게 된다. 이와같이 지락고장으로 인해 발생한 건전상의 과전압은 한전계통에 설치된 피뢰기 및 기타 설비에 피해를 주거나 스트레스를 누적시키게 된다. 단, 단순병렬 분산형전원의 경우는 발전량보다 부하량이 크므로 계통고장 발생시에도 단독운전에 의한 전압상승이 발생하지 않으며, 역전력계전기로 한전계통의 역조류를 방지하기 때문에 유효접지 여부를 적용할 필요가 없다.

(C)는 분산형전원 연계 변압기의 특고압측이 유효접지된 경우 1선 지락고장 발생시를 나타낸다. 그림에서 보는 바와 같이 연계 변압기의 중성점이 유효접지되어 있으면 한전계통의 1선 지락고장 발생으로 보호기기가 동작하여 단독 통이 형성되어도 분산형전원이 유효접지된 전원을 제공하기 때문에 건전상의 전압은 125% 내지 135% 정도로 상승을 억제할 수 있다.

이와 같이 분산형전원 연계에 의한 고장시 한전계통의 과전압 문제는 유효접지상 태를 유지하는 적절한 연계 변압기의 결선방식을 선정함으로써 경감시킬 수 있다. 그러나, 연계 변압기 특고압측을 유효접지하게 되면 위에서 살펴본 바와 같이 과전압 발생은 방지할 수 있으나, 한전계통으로 원치 않는 고장전류를 공급할 수 있고 그로 인해 계통의 보호협조를 방해할 수 있다. 반대로, 연계 변압기의 특고압측을 접지하지 않으면 한전계통 측으로 고장전류를 공급하지는 않으나 과전압의 위험에 노출될 수 있다. 따라서, 연계 변압기의 결선방식에 따라 적 절한 보호협조 대책을 검토해야 할 필요가 있다.

2. 연계 변압기 결선방식별 특징(한전계통측 - 분산형전원측)

1) Grounded Y – △ 결선방식

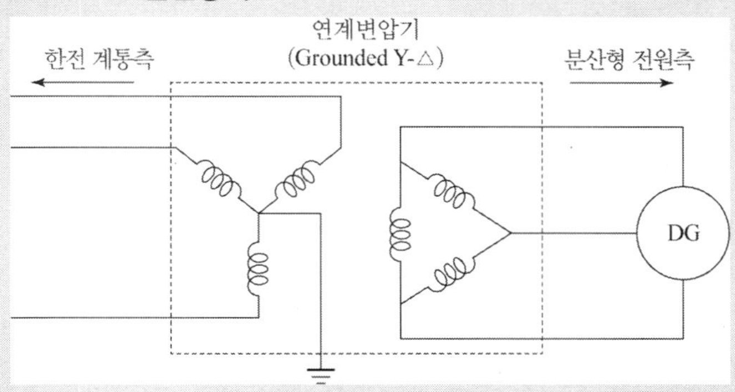

이 결선방식은 부하에 전기를 공급하려는 목적으로는 거의 사용되지 않지만 분산형전원(DG)의 연계 변압기 결선으로 가장 적합한 방식으로 고려되고 있다. 그러나, 이러한 변압기 결선방식은 종종 "grounding bank", "ground source", "grounding transformer"라고 불리며 계통에 적용 할 경우 반드시 고려해야만 하는 특성들도 있다.

이 결선방식의 변압기가 "ground source"로 동작한다는 것은 한전계통에서 지락고장 발생시 분산형전원측에서 원치 않는 고장전류를 공급할 수 있다는 의미이다. 좀 더 구체적으로는 분산형전원에 의한 고장전류 공급이라고 보기보다는 연계 변압기가 계통에 지락고장 전류를 흐르게 하는 통로를 제공한다고 볼 수 있다. 예를 들어 태양광발전의 경우 야간에는 발전을 하고 있지 않으나 연계 변압기가 가압되어 있는 상태라면 한전계통 고장시 연계 변압기를 통해서 고장전류가 공급될 수 있다. 따라서, 이 결선방식을 적용한다는 것은 한전계통의 과전류 보호체계를 변경한다는 것을 의미하며 이것은 계전기나 기기의 교체를 필요로 하기도 한다.

| 표 8.1 | Grounded Y – △ 결선방식의 장·단점

장점	단점
· 보호협조 원리가 명확함 · 분산형전원에서 발생한 제3고조파가 한전계통으로 유출되지 않음 · 연계 변압기 자체가 계통 고장에 관여하므로 한전계통 고장을 분산형전원 측에서 즉시 검출할 수 있 음. 따라서 단독운전 방지가 용이함 · 분산형전원 단독운전시 발생할 수 있는 철공진과 과전압 피해를 방지할 수 있음	· 한전계통에 존재하는 제3고조파가 특고압측 권선에 흐름으로써 변압기를 과열시킬 우려가 있음 · 제3고조파의 경로에 따라 통신 유 도장해나 중성점 전위 변화를 유발하며 이 현상의 예측이 어려움 · 한전계통 측에서 발생하는 모든 지락고장에 대해 고장전류를 공급함 · 동일 변전소 주변압기 뱅크의 다른 한전계통 선로 고장에 대해 리클로저나 CB를 동작시킬 수 있는 고장전류를 연계 변압기가 공급함 · 고장이 발생할 경우, 연계 변압기 자체가 단락고장의 위험에 노출됨. 특히 4~5%의 임피던스를 갖는 소형 변압기가 취약하며, 따라서 일반적으로 특수하게 설계된 변압기를 주문해야 함

2) Grounded Y – Grounded Y 결선방식

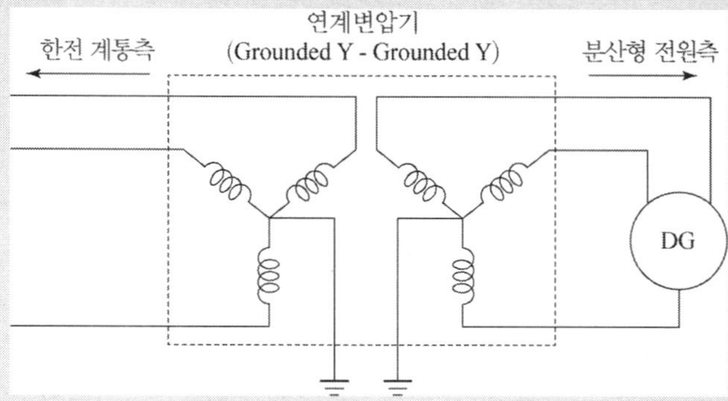

이 결선방식은 한전계통 고장에 대해 고장전류를 공급하고 영상분 고조파의 통로가 되기 때문에 발전원에 따라 계통 연계가 어려울 수도 있다. 동기발전기는 권선피치에 따라 제3고조파 전압을 발생하기도 한다. 이 결선방식으로 계통에 연계되면 제3고조파에 대해 매우 낮은 임피던스 통로를 제공하여 발전기에 피해를 줄 수 있고 계통으로 원하지 않는 고조파를 주입하기도 한다.

| 표 8.2 | Grounded Y – Grounded Y 결선방식의 장·단점

장점	단점
· 케이블 공급방식에 있어 철공진 문제에 대해 덜 민감함 · 동일한 정격의 △–Grounded Y 결선방식보다 변압기 절연방식에 있어 유리함 · 위상변위가 없으므로 저압 계전기를 이용해 고압부의 전압을 모니터링 할 수 있음	· 한전계통에서 나타나는 불평형 상황이 분산형전원측 구내계통에도 나타남 · 영상분 고조파(제3고조파 등)의 직접 적인 통로를 제공함 · 한전계통에서 발생하는 고장에 대해 분산형전원이 고장전류 공급원이 됨 · 분산형전원의 내부고장에 대해 한전 계통에서 고장전류를 공급함으로써 보호협조가 제대로 안되어 있는 경우 고장이 한전계통으로 파급될 수 있음

3) △ – Grounded Y 결선방식

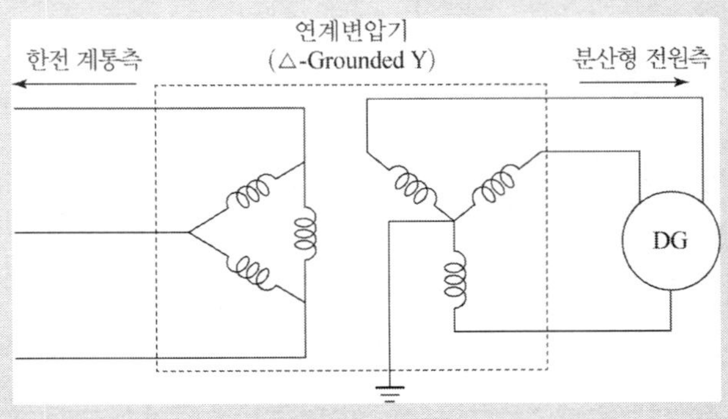

(1) 한전계통측 지락 발생시
고객 변압기 1차측이 △결선이므로 한전측 지락전류가 고객측에 유입되지 않아 고객측 설비는 지락 영향을 받지 않는다.

(2) 지락상태 지속으로 한전 측 차단기 개방시
① 한전 배전선로(A상) 지락 발생
㉮ 변전소 차단기(CB) 또는 선로 리클로져에 의해 한전측에서 전원 차단
㉯ 전원 차단 이후에도 지락지점의 고장상태는 그대로 유지됨
② 한전계통과 분리됨으로써 비접지 조건 발생
㉮ 고객 변압기의 △–Y 결선 특성으로 인해 고객측 태양광발전설비는 유효접지 조건을 제공하지 못함
㉯ 유효접지 조건을 상실하게 되어, 단독계통(Island) 형성으로 인한 비접지계통 조건으로 전환됨
③ 상전압 상승(과전압 발생)
㉮ 정상 시 상전압은 대지전압으로 유지되나, 유효접지 조건을 상실한 경우 건전상의 전압이 선간전압 수준($\sqrt{3}$배)으로 상승하여 심각한 과전압 발생 위험이 있음
㉯ 이 과전압 상태가 지속될 경우 배전선로에 연결된 고객의 설비, 또한 태양광설비의 고객측 설비 및 태양광 인버터 등의 손상 위험이 크다.

(3) OVGR(지락과전압계전기) 설치 필요성
① OVGR은 이러한 과전압 상태를 신속하게 검출하여, 태양광 설비 및 고객 설비의 손상을 방지하기 위해 계통과의 연결을 즉시 차단하는 역할을 수행함
② 따라서, OVGR 설치는 한전 배전선로에서 지락이 발생하여 전원이 차단된 후에도 태양광 발전설비가 계속 전력을 공급할 경우, 비접지 상태에서 발생하는 과전압으로부터 설비를 보호하기 위하여 필수적으로 설치하여야 한다.

| 표 8.3 | △ – Grounded Y 결선방식의 장·단점

장점	단점
· 분산형전원의 제3고조파가 한전계통으로 유입되지 않음 · 한전계통의 1선 지락고장에 대해 직접적으로 분산형전원이 고장전류를 공급하지 않음 · 분산형전원측 구내계통 1선 지락고장에 대해 한전계통으로 고장이 파급되지 않음	· 한전계통의 1선 지락고장 또는 한전계통 개방에 의한 분산형전원의 단독운전 상태에서 유효접지 상태를 유지하지 못하므로 과전압의 위험이 있음 · 케이블 한전계통이 고장으로 개방된 상태에서 철공진이 발생하기 쉬움 · 분산형전원 발전기의 중성점 접지상태에 따라 구내계통의 중성선에 제3고조파에 의한 과전류가 발생할 수 있음

장점	단점
	· 한전계통의 1선 지락고장시 분산형 전원측에서 지락고장 전류를 공급하지 않음에 따라 고장 검출에 어려움이 있음

제13조(전압기준)

| 표 8.4 | 비정상 전압에 대한 분산형전원 분리시간

전압 범위(기준전압에 대한 백분율[%])	분리시간 [초]
$V < 50$	0.5
$50 \leq V < 70$	2.00
$70 \leq V < 90$	2.00
$110 < V < 120$	1.00
$V \geq 120$	0.16

※ 기준전압은 계통의 공칭전압을 말한다.

※ 분리시간이란 비정상 상태의 시작부터 분산형전원의 계통가압 중지까지 의 시간을 말하며, 필요할 경우 전압 범위 정정치와 분리시간을 현장에서 조정할 수 있어야 한다.

제13조(주파수 기준)

| 표 8.5 | 비정상 주파수에 대한 분산형전원 분리시간

분산형전원 용량	주파수 범위[Hz]	분리시간[초]
용량무관	> 61.5	0.16
	< 57.5	300
	< 57.0	0.16

※ 분리시간이란 비정상 상태의 시작부터 분산형전원의 계통가압 중지까지의 시간을 말하며, 필요할 경우 주파수 범위 정정치와 분리시간을 현장에서 조정할 수 있어야 한다. 저주파수 계전기 정정치 조정시에는 한전계통 운영과의 협조를 고려하여야 한다.

제18조(보호장치)

– 분산형전원 설치자는 고장 발생시 자동적으로 계통과의 연계를 분리할 수 있도록 다음의 보호계전기 또는 동등 이상의 기능 및 성능을 가진 보호장치를 설치하여야 한다.

1. 계통 또는 분산형전원 측의 단락·지락고장시 보호를 위한 보호장치를 설치한다.
2. 적정한 전압과 주파수를 벗어난 운전을 방지하기 위하여 과·저전압 계전기, 과·저주파수 계전기를 설치한다.

3. 단순병렬 분산형전원의 경우에는 역전력계전기를 설치한다. 단, 신에너지 및 재생에너지 개발·이용·보급 촉진법 제2조 제1,2호의 규정에 의한 신·재생에너지를 이용하여 동일 전기사용장소에서 전기를 생산하는 용량 50 kW 이하의 소규모 분산형전원(단, 해당 구내계통 내의 전기사용 부하의 수전 계약전력이 분산형전원 용량을 초과하는 경우에 한한다)으로서 제17조에 의한 단독운전 방지기능을 가진 것을 단순병렬로 연계하는 경우에는 역전력계전기 설치를 생략할 수 있다.

– 역송병렬 분산형전원의 경우에는 제17조에 따른 단독운전 방지기능에 의해 자동적으로 연계를 차단하는 장치를 설치하여야 한다. 또한 단순병렬 분산형전원의 경우 발전설비에 단독운전 방지기능이 있거나 제18조 ①항 1,2목의 보호장치를 설치하는 경우 제17조의 단독운전 방지기능을 가진 것으로 볼 수 있다.

– 인버터를 사용하는 저압계통 연계 분산형전원의 경우 그 인버터를 포함한 연계시스템에 제1항 내지 제2항에 준하는 보호기능이 내장되어 있을 때에는 별도의 보호장치 설치를 생략할 수 있다. 다만, 아래의 항목에 대해서는 별도의 조치를 이행하여야 한다.

1. 3상 분산형전원 설치자가 단상 분산형전원을 조합하여 저압계통에 연계하는 경우, 결상 또는 전압불평형 등을 감지하여 3상 전체를 차단할 수 있는 보호장치를 설치하여야 한다.
2. 100 kW 이상 저압계통에 연계하는 분산형전원은 보호기능이 내장되어 있는 경우라 하더라도 연계시스템 전체에 대한 제 18조 ①항을 만족하는 별도의 보호장치를 설치하여야 한다.

– 분산형전원의 특고압 연계 또는 전용변압기(상계거래용 변압기 포함)를 통한 저압 연계의 경우, 보호장치 설치에 관한 세부사항은 한전이 계통에 적용하고 있는 "계통보호업무처리지침" 또는 "계통보호업무편람"의 발전기 병렬운전 연계선로 보호업무 기준 등에 따른다.

– 제1항 내지 제4항에 의한 보호장치는 접속점에서 전기적으로 가장 가까운 구내계통 내의 차단장치 설치점(보호배전반)에 설치함을 원칙으로 하되, 해당 지점에서 고장검출이 기술적으로 불가한 경우에 한하여 고장검출이 가능한 다른 지점에 설치할 수 있다.

– Hybrid 분산형전원 설치자는 ESS 및 분산형전원에 제1항 내지 제2항에 준하는 보호기능이 각각 내장되어 있더라도 해당 Hybrid 분산형 전원의 연계 시스템 전체에 대한 보호기능을 수행할 수 있는 별도의 보호장치를 설치하여야 한다.

– 신·재생에너지를 이용하여 동일 전기사용장소에서 전기를 생산하는 용량 50 kW 이하의 소규모 분산형전원(단, 해당 구내계통 내의 전기사용 부하의 수전 계약전력이 분산형전원 용량을 초과하는 경우에 한한다)으로서 특고압 배전계통에 역송병렬로 연계하고자 하는 경우, 아래의 항목을 만족하는 조건에 한하여 특고압측 보호장치를 생략할 수 있다.
1. 제17조에 의한 단독운전 방지기능을 보유
2. 제18조 ①항의 1항 및 2항을 만족하는 저압측 보호장치를 설치

제23조(단락용량)

① 분산형전원 연계에 의해 계통의 단락용량이 다른 분산형전원 설치자 또는 전기사용자의 차단기 차단용량 등을 상회할 우려가 있을 때에는 해당 분산형전원 설치자가 한류리액터 등 단락전류를 제한하는 설비를 설치한다.

② 제1항에 의한 대책으로도 대응할 수 없는 경우에는 다음 각 호의 하나에 따른다.
1. 특고압 연계의 경우, 다른 배전용 변전소 뱅크의 계통에 연계
2. 저압 연계의 경우, 전용변압기를 통하여 연계
3. 상위전압의 계통에 연계
4. 기타 단락용량 대책 강구

※ 한전계통에 태양광 발전 등 인버터 기반 분산형전원만 연계되는 경우에는 저압계통 연계시와 마찬가지로 단락전류 값이 억제되어 단락용량에 대한 검토를 생략할 수 있다. 그러나, 열병합 발전이나 소수력 발전(동기기 유형) 등 비교적 용량이 큰 회전기 형태의 분산형전원이 연계되는 경우에는 단락용량에 대한 검토가 필요하다.(분산형전원 배전계통 연계 기술 Guideline)

5 87번 계전기(비율차동계전기) 입력값 및 계산

1) 정정기준

IEEE Std C37.91-2008 IEEE Guide for Protecting Power Transformers Annex C Examples of Setting Transformer Protection Relays

(1) Pickup Current (Id pickup)

① 일반적으로 변압기 정격전류의 20~30% (0.2~0.3×In)

② 내부고장 감도를 확보하되, 여자돌입전류나 자속 불평형에 의한 오동작을 방지할 수준으로 선정

(2) Slope 1(저기울기)

① 20~40% 권장

② CT 오차 및 결선 불균형 보상용 등

③ 변압기 용량이 작을수록 작은 값 선택 가능

(3) Slope 2(고기울기)

① 50~80% 권장

② 외부고장 시 CT 포화로 인한 불평형에 대비

③ 대형 변압기일수록 큰 값 적용

(4) Knee Point (전환점)

① Slope 1 → Slope 2로 전환되는 기준 전류

② 일반적으로 1.5~3.0×In 으로 설정

③ 변압기 용량이 클수록 높은 값 적용

※ "For typical power transformers between 5 MVA and 50 MVA, the slope breakpoint (Knee Point) is often set at approximately 2×In."

※ Knee Point Setting Trend

변압기 용량 (MVA)	전압 등급 (kV)	권장 Knee Point 범위	주요 고려사항
≤ 5 MVA	<10 kV	1.0~2.0 × In	소형 변압기 : 내부고장 전류가 작아 감도 확보가 중요함. Slope 1 완화, Knee 낮게 설정.
5~50 MVA	10~35 kV	2.0 × In	중형 변압기 : 감도 · 안정도 균형이 핵심. 대부분 이 구간을 표준 설계로 간주.

변압기 용량 (MVA)	전압 등급 (kV)	권장 Knee Point 범위	주요 고려사항
50~200 MVA	≥35 kV	2.5~3.0 × In	대형 변압기 : 외부고장 대전류 시 CT 포화, 안정도 확보 필요 → Knee 상향.
≥ 200 MVA	초고압 (≥154kV)	3.0~4.0 × In	Extra-high Voltage급: CT 비대칭 · 여자전류 영향 큼 → Slope 2 빨리 전환, Knee 크게 설정.

(5) Harmonic Restraint (2차 고조파 억제)

① 여자돌입전류를 방지하기 위해 2차 고조파 15~20 % 이상이면 동작 억제

② 여자돌입전류 구간에서 비동작하도록 함

(6) Inrush Block Delay

여자돌입이 끝난 후 일정 시간(0.1~0.5 s) 동안 차동보호가 재활성화되도록 설정

2) 변압기 사양 및 기본 계산 (Δ-Yg, 5MVA 22.9/6.6㎸)

(1) CT Data

CT HV : 150/5

CT LV : 500/5

(2) Relay Data : GIPAM 3000T

(3) Caculation Data

TR 3Φ 22.9kV/6.6kV 5,000 kVA(Δ-Yn11)

(4) 정격선전류

$$I_H = \frac{S[\text{kVA}]}{\sqrt{3}\ V_H} = \frac{5{,}000}{1.732 \times 22.9} = 126.06[\text{A}]$$

$$I_L = \frac{S[\text{kVA}]}{\sqrt{3}\ V_L} = \frac{5{,}000}{1.732 \times 6.6} = 437.39[\text{A}]$$

(5) CT 2차전류

$$I_h = 126.06 \times \frac{5}{150} = 4.202[\text{A}]$$

$$I_l = 437.39 \times \frac{5}{500} = 4.374[\text{A}]$$

(6) 87번 계전기(비율차동계전기) Setting 값

① High Set : Not Used(미사용)

일반적으로는 변압기 정격전류의 8~12배 선정을 하지만 내부고장 전류가 작고, CT 용량이 낮아 High-set 운용 시 오히려 오동작 위험이 있는 경우에는 High Set을 Not Used(미사용)로 한다. 일반적으로 High-set 설정은 대용량 변압기에 적용을 한다.

> ※ IEEE C37.91 (2008), Section 6.3.5:
> "An instantaneous element may be applied for large power transformers where internal fault current is sufficiently high and CT saturation is not expected."
> "내부고장 전류가 충분히 크고 CT 포화가 예상되지 않는 대용량 변압기의 경우, 순시 차동요소(High-set)를 적용할 수 있다."

② Low set Pickup : 변압기 정격전류의 0.3~0.4배

$I_H \times 0.3 = 126\ \text{A} \times 0.3 = 38\ \text{A}$

$\text{Tap} : 38 \times \dfrac{5}{150} = 1.26\ \text{A}$

③ Slope#1 : 30%(기본 외부고장 안정도 용)

CT 오차 10%, 계전기 오차 5%, CT의 잔류자속 및 포화를 반영한 Safety Margin 15%를 고려하여 30%에 정정

④ Slope#2 : 60%(대전류 외부고장 안정도용)

⑤ 임계점(KNEE) : 10A(Slope#1에서 Slope#2로 전환점)

⑥ 고조파 억제비율 : 20%

⑦ 동작시간 : 정한시 0.1S(내부고장 검출시 신속 차단)

⑧ Setting Table

주변전실	메인 차단기
CT1 150/5, CT2 500/5	계산결과
High Set	Not Used(미사용)
Low set Pickup	1.26A
Slope#1	30%
Slope#2	60%
Knee(임계점)	10A
고조파 억제비율	20%
동작시간	0.1S(정한시)

(7) GIPAM 3000T 각변위 보정 셋팅 : TR Vector Group = Dyn11(−30° 보정)

(※ 계전기 동작시험시 계전기시험기 자체의 위상각 보정이 필요하지 않음)

참고 ※ GIPAM 3000T 계전요소 동작특성

보호 요소	동작 구분	동작치(Pick Up)정정 (미사용, 설정범위/설정단위)	동작 특성	동작시간 정정
DFR (87T)	HighSet	NOT USE, 5.0A~100.0A/0.1A	순시	50 ms 이내 동작
			정한시	0.05 s ~10.00 s / 0.01 s
	LowSet	NOT USE, 1.00A~5.00A/0.01A 15%~80%/1%(기울기#1) 15%~80%/1%(기울기#2) 5.0A~100.0A/0.1A(임계점) NOT USE/USE(영상분 전류제거) NOT USE/USE(고조파 억제 사용여부) NOT USE, 5%~50%/1%(고조파 함유율)	정한시	0.05 s ~10.00 s / 0.01 s

※ GIPAM 3000T(XGIPAM T) 특성곡선

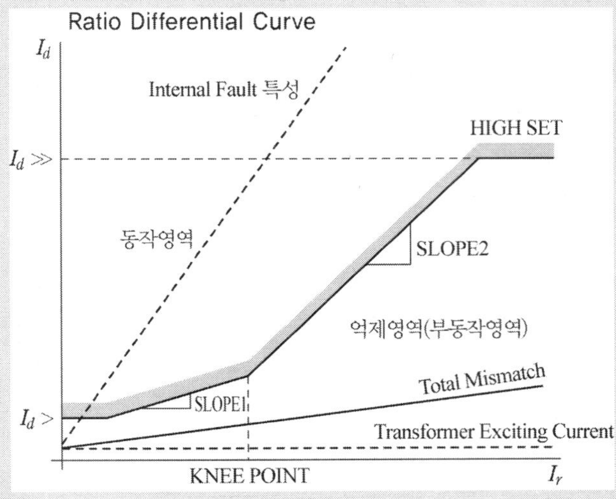

차동전류 $I_d = I_{differential} = \left| \dot{I_1} - \dot{I_2} \right|$(Vector sum)

억제전류 $I_r = I_{restraint} = \left| I_1 \right| + \left| I_2 \right|$(Scalar sum)

I_{rk} : Keen(변곡점)에서의 억제전류

1. 비율차동계전기 동작 판단 순서

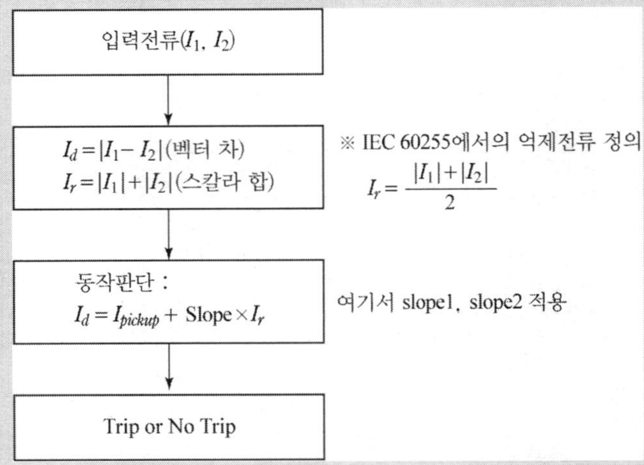

따라서 실제 동작 판단은 다음식과 같다.

$$I_d \geq I_{pickup} + \begin{cases} S_1 I_r & I_r \leq I_{rk} \\ S_1 I_{rk} + S_2 (I_r - I_{rk}) & I_r > I_{rk} \end{cases}$$

여기서 S_1, S_2, I_{rk}(Knee) 등이 "비율 특성곡선(Characteristic Curve)"을 형성한다.

2. 주어진 셋팅값(Low = 1.26 A, Slope1 = 30 %, Slope2 = 60 %, Knee = 10 A = 2.0In, In = 5 A)을 적용해서 Keen=10 A 이전/이후의 87T의 동작 경계식은 다음과 같다.

① Keen 이전($0 \leq I_r \leq 10$ A)

$$I_d \geq I_{pickup} + S_1 I_r = 1.26 + 0.3 I_r$$

Slope1 구간의 억제전류별 동작전류(CT2차 기준)

I_r[A]	I_d[A]	I_r[A]	I_d[A]
0	1.26	6	3.06
1	1.56	7	3.36
2	1.86	8	3.66
3	2.16	9	3.96
4	2.46	10	4.26
5	2.76		

② Keen 이후($I_r \geq 10$ A)

$$I_d \geq I_{pickup} + S_1 I_{rk} + S_2(I_r - I_{rk})$$
$$= 1.26 + 0.3 \times 10 + 0.6(I_r - 10)$$
$$= 0.16 I_r - 1.74$$

Slope2 구간의 억제전류별 동작전류(CT2차 기준)

I_r[A]	I_d[A]	I_r[A]	I_d[A]
10	4.26	22	11.46
12	5.46	24	12.66
14	6.66	26	13.86
16	7.86	28	15.06
18	9.06	30	16.26
20	10.26		

3. 실제 전류에 대한 동작상태 확인(GIPAM)

HV CT비 = 150/5, LV CT비 = 500/5, $I_1 = 2$ A, $I_2 = 1$ A, $k = 0.3$, Slope1 = 30 %, Slope2 = 60%, $I_{pickup} = 1.26$ A 일 때 동작상태는 다음과 같다.

1) GIPAM 계전기

① 공식 계산식

$$I_d = |I_1 - kI_2|$$
$$I_r = |I_1| + |kI_2|$$ (IEC에서는 ½임)

※ k값의 의미

k값은 변압기 양측의 정격전류 크기가 다르기 때문에 이를 동일 기준으로 환산하기 위한 보정계수이다.

계전기내에서는 CT비 입력으로 자동 계산되어 입력이 됨

$$k = \frac{CT_{HV}}{CT_{LV}} = \frac{150/5}{500/5} = 0.3$$

② 위 식에서 I_r이 2.3 A이므로 Slope1(30%) 적용 구간 임

$$I_r = 2 + 0.3 \times 1 = 2.3 \text{ A}$$

③ 실제 I_d

$$I_d = |I_1 - kI_2| = 2 - 0.3 \times 1 = 1.7 \text{ A}$$

④ 동작 한계값 I_d

$$I_d \geq I_{pickup} + S_1 I_r = 1.26 + 0.3 I_r = 1.26 + 0.3 \times 2.3 = 1.95 \text{ A}$$

⑤ 따라서, 실제 I_d(1.7 A) < 동작 한계값 I_d(1.95 A) 이므로 비동작(No Trip) 한다.

2) IEC기준에 따른 동작상태 확인

① IEC 공식 계산식

$$I_d = |I_1 - kI_2|$$

$$I_r = \frac{|I_1| + |kI_2|}{2}$$

② 위 식에서 I_r이 2.3 A이므로 Slope1(30%) 적용 구간 임

$$I_r = \frac{|I_1| + |kI_2|}{2} = \frac{2 + 0.3 \times 1}{2} = 1.15A$$

③ 실제 I_d

$$I_d = |I_1 - kI_2| = 2 - 0.3 \times 1 = 1.7\ \mathrm{A}$$

④ 동작 한계값 I_d

$$I_d \geq I_{pickup} + S_1 I_r = 1.26 + 0.3I_r = 1.26 + 0.3 \times 1.15 = 1.605\ \mathrm{A}$$

⑤ 따라서, 실제 I_d(1.7 A) > 동작 한계값 I_d(1.605 A) 이므로 동작(Trip) 한다.

| 표 8.6 | 결과 요약 비교

구분	I_d[A]	I_r[A]	기준식	임계값	결과
IEC 방식	1.7	1.15	$I_d \geq 1.26 + 0.3I_r$	1.605	동작
GIPAM 방식	1.7	2.3	$I_d \geq 1.26 + 0.3I_r$	1.95	비동작

GIPAM 계전기에서는 억제전류(I_r)를 단순히 두 전류의 합으로 계산이 되어 IEC 방식(평균값 계산)에 비해 I_r이 더 크게 나오게 된다.

I_r이 커지면, 차동전류(I_d)가 계전기 동작 한계선(Slope 기준)에 도달하기 어려워져 동작 기준선이 위로 올라가게 된다.

따라서 같은 시험 조건에서도 IEC 계산법으로는 "동작"으로 보이던 경우가, GIPAM 계산법으로는 "비동작"으로 나타날 수 있다.

결론적으로 실제 시험이나 동작판정 시에는 제조사의 매뉴얼 또는 카탈로그에 있는 계산식을 반드시 기준으로 삼아야 한다.

4. 크기가 같은 동상전류 입력시 동작상태 확인(GIPAM)

HV CT비 = 150/5, LV CT비 = 500/5, I_1, $I_2 = 1$ A, $k = 0.3$, Slope1 = 30%, Slope2 = 60%, $I_{pickup} = 1.26$ A 일 때 동작상태는 다음과 같다.

① GIPAM 공식 계산식

$I_d = |I_1 - kI_2|$

$I_r = |I_1| + |kI_2|$(IEC에서는 ½임)

② 위 식에서 I_r이 1.3A이므로 Slope1(30%) 적용 구간 임

$I_r = 1 + 0.3 \times 1 = 1.3\ \mathrm{A}$

③ 실제 I_d

$I_d = |I_1 - kI_2| = 1 - 0.3 \times 1 = 0.7\ \mathrm{A}$

④ 동작 한계값 I_d

$I_d \geq I_{pickup} + S_1 I_r = 1.26 + 0.3I_r = 1.26 + 0.3 \times 1.3 = 1.65\ \mathrm{A}$

⑤ 따라서, 실제 I_d(1.3A) < 동작 한계값 I_d(1.65A) 이므로 비동작(No Trip) 한다.

위 방식으로 2~5 A를 계산하면

$I_d = |I_1 - kI_2|$, $I_r = |I_1| + |kI_2|$에서 $I_1 = I_2 = I$로 두면 $I_d = 0.7I$, $I_r = 1.3I$ 가 된다.

$I_1 = I_2 = I$	$I_d = 0.7I$	$I_r = 1.3I$	동작 한계값 $I_d = 1.26 + 0.3I_r$	판정
1	0.7	1.3	1.65	비동작(0.70 < 1.65)
2	1.4	2.6	2.04	비동작(1.40 < 2.04)
3	2.1	3.9	2.43	비동작(2.10 < 2.43)
4	2.8	5.2	2.82	비동작(2.80 < 2.82)
5	3.5	6.5	3.21	동작(3.5 > 3.21)

5. 위 수식을 가지고 동작 한계전류를 계산하면 다음과 같다.

① Keen 이전(Slope1) : $I_r < 10\ \mathrm{A}$

$I_d = 1.26 + 0.3I_r = 1.26 + 0.3 \times 1.3I = 1.26 + 0.39I$

$I_d = 0.7I$ 이므로

$0.7I = 1.26 + 0.39I \Rightarrow I \simeq 4.07\ \mathrm{A}$

$I \geq 4.07$ A부터 동작

② Keen 이후(Slope2) : $I_r \geq 10\ \mathrm{A}$

$I_d = 1.26 + 0.3 \times 10 + 0.6(I_r - 10)$

$= 0.16I_r - 1.74 = 0.16 \times 1.3I - 1.74$

$= 0.78I - 1.74$

$I_d = 0.7I$ 이므로

$0.7I > 0.78I - 1.74 \Rightarrow I \leq 21.75\ \mathrm{A}$

Slope2 구간에서는 $I \leq 21.75\ \mathrm{A}$ 동작
따라서, 동일전류 가정에서는 $4.07A \leq I \leq 21.75\ \mathrm{A}$ 구간에서 동작한다.
위 계산 수치를 가지고 GIPAM 87T 동작 특성곡선을 그리면 아래와 같다.

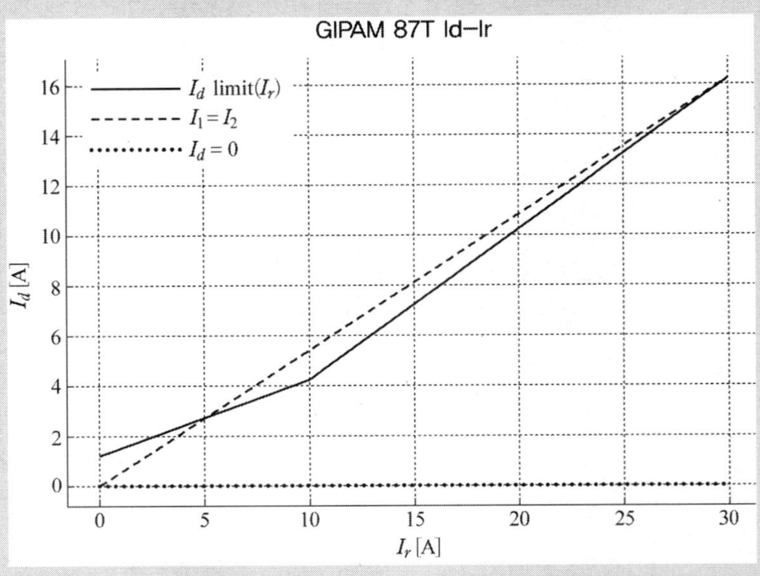

※ 보상값 1.0의 의미

"보상값 1.00"은 GIPAM이 내부적으로 Δ-Y 위상과 CT비를 자동 보정 완료했다는 의미이다. 즉, 시험기록표의 보상 값은 '보정 완료 상태'의 표시용 항목이지, 사용자가 직접 설정하는 값이 아니다.

※ Total Mismatch

변압기 내부에 정상상태(부하, 여자전류 등)에서도 1차, 2차의 전류가 완벽히 같지 않아 생기는 불일치(불평형) 전류를 의미한다. 즉, 변압기에서 부하전류가 흘러도 CT비 오차, 변압비 오차, 위상각 보정오차, 여자전류 등으로 인해 1차전류와 2차전류의 "벡터 차"가 0이 되지 않는다. 이 작은 차가 계전기에 들어오면, 이게 차동전류(I_d)로 인식된다. 이 영역이 바로 그림의 "Total Mismatch"이다.

Total Mismatch의 구성요소는 CT비 불일치, CT 위상오차, 변압비 오차, 변압기 여자전류, 결선 불일치(Δ-Y) 등이 있다.

IEEE C37.91과 IEC 60076-8 모두 이 불일치(Total Mismatch)를 고려하여 차동계전기 동작 특성곡선의 Slope1 기울기를 설정하도록 규정하고 있다.

6 전동기 표준보호방식과 보호계전기 정정

1) 전동기 보호의 표준보호방식

전동기 보호에 대한 국내 표준은 단일 고정된 보호방식으로 정의되어 있지 않지만, 일반적으로 IEC(국제전기기술위원회), KS(한국산업표준) 및 KEC(한국전기설비규정)을 기준으로 설계 및 시공이 이루어진다. 또한, IEEE와 NEMA(미국전기전자학회)의 표준도 참고되고 있다.

(1) 저압 소용량 전동기 (≤ 690 V)

① 과전류계전기 : 과부하 및 단락 고장을 보호

② 지락과전류계전기 : 지락고장 보호

(2) 중용량 전동기 ((1) + 아래사항 추가)

① 역상계전기 : 역상 또는 위상 불평형으로 인한 보호

② 과부하계전기 : 과부하 발생 시 보호

(3) 고압 대용량 전동기 (≥ 1,000 V) ((1),(2) + 아래사항 추가)

① Jam 보호 : 전동기의 기계적 문제로 인해 회전이 멈추는 상태에서 보호

② 차동계전기 : 2개의 전류를 비교하여 이상을 감지하는 보호 방식

③ 저전압계전기 : 저전압 상태에서 보호

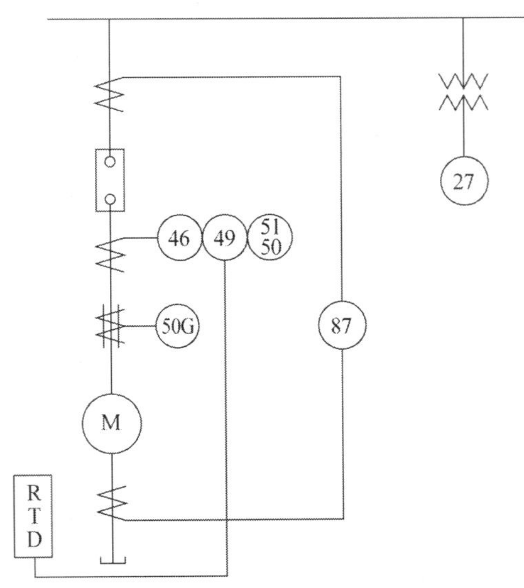

2) 보호계전기의 정정

(1) 한시과전류계전기(51)

한시 과전류계전기(51)는 전동기가 기계적 과부하나 전류 과다 상태에서 지속적인 과전류가 흐를 때 동작하여 전동기를 보호한다. 기계적 과부하란 전동기 축에 과도한 부하가 걸려 회전이 지연되거나 멈추는 상태를 의미하며, 전류 과다란 정격전류를 초과하는 전류가 일정 시간 이상 흐르는 상태를 의미한다.

이 계전기는 기동 시 순간적인 과전류에는 동작하지 않도록 설정해야 하며, 과부하 상태가 일정 시간 이상 지속될 때만 동작하도록 설계된다. 정격전류 및 정정치 설정 원칙은 다음과 같다.

① 정격전류 기준

한시 과전류계전기의 정정치(Setting Current)는 일반적으로 전동기 정격전류의 1.3배~1.5배로 설정한다. 이는 일시적인 과전류(예 : 부하 급증 등)로 인한 불필요한 동작을 방지하고, 지속적인 과부하만을 검출하기 위함이다.

$$I = I_{FLA} \times 1.3 \sim 1.5\text{배}$$

② 기동전류에 대한 고려

전동기 기동 시 발생하는 기동전류는 정격전류의 약 6배로 단시간(10초 이내) 지속된다. 이로 인해 기동시간 동안 계전기가 동작하지 않도록 시간지연(TMS)을 충분히 크게 설정해야 한다.

즉, 기동시간 $T \geq$ 기동특성 전류/시간 특성 곡선 값 이상이 되도록 설정하여, 기동 완료 전에는 계전기가 동작하지 않도록 한다.

③ 시간-전류 특성(IDMT, Inverse Definite Minimum Time)

한시 과전류계전기는 보통 반한시특성(IDMT)을 사용한다. 이는 전류가 커질수록 동작시간이 짧아지며, 정정치보다 조금 큰 전류에는 장시간 지연 후 동작하고, 대전류에는 즉시 동작하는 특성이다.

④ 보호협조

상위 보호기기(차단기, 51 계전기 등)와 하위 보호기기(퓨즈, 열동계전기 등)의 동작곡선이 중첩되지 않도록 충분한 시간여유(0.3~0.5 s 이상)를 둔다.

(2) 순시과전류계전기(50)

순시 과전류계전기(50)는 전동기 회로에서 단락 고장(Short-circuit fault)이 발생할 때 즉시 차단하여 설비를 보호하는 계전기이다. 전동기 운전 중 발생할 수 있는 단락전류는 매우 크고, 설비 손상 및 화재를 유발할 수 있으므로, 지연 없이 신속히 차단하는 것이 중요하다.

단락 고장이란 전원선 간(선간, 상간) 또는 선과 접지 사이가 비정상적으로 연결되어 대전류가 흐르는 상태를 의미하며, 이때 전동기 권선, 케이블, 차단기 접점 등이 손상될 수 있다.

순시 과전류계전기는 이러한 단락 전류를 검출하여 지연 없이 즉시 동작하도록 설계되며, 기동전류나 일시적인 과전류에는 오동작하지 않도록 정정치를 설정해야 한다.

순시 과전류계전기의 정정치는 기동전류(정격전류의 6~10배)보다 커야 하며, 최소 단락고장 전류보다는 작게 설정해야 한다. 즉, 계전기가 기동 시 순간 전류에는 동작하지 않되, 실제 단락 사고가 발생했을 때는 즉시 차단할 수 있어야 한다.

기동시 돌입전류는 기동전류의 1.6~2.0배이므로

$$I_{inrush} = I_{FLA} \times 6 \times 1.6 = 9.6 I_{FLA} \;\Rightarrow\; 10 I_{FLA}$$

여기서, I_{FLA}(Full Load Amperage / Full Load Current, 정격부하전류)

최소 단락고장전류(I_{Fmin}, Minimum Fault Current)는 선간 단락 전류의 50%를 적용하여 보호계전기 설정을 계산한다. 이는 전동기와 케이블에 기계적/전기적 안전성을 제공하고, 최소 고장전류로 설비 보호를 목표로 한다.

$$I_{Fmin} = I_{3PH} \times \frac{\sqrt{3}}{2} \times 0.5 = 0.433 I_{3PH} \;\Rightarrow\; 0.4 I_{3PH}$$

여기서, I_{3PH} : 3상 단락전류(Three-Phase Short-Circuit Current)

선간단락전류는 3상단락전류의 $\frac{\sqrt{3}}{2}$으로 표기

($I_{L-L} = I_{3PH} \times \frac{\sqrt{3}}{2} = 0.866 \times I_{3PH}$)

정정치는 돌입전류보다 크로 최소 단락전류보다 작은 값을 선택한다.

| 예시 |
- 전동기 정격전류: 500 A
- 최소 단락전류: 8 kA
- 기동전류: 5 kA
- CT비: 1000/5
- 기동전류 = 25 A, 최소단락전류 = 40 A(2차 환산기준)
- 정정치 = 30 A로 설정 시, 기동전류보다 크고 최소단락전류보다 작으므로 적정한 보호범위 확보

만약 돌입전류가 최소 고장전류보다 크면 최소 고장전류에 정정하고 돌입전류가 소멸된 후에 동작하도록 50 ms 정도의 시간지연을 둔다.

(3) 지락과전류계전기(50/51G)

지락과전류계전기(50/51G)는 전동기 및 케이블 지락이 발생했을 때, 영상변류기(ZCT) 또는 중성점 변류기(NCT)를 통해 지락전류를 검출하여 차단기 트립 신호를 출력하는 보호계전기이다.

이 계전기는 순시형(50G)과 한시형(51G)으로 구성되어 있으며, 순시형(50G)은 지락 시 급격한 대전류가 발생하면 즉시 차단하여 사고 확산을 방지하고, 한시형(51G)은 지속적인 지락전류가 일정 시간 이상 흐를 경우 지연 후 차단하여 보호협조(Selectivity)를 유지한다.

즉, 3상 중 한 상이 절연파괴, 외함 손상, 케이블 피복 열화 등으로 인해 대지와 비정상적으로 접촉했을 때, ZCT 또는 NCT에서 검출된 지락전류를 이용하여 지락전류의 크기 및 지속시간을 판단하고, 필요 시 회로를 차단하여 설비 손상 · 화재 · 감전사고를 방지한다.

지락과전류계전기는 지락사고의 특성과 계통의 접지방식에 따라 동작 원리와 정정 기준이 다르므로, 다음과 같이 저항접지계통과 비접지계통으로 구분하여 설정한다.

① 저항접지계통(Resistance–Grounded System)

저항접지계통은 중성점에 접지저항을 삽입하여 지락전류를 수십~수백 암페어 수준으로 제한하는 방식으로 이 계전기(NGR+NCT 조합)는 대지로 흐르는 지락전류의 크기를 직접 검출하여, 일정 시간 이상 지속적인 지락상태가 유지되면 차단신호를 출력한다. 저항값이 일정하므로 지락전류는 비교적 안정적이며, 정정치는 최대 지락전류의 20~40% 수준으로 설정하여 정상 누설전류에 의한 오동작을 방지하면서도 실제 지락 시 확실한 동작이 이루어지도록 한다.

즉, 일정 전류 이상이 일정 시간 지속될 때 시간-전류 특성(IDMT) 에 따라 차단 동작을 수행한다.

② 비접지계통(Ungrounded System)

비접지계통은 중성점이 접지되지 않거나 정전용량만을 통해 대지와 연결된 형태로, 지락전류가 매우 작고 대부분 정전용량전류(수십 mA이하)로 구성된다.

이러한 특성 때문에 일반적인 51G 계전기로는 검출이 어렵고, 선택지락계전기(Selective Ground Fault Relay)가 별도로 사용된다. 선택지락계전기는 정전용량전류의 위상 및 방향을 검출하여 지락이 발생한 선로만 선택적으로 차단하며, 이 경우 계전기의 동작전류는 약 1mA로 고정되어 정정 조정이 불필요하다.

즉, 비접지계통에서는 51G 대신 선택지락계전기를 적용하여 민감도 높은 지락 검출 및 방향성 보호 기능을 수행한다.

(4) 역상과전류계전기(46)

역상과전류계전기(46)는 전동기 운전 중 상전류 불평형 또는 역상(Reverse Phase)이 발생할 때, 이로 인한 과열, 절연열화, 회전 방향 반전 등의 이상 현상으로부터 전동기를 보호하기 위한 계전기이다.

전원 결선 오류나 한상 단선(결상), 또는 부하 불평형으로 인해 역상전류가 발생하면 전동기 권선에 비정상적인 과열전류 및 토크 불균형이 발생하므로, 이를 검출하여 일정 시간 후 차단신호를 출력한다.

① 동작원리

3상 전류가 완전히 균형을 이루면 역상성분은 거의 0에 가깝다. 그러나 한 상이 단선되거나 불평형 부하가 생기면 역상 전류분(I_2)이 발생하고, 이 전류는 정상전류(I_1)와 반대 방향으로 회전하는 자기장을 형성하여 전동기 권선 발열 및 진동을 유발한다.

역상과전류계전기는 이 역상 전류분의 크기(I_2)를 검출하고, 설정치 이상이 일정 시간 지속되면 차단기에 트립 신호를 출력한다.

② 정정(Setting) 기준

구분	설정 기준	비고
불평형 보호 동작치	정격전류의 약 15% 이상일 때 동작	이때 약 10% 과부하 운전과 동일한 발열효과 발생
결상 보호 동작치	정격전류의 약 25% 수준으로 설정	결상 시 역상전류가 부하전류의 약 50% 수준까지 상승
시간지연	불평형 시 약 10초, 결상 시 2~3초	기동 중 순간적인 불평형으로 인한 오동작 방지 목적

(5) 저전압계전기(27)

저전압계전기(27)는 전동기 또는 전력계통의 공급전압이 설정치 이하로 저하될 경우 전동기 토크 저하, 과전류 증가, 또는 예기치 못한 재기동으로 인한 위험을 방지하기 위해 전동기를 정지 또는 차단기 트립 신호를 출력하는 보호계전기이다.

전원전압의 저하는 전동기 및 설비의 정상 운전에 직접적인 영향을 미치며, 특히 전동기의 기계적 토크는 전압의 제곱에 비례하므로 전압이 저하되면 토크가 급격히 감소하여 회전속도 저하 및 과전류가 발생하게 된다.

① 동작원리

전동기의 출력토크 T는 전압 V의 제곱에 비례하므로,

$$T \propto V^2$$

로 표현된다.

따라서 계통전압이 정격의 70%로 저하될 경우 토크는 약 50% 수준으로 떨어진다. 이때 전동기는 속도를 유지하기 위해 부하전류가 증가하게 되며, 지속될 경우 권선 과열 및 절연 열화가 발생한다.

저전압계전기는 이 전압 저하를 검출하여, 설정된 전압 이하의 상태가 일정 시간 이상 지속되면 회로를 차단함으로써 전동기를 보호한다.

② 정정(Setting) 기준

구분	설정전압	동작조건	시간지연
저전압 보호(1단)	정격전압의 70% 이하	전동기 토크 저하 및 과전류 발생 시 정지	2~3초
전원상실 보호(2단)	정격전압의 30% 이하	전원 상실로 간주, 복전 시 재기동 방지	2~3초

(6) 과부하보호계전기(49)

과부하보호계전기(49)는 전동기 고정자에 지속적인 과전류(Overcurrent)가 흐를 경우 발생하는 열적 과부하로부터 권선 절연을 보호하기 위한 계전기이다.

전동기가 과부하 상태로 장시간 운전되면, 고정자 권선의 온도가 상승하여 절연열화, 절연파괴, 또는 절연수명 단축이 발생하므로, 전류의 열적 효과를 계산하여 차단신호를 출력한다.

과부하보호는 전동기의 열적시간정수(thermal time constant)와 온도상태(냉간·열간 상태)를 고려한 열모델형(thermal replica type)으로 구성되는 것이 일반적이다.

① 동작원리

과부하계전기는 전동기에 흐르는 전류를 실시간으로 측정하여, 그 제곱값(I^2)을 시간에 대해 적분하여 열에너지(I^2t)로 환산한다.

계전기는 이 누적 열에너지가 전동기의 열적허용한계(thermal limit curve)에 도달하면 차단기 트립신호를 출력한다. 동작 특성은 아래와 같은 열적 과전류곡선(thermal overload curve)으로 표현된다.

$$I^2 t = K$$

즉, 전류가 클수록 짧은 시간에 동작하고, 전류가 작을수록 긴 시간이 경과한 뒤 동작한다.

② 정정(Setting) 기준

과부하 보호 정정치는 전동기의 정격전류(I_{FLA})를 기준으로 하며, 다음 식에 의해 결정된다.

$$I_{pickup} = I_{FLA} \times SF \times OF$$

여기서, I_{FLA} : 전동기 정격전류

SF(Service Factor) : 1.0~1.15

OF(Overload Factor) : 과부하율 1.1~1.25

③ 특성곡선 선택 기준

과부하계전기의 열동작 특성곡선은 전동기의 열적한계(thermal limit)와 협조되도록 설정해야 한다.

㉮ Cold Limit(냉간한계)

장시간 정지 후 최초 기동 시, 권선이 완전히 냉각된 상태를 기준으로 하며, 과부하 시 허용시간이 상대적으로 길다.

㉯ Hot Limit(열간한계)

전동기가 연속 운전 중 과부하가 발생할 때를 기준으로 하며, 허용시간이 짧으며, 빈번한 기동이 있는 부하의 기준이 됨.

따라서, 기동 빈도가 낮은 전동기 → Cold Limit 기준 협조, 빈번히 기동하는 전동기 → Hot Limit 기준 협조로 계전기 특성곡선을 선택한다.

(7) JAM보호(기계구속 보호, Stall Protection)

JAM 보호(Jam Protection) 또는 기계구속 보호(Stall Protection)는 전동기 운전 중 기계적인 부하의 막힘(Jamming), 베어링 잠김, 벨트 이탈, 펌프 임펠러 이물질 끼임 등으로 인해 회전이 급격히 정지하거나 느려질 때 전동기에 과도한 전류가 지속적으로 흐르지 않도록 보호하는 기능이다.

전동기 회전이 멈추면 기동 시와 유사한 대전류(정격전류의 약 6배 수준)가 계속 흘러 고정자 권선 과열, 절연열화, 소손이 발생할 수 있으므로, 이를 검출하여 일정 시간 후 회로를 차단함으로써 설비 손상을 방지한다.

① 동작원리

JAM이 발생하면 전동기 속도는 급격히 저하되며, 토크가 감소하는 반면 부하전류는 순간적으로 급증한다. 이때 계전기는 전류가 정격전류의 2배 이상으로 일정 시간 이상 지속되면 이를 기계구속 상태로 판단하고 차단기 트립 신호를 출력한다.
동작 원리는 한시과전류계전기와 동일하게, 전류의 크기와 지속시간(I^2t)을 감시하여 동작시간이 설정한 값을 초과할 경우 동작한다.

② 정정(Setting) 기준

구 분	설정기준	설 명
JAM 동작치 (I_{pickup})	정격전류의 약 2배 수준(200 %)	부하 막힘 시 전류 급증 검출용
시간지연	전동기 기동시간의 2배 정도	기동 중 일시 과전류에 의한 오동작 방지
차단시간	JAM 보호의 지연시간보다 짧게	기동 중 JAM 보호 동작 차단

예를 들어, 정격전류 100 A, 기동시간 5초인 전동기에서 JAM 정정치는 200 A, 지연시간은 약 10초로 설정(즉, 2배 전류가 10초 이상지속되면 동작)

③ JAM 보호의 실제 동작 특성

㉮ 정상운전전류 = I_{FLA}(100%) → 동작하지 않음

㉯ 순간 과부하 전류 = 120 ~ 150% → 과부하계전기(49)/한시과전류계전기(51) 영역

㉰ JAM 전류 = 200 ~ 300% → 일정 시간(수초 이상) 지속 시 JAM계전기 동작

㉱ 단락전류 = 6 ~ 10배 → 순시과전류계전기(50) 영역

즉, JAM 보호는 과부하와 단락 사이의 중간 영역에서 기계적 원인에 따른 "정지 상태 전류 지속"을 감시하는 보호다.

(8) 차동보호계전기(87M, 87S)

차동보호계전기(Differential Relay, 87M/87S)는 전동기 내부에서 발생하는 내부고장(Internal Fault)을 검출하여 돌입전류나 외부고장(Through Fault)에는 동작하지 않고, 내부고장 시에만 신속하게 회로를 차단하는 보호계전기이다.

87M : 전동기(Motor)용 차동보호

87S : 비율차동(Slope Differential) 계전기

차동보호는 전동기 보호 중 가장 정밀한 방식으로, CT 2차측 전류의 벡터차(차동전류)를 검출하여 내부 이상을 판별한다.

① 동작원리

차동보호계전기의 기본원리는 키르히호프 전류법칙에 근거한다. 즉, 정상상태에서는 보호구간 내 입출력 전류가 같아야 한다.

$$I_{in} = I_{out}$$

따라서 차동전류(I_{diff})는 $I_{diff} = \left| I_{in} - I_{out} \right| = 0$이 되어야 한다.

그러나 내부고장(예 : 권선단락, 절연파괴 등)이 발생하면 입력전류와 출력전류의 불균형이 생겨 $I_{diff} \neq 0$이 되며, 이때 계전기가 동작하여 차단기 트립신호를 출력한다. 외부고장(계통측 단락)의 경우, 양 CT에 동일한 고장전류가 흐르므로 $I_{diff} \fallingdotseq 0$으로 유지되어 계전기는 동작하지 않는다.

② 정정(Setting) 기준

구 분	설정기준	설 명
정전전류 (I_{pickup})	정격전류의 5~20% 수준	돌입전류 영향을 최소화하기 위한 기본 범위
비율차동 정정 (Slope)	소전류영역 : 20% 대전류영역 : 40%	CT 오차 및 돌입전류 DC 성분 고려
시간지연	약 50 ms	돌입전류 소멸시간 고려
비 고	전동기 보호(87M)는 말단 설치로 외부고장 통과전류 무시 가능	

참고 **전동기 열적한계곡선**

전동기는 운전 중 과부하 한계(Running Limit, 정격속도 근방에서 연속운전 가능 영역), 기동시간 한계(Acceleration Limit, 기동 완료까지 허용시간), 구속회전자 한계(Locked Rotor Limit, 구속회전자 잠김전류(ILR,Locked Rotor Current) 상태에서 허용시간) 등 세 가지 한계시간을 갖는다. 전동기 제작사는 이 세 가지 한계가 포함된 열적한계곡선(Thermal Limit Curve)을 제공한다. 이 곡선은 전부하 상태에서 과부하가 발생할 때의 Hot Curve와 정지상태 즉 전동기의 온도가 주위온도와 같은 상태에서 과부하가 발생할 때의 Cold Curve로 구분하여 제공된다. 전부하 운전 중에 과부하 또는 구속회전자 상태가 될 때, 전동기 정지 직후 재기동 상태에서는 Hot Curve를 적용한다.

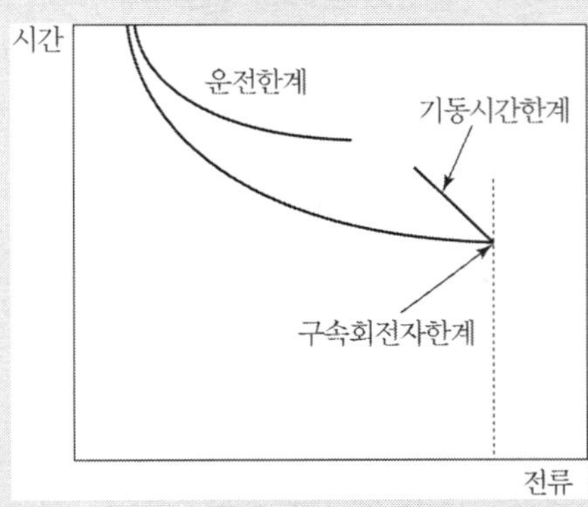

그림에서 운전 중 과부하 한계는 정격전류 또는 Service Factor 전류에서 최대토크 전류까지의 영역이고, 기동시간 한계는 최대토크 전류에서 구속회전자 전류까지의 영역이다.

운전 중 과부하는 전동기가 정격속도로 회전하는 상태이므로 냉각상태가 양호하여 단시간에 온도가 급상승하지 않는다. 운전 중 과부하 한계는 주로 장시간 운전조건에서 고정자의 절연물 온도에 의하여 제한되는 영역이다.

구속회전자 상태는 전동기에 가해지는 가장 가혹한 운전조건이다. 전동기에 전원전압이 가해지는 순간에는 전동기가 정지된 상태에서 가속하려는 순간이므로 회전속도가 0이며 2차가 단락된 변압기와 동일한 상태가 된다. 이때 고정자에 흐르는 전류가 전동기의 기동전류로서 정격전류의 6배 정도이며, 회전자에는 전원주파수와 동일한 주파수의 전류가 흐른다. 정격회전속도로 회전할 때에는 Slip 주파수에 해당하는 전류가 흐르기 때문에 DC 전류와 유사한 2~3 Hz의 전류가 흐르기 때문에 회전자 도체의 내부까지 전류가 흐르나 전원 주파수의 전류가 흐르는 기동 시에는 표피효과에 의하여 도체의 표면에 전류가 집중되어 전기저항이 증가한다. 표피효과에 의한 전기저항의 증가는 3~5배로서, 기동전류가 흐를 때는 정격전류가 흐를 때보다 100배 이상의 열이 발생한다.

$$H = I^2 R = 6^2 \times (3 \sim 5) = 108 \sim 180\text{배}$$

이 열은 회전자에서 소멸되지 않고 기동시간 동안 누적되어 회전자 도체와 엔드링 등의 구성요소를 가열시키고 열적 피로를 누적시킨다. 회전자 도체의 열적한계는 240~390℃ 정도이며, 엔드링은 80~160℃ 정도이다.

합성과부하 곡선을 제시한 전동기의 경우 기동시간 한계에는 다소 여유가 있으므로 구속회전자 한계가 보호의 기준점이 된다. 관성이 큰 부하를 가진 전동기는 기동시간이 구속회전자 한계시간보다 길기 때문에 세 가지 한계곡선을 모두 표기하고 각각에 대하여 보호해야 한다.

전동기가 기동할 때 전동기의 토크가 부하의 토크보다 커야 회전속도가 상승한다. 회전속도는 전동기의 속도-토크 곡선에서 전동기 토크곡선과 부하 토크곡선이 만나는 지점에서 상승을 멈추고 일정하게 유지된다. 기계적인 고장에 의하여 부하토크가 증가하거나, 전압이 저하되어 전동기 토크가 감소될 때에는 정격속도 이하에서 전동기와 부하 토크곡선의 교차점이 나타난다. 토크 교차점이 정격속도 이하에서 나타나면 속도상승에 실패하여 실속 현상이 발생하여 낮은 속도에서 운전된다. 정격속도 이하에서 운전되면 냉각효과가 감소되고 과전류가 흘러서 전동기가 손상될 위험이 증가한다.(정격운전 중에는 강제 통풍(shaft fan)으로 냉각이 양호하나 저속(가변속), 정지시에는 냉각 능력이 감소)

전동기의 전압에 따라 전동기 토크, 기동전류 및 기동시간이 결정되므로 전압에 따른 열적한계곡선(Voltage Dependant Thermal Limit Curve)을 전압 100%, 90%, 80%에 대하여 제시하기도 한다.

100% 전압에서 기동전류 정격전류의 6.0PU이고 기동시간이 10초인 전동기의 기동에 필요한 에너지는 $I^2t = 6.0 \times 10 = 360$이다. 이 전동기를 80%전압에서 기동하면 기동전류는 $6.0 \times 0.8 = 4.8$PU이며, 필요한 에너지는 동일하므로 기동시간은 $360/4.8^2 = 15.6$가 된다.(저전압이면 토크 급감($\propto V^2$) → 기동시간 증가, 열에 취약)

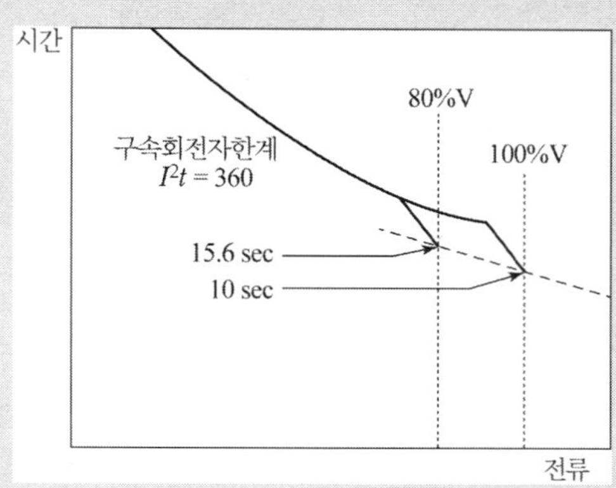

| 그림 8.2 | 전압에 따른 열적한계곡선(Voltage Dependent Thermal Limit Curve)

※ 전동기 기동방식별 주요 특성비교

기동방식	인가전압 비율	기동전류 ($\propto V$)	기동토크 ($\propto V^2$)	평균 기동시간(초)	특징
전전압기동	100%	600~800%	150~250%	2~8	빠른 기동, 전류충격 큼
Y-Δ 기동	58%(=1/$\sqrt{3}$)	200~300%	약 33%	5~15	무부하 기동용
리액터 기동	60~80%	150~400%	36~64%	8~15	전류 · 토크 제어 가능
기동보상기	65~80%	150~400%	42~64%	5~10	중대형 모터에 적합
인버터 기동	가변(0 → 100%)	100~120%	100%	가변(1~30)	충격 無, 정밀제어 가능

※ 전동기 기동방식별 기동전류 비교

기동전류의 일반식

$$I_{start} = I_{DOL} \times \frac{V_{start}}{V_{rated}}$$

여기서, I_{stsrt} : 실제 기동전류

I_{DOL} : 전전압기동(직입기동, Direct-On-Line) 시 기동전류

V_{start} : 기동 시 인가전압

V_{rated} : 정격전압

전전압 기동 시의 전류는 보통

$$I_{DOL} = (6 \sim 8) \times I_{FLA}$$

이므로 기동방식에 따른 전류식은 다음과 같이 표현된다.

기동방식	인가전압비 (V_{start}/V_{rated})	기동전류식 $(I_{start} = I_{DOL} \times \frac{V_{start}}{V_{rated}})$	전류대비 (정격대비)
전전압기동(DOL)	1.0	$I_{start} = (6 \sim 8) I_{FLA}$	600~800%
Y-Δ기동	$1/\sqrt{3}$ ≒ 0.577	$I_{start} = (6 \sim 8) I_{FLA} \times 0.577$ $= (3.46 \sim 4.62) I_{FLA}$ (선전류는 $1/\sqrt{3}$ 더 감소)	200~300%
리액터기동	0.6~0.8	$I_{start} = (6 \sim 8) I_{FLA} \times (0.6 \sim 0.8)$	360~640%
기동보상기기동	0.65~0.8	$I_{start} = (6 \sim 8) I_{FLA} \times (0.65 \sim 0.8)$	390~640%
인버터기동	가변	주파수제어로 $I_{start} ≒ I_{FLA}$	100~120%

※ 전동기 기동방식별 기동토크 비교

기동토크의 일반식

$$T_{start} = T_{DOL} \times \left(\frac{V_{start}}{Vrayed} \right)^2$$

여기서, T_{stsrt} : 실제 기동토크
T_{DOL} : 전전압기동(직입기동, Direct-On-Line) 시 기동토크
V_{start} : 기동 시 인가전압
V_{rated} : 정격전압

전전압 기동 시의 기동토크는 보통

$$T_{DOL} = (1.5 \sim 2.5) \times T_{rated}$$

이므로 기동방식에 따른 기동토크식은 다음과 같이 표현된다.

기동방식	인가전압비 (V_{start} / V_{rated})	기동토크식 $T_{start} = T_{DOL} \times \left(\frac{V_{start}}{Vrated}\right)^2$	토크대비 (정격토크)
전전압기동 (DOL)	1.0	$T_{start} = T_{DOL}$ $= (1.5 \sim 2.5)\, T_{rated}$	150~250%
Y-Δ기동	$1/\sqrt{3}$ ≒ 0.577	$T_{start} = T_{DOL} \times 0.577^2$ $= 0.333\, T_{DOL}$	25~50%
리액터기동	0.6~0.8	$T_{start} = T_{DOL} \times (0.6 \sim 0.8)^2$	36~64%
기동보상기기동	0.65~0.8	$T_{start} = T_{DOL} \times (0.65 \sim 0.8)^2$	40~60%
인버터기동	가변	$T_{start} \fallingdotseq T_{rated}$(정토크 제어가능)	100% 이상 가능

저자 약력

이 형 준

(기술 자격) 전기안전기술사 , 산업안전지도사(전기안전)
(현 근무지) ㈜대한전기이엔지(대표이사)
(전 근무지) 한국전기안전공사, LIG 엔설팅(주) 위험관리연구소, 삼성에버랜드(본사)

윤 동 식

(기술 자격) 전기안전기술사, 산업안전지도사(전기안전)
(현 근무지) 행정안전부
(전 근무지) 행정안전부(안전감찰담당관, 산업교통재난대응과 등), 국민안전처(소방산업과), 안전행정부(정부통합전산센터), 경기도청 감사관실 등

박 영 호

(기술 자격) 전기안전기술사, 산업안전지도사(전기안전), 공학박사
(현 근무지) 한국폴리텍대학 강릉캠퍼스 산업안전ICT과 교수
(전 근무지) 인천글로벌캠퍼스운영재단법인(안전보건팀)

송 영 상

(기술 자격) 전기안전기술사, 산업안전지도사(전기안전)
(현 근무지) 한국표준과학연구원(시설실장)
(전 근무지) 한국전기안전공사 전기안전연구원

하 태 원

(기술 자격) 전기안전기술사
(현 근무지) 현대엔지니어링(주)(책임매니저)
(전 근무지) 현대엔지니어링(주)

실무자가 알려주는
22.9kV 보호계전기

발 행 / 2026년 2월 13일
저 자 / 이형준, 윤동식, 박영호, 송영상, 하태원 공저
펴 낸 이 / 정 창 희
펴 낸 곳 / 동일출판사
주 소 / 서울시 강서구 곰달래로31길7 (2층)
전 화 / 02) 2608-8250
팩 스 / 02) 2608-8265
등록번호 / 제109-90-92166호

ISBN 978-89-381-1762-5 93560
값 / 21,000원